U0314567

现代铝加工生产技术丛书

主编 李凤轶 周 江

铝合金生产设备及使用维护技术

李凤轶 刘玉珍 刘静安 孟 林 编著

北 京

冶 金 工 业 出 版 社

2013

内 容 简 介

本书是《现代铝加工生产技术丛书》之一，详细介绍了铝及铝合金加工材料生产与技术对设备的要求，铝加工生产设备的分类、结构原理及生产工艺流程与设备的组成等；重点论述了铝及铝合金熔铸设备、铝及铝合金轧制设备、铝及铝合金挤压设备、铝及铝合金锻压设备、铝加工设备的使用与维护等。在内容组织和结构安排上，力求理论联系实际，切合生产实际需要，突出实用性、先进性和行业特色，为读者提供一本实用的技术著作。

本书是铝加工生产企业和铝加工设备制造企业工程技术人员必备的技术读物，也可供从事有色金属材料与加工的科研、设计、教学、生产、应用及设备制造等方面的技术人员与管理人员使用，同时还可作为大专院校有关专业师生的参考书。

图书在版编目(CIP)数据

铝合金生产设备及使用维护技术/李凤轶等编著.
—北京：冶金工业出版社，2013.1
(现代铝加工生产技术丛书)
ISBN 978-7-5024-6069-3

Ⅰ.①铝…　Ⅱ.①李…　Ⅲ.①铝合金—生产设备—维修　Ⅳ.①TG146.2

中国版本图书馆 CIP 数据核字(2013)第 010067 号

出 版 人　谭学余
地　　址　北京北河沿大街嵩祝院北巷 39 号，邮编 100009
电　　话　(010)64027926　电子信箱　yjcbs@cnmip.com.cn
责任编辑　张登科　王雪涛　美术编辑　李　新　版式设计　孙跃红
责任校对　卿文春　责任印制　牛晓波
ISBN 978-7-5024-6069-3
冶金工业出版社出版发行；各地新华书店经销；三河市双峰印刷装订有限公司印刷
2013 年 1 月第 1 版，2013 年 1 月第 1 次印刷
148mm×210mm；11.375 印张；333 千字；344 页
38.00 元
冶金工业出版社投稿电话：(010)64027932　投稿信箱：tougao@cnmip.com.cn
冶金工业出版社发行部　电话：(010)64044283　传真：(010)64027893
冶金书店　地址：北京东四西大街 46 号(100010)　电话：(010)65289081(兼传真)

《现代铝加工生产技术丛书》

编辑委员会

《现代铝加工生产技术丛书》

主要参编单位

西南铝业（集团）有限责任公司

东北轻合金有限责任公司

中国铝业股份有限公司西北铝加工分公司

北京有色金属研究总院

广东凤铝铝业有限公司

广东中山市金胜铝业有限公司

上海瑞尔实业有限公司

#《丛书》前言

节约资源、节省能源、改善环境越来越成为人类生活与社会持续发展的必要条件，人们正竭力开辟新途径，寻求新的发展方向和有效的发展模式。轻量化显然是有效的发展途径之一，其中铝合金是轻量化首选的金属材料。因此，进入21世纪以来，世界铝及铝加工业获得了迅猛的发展，铝及铝加工技术也进入了一个崭新的发展时期，同时我国的铝及铝加工产业也掀起了第三次发展高潮。2007年，世界原铝产量达3880万吨（其中：废铝产量1700万吨），铝消费总量达4275万吨，创历史新高；铝加工材年产达3200万吨，仍以5%～6%的年增长率递增；我国原铝年产量已达1260万吨（其中：废铝产量250万吨），连续五年位居世界首位；铝加工材年产量达1176万吨，一举超过美国成为世界铝加工材产量最大的国家。与此同时，我国铝加工材的出口量也大幅增加，我国已真正成为世界铝业大国、铝加工业大国。但是，我们应清楚地看到，我国铝加工材在品种、质量以及综合经济技术指标等方面还相对落后，生产装备也不甚先进，与国际先进水平仍有一定差距。

为了促进我国铝及铝加工技术的发展，努力赶超世界先进水平，向铝业强国和铝加工强国迈进，还有很多工作要做：其中一项最重要的工作就是总结我国长期以来在铝加工方面的生产经验和科研成果；普及和推广先进铝加工技术；提出我国进一步发展铝加工的规划与方向。

几年前，中国有色金属学会合金加工学术委员会与冶金工业出版社合作，组织国内20多家主要的铝加工企业、科研院所、大专院校的百余名专家、学者和工程技术人员编写出版了大型工具书——《铝加工技术实用手册》，该书出版后受到广大读者，特别是铝加工企业工程技术人员的好评，对我国铝加工业的发展起到一定的促进作用。但由于铝加工工业及技术涉及面广，内容十分丰富，《铝加工技术实用手册》因篇幅所限，有些具体工艺还不尽深入。因此，有读者反映，能有一套针对性和实用性更强的生产技术类《丛书》与之配套，相辅相成，互相补充，将能更好地满足读者的需要。为此，中国有色金属学会合金加工学术委员会与冶金工业出版社计划在“十一五”期间，组织国内铝加工行业的专家、学者和工程技术人员编写出版《现代铝加工生产技术丛书》（简称《丛书》），以满足读者更广泛的需求。《丛书》要求突出实用性、先进性、新颖性和可读性。

《丛书》第一次编写工作会议于2006年8月20日在北戴河召开。会议由中国有色金属学会合金加工学术委员会主任谢水生主持，参加会议的单位有：西南铝业（集团）有限责任公司、东北轻合金有限责任公司、中国铝业股份有限公司西北铝加工分公司、北京有色金属研究总院、广东凤铝铝业有限公司、华北铝业有限公司的代表。会议成立了《丛书》编写筹备委员会，并讨论了《丛书》编写和出版工作。2006年年底确定了《丛书》的编写分工。

第一次《丛书》编写工作会议以后，各有关单位领导十分重视《丛书》的编写工作，分别召开了本单位的编写工作会议，将编写工作落实到具体的作者，并都拟定了编写大纲和目录。中国有色金属学会的领导也十分重视《丛书》的编写工作，将《丛书》的编写出版工作列入学会的2007~2008年工作计划。

为了进一步促进《丛书》的编写和协调编写工作，编委会于2007年4月12日在北京召开了第二次《丛书》编写工作会议。参加会议的有来自西南铝业（集团）有限责任公司、东北轻合金有限责任公司、中国铝业股份有限公司西北铝加工分公司、北京有色金属研究总院、广东凤铝铝业有限公司、上海瑞尔实业有限公司、广东中山市金胜铝业有限公司、华北铝业有限公司和冶金工业出版社的代表21位同志。会议进一步修订了《丛书》各册的编写大纲和目录，落实和协调了各册的编写工作和进度，交流了编写经验。

为了做好《丛书》的出版工作，2008年5月5日在北京召开了第三次《丛书》编写工作会议。参加会议的单位有：西南铝业（集团）有限责任公司、东北轻合金有限责任公司、中国铝业股份有限公司西北铝加工分公司、北京有色金属研究总院、广东凤铝铝业有限公司、广东中山市金胜铝业有限公司、上海瑞尔实业有限公司和冶金工业出版社，会议代表共18位同志。会议通报了编写情况，协调了编写进度，落实了各分册交稿和出版计划。

《丛书》因各分册由不同单位承担，有的分册是合作编写，编写进度有快有慢。因此，《丛书》的编写和出版工作是统一规划，分步实施，陆续尽快出版。

由于《丛书》组织和编写工作量大，作者多和时间紧，在编写和出版过程中，可能会有不妥之处，恳请广大读者批评指正，并提出宝贵意见。

另外，《丛书》编写和出版持续时间较长，在编写和出版过程中，参编人员有所变化，敬请读者见谅。

《现代铝加工生产技术丛书》编委会

2008年6月

前　言

设备是生产产品的基础，特别是在现代化、大规模的铝加工材料生产中，现代化、高水平的设备生产线是铝加工生产的一个重要组成部分，对铝加工材料的高产、优质、低成本、高效益具有举足轻重的作用。铝加工设备制造业是伴随着铝加工材料产业与技术发展而成长起来的。近十几年来，由于国防军工的现代化、国民经济高速发展和人民生活水平的大幅提高，铝及铝合金加工产业与技术获得了飞速的发展。2011 年世界铝加工材产量与消费量突破 4500 万吨/年，品种规格达数十万种，我国的铝加工材产量与消费量突破 2000 万吨/年，品种规格达数万种之多，这对铝及铝加工材的生产设备和生产线，提出了更高的要求。铝及铝合金产品不仅数量增多，质量提高，品种、规格增加，而且各种新型、多用途、智能型和高度机械化、自动化的设备或生产线也大量涌现。据不完全统计，目前用于铝及铝合金材料加工的主要设备和辅助设备不少于数千台（套、种），主要包括熔铸、轧制、挤压、轧管、拉拔、锻压、冲压、制粉等生产车间的主要设备及辅助设备；热处理及精整设备；包装储存及运输设备；深加工设备；检测设备等。这些主要设备、辅助设备及公辅设施的先进性、可靠性、精密性和可操作性都会直接影响铝加工材的生产效率、产品质量和生产成本与效益。因此，铝加工设备是铝加工产业的重要组成部分，也是铝加工行业主要的研发课题之一。

经过近百年的发展，世界铝加工生产的工艺装备水平有了重大突破和飞跃发展，基本上能满足铝加工产业高速发展的需要，如德国的 SMS、日本的宇部、意大利的达涅利、美国的沃尔斯塔夫、俄罗斯的乌拉尔等设备制造公司，不仅能制造巨型的铝及铝合金加工熔铸（如 180t 熔炉和铸造机）、轧制（如 5888mm 热轧机、热连轧机、4400mm 冷轧机及冷连轧机、2800mm 连续铸轧机及 2300mm 连铸连轧机等）、挤压（如 360MN 立式反向挤－模压机、200MN 正反向卧式挤压机等）、模锻（750MN 热模锻机、300MN 多向模锻机、ϕ12500mm 轧环机等）设备及其液压与电控系统，而且能制造十分精密、高智能化、高自动化的辅助系统和检测系统。设备形式规格之多，结构之新颖，用途之广泛达到了空前水平，为铝加工业高速、持续发展奠定了基础。多年来我国对铝加工工艺装备的研发与改造也做了大量工作，涌现了一大批先进的综合能力强的设备制造厂，如一重、二重、沈重、太重、上重、洛矿、西重所等国有重型机械厂和大批民营股份制铝加工设备制造厂，为我国生产、配套了大量的铝加工主要设备和辅助设施，如已投产使用的 4300mm 大型热轧机、120MN 拉矫机、125MN 双动卧式油压挤压机以及正在设计制造的 800MN 立式模锻液压机等。但是，从整体上来看，我国的技术水平与国际先进水平相比还存在一定差距，特别是在液压系统、电控系统及相关元器件制造方面差距更大。我国已成为世界铝加工大国和铝加工设备制造大国，但还不是铝加工强国和铝加工设备制造强国，我们需要更加努力。

为了促进我国铝加工生产与技术的发展，努力赶超世界先进水平，加快向铝加工强国和铝加工工艺装备强国迈进，作者在总结自己多年来在铝加工生产技术及工艺装备研发与使用方面的实践经验和科研成果的基础上，参阅、翻译和整理了大量国内外最新文献和技术资料，编写了本书，以期对我国铝加工生产技术和工艺装备的进步和发展有所裨益。

本书详细介绍了铝及铝合金加工材生产与技术对设备的要求，铝加工生产设备的分类、结构原理及生产工艺流程与设备的组成等。重点论述了铝及铝合金熔铸设备、铝及铝合金轧制设备、铝及铝合金挤压设备、铝及铝合金锻压设备、铝加工设备的使用与维护等。在内容组织和结构安排上，力求理论联系实际，切合生产实际需要，突出实用性、先进性和行业特色，为读者提供一本实用的技术著作。

本书是铝加工生产企业和铝加工设备制造企业工程技术人员必备的技术读物，也可供从事有色金属材料与加工的科研、设计、教学、生产、应用及设备制造等方面的技术人员与管理人员使用，同时还可作为大专院校有关专业师生的参考书。

本书共分6章。第1、3章由李凤轶、刘静安、王大明编写，第2、4、5章由刘玉珍、孟林、刘静安、杨跃川编写，第6章由刘静安、王大明、杨跃川编写。全书由刘静安教授和谢水生教授审定。

在本书编写过程中李迅、刘庆、胡建华、蒋丽容、赵勇、何沛学等同志做了大量工作或提供了部分初稿内容和图表，同时作者还参考了国内外有关专家、学者的一些文献资料，并得到中国有色金属学会合金加工学术委员会和冶金工业出版社的支持，在此一并表示衷心感谢！

由于作者水平有限，书中不妥之处，敬请广大读者提出宝贵意见。

作　者
2012年7月

目　录

1 绪　　论

1.1 铝及铝合金加工工业与技术的现状和趋势

铝加工产业包括铝合金的熔炼与铸造，铝及铝合金板、带、条、箔材，管、棒、型、线材，锻件和模锻件，粉材以及深加工产品的生产与经营，是一个涉及面很广，对国防军工现代化、国民经济发展和人民生活水平提高有重大影响的行业，是一个技术含量和附加值很高的产业。铝加工是整个铝产业链条中最强化的一环。目前世界各大铝业公司的主要收入来自铝加工材料和产品，发展铝加工产业不仅有巨大的社会效益，而且有明显的经济效益。

近年来，铝加工产业发展十分迅猛，成为很多国家和地区的支柱产业之一。2010 年世界与中国的铝产量（原铝加再生铝）和铝加工材的生产情况见表 1-1。

表 1-1　2010 年世界与中国的铝产量和铝加工材生产情况（供参考）

项　　目	世　界	中　国
电解铝（+再生铝）/万吨	4500(+2000)	1600(+480)
铝加工材（合计）/万吨	4000	1620(电缆线材 150)
其中：铝轧制材（板、带、箔材）/万吨	2200	540+130=670
铝挤压材（管、棒、型、线材）/万吨	1800	840+110=950
铝轧制材：铝挤压材	56:44	41:59
铝合金型材（合计）/万吨	1460	840
其中：铝建筑材/万吨	650	560
铝工业材/万吨	810	280
建筑材：工业材	43:57	66:34
铝铸造材/万吨	2200	280
铝及铝材的年平均增长率/%	5~6	15~20

由表1-1可知，世界铝及铝加工产业发展很快，已具有相当规模，中国已成为铝业大国，但还不是铝业强国，而且产品的比例仍不够协调，需要加大产业与产品结构调整。中国的年增长速度大大高于世界各国，在不久的将来很快会赶上世界先进水平。

1.1.1　铝加工产业的发展特点与趋势

1.1.1.1　现代铝加工工业的发展特点

（1）世界铝加工工业进入了一个新的发展时期。随着科学技术和经济的飞速发展，在全球经济一体化与大力提高投资回报率的经营思想推动下，一方面加大结构调整力度，另一方面开展了科技研发的热潮，以求更合理、更均衡地利用与配置资源；不断扩大铝工业的规模；增加铝材的品种与规格；提高产品的科技含量，并拓展其应用范围；大幅度降低能耗、改善环境；大幅度降低成本、提高经济效益；不断加强铝材部分替代钢材，成为人民生活和经济部门的基础材料。2010年世界铝的产量达4500万吨以上(未计再生铝2000万吨)，并以5%左右的速度递增，到2020年铝的产量会翻一番，达到8000万吨(未计再生铝产量)。

2010年世界铝加工材的产量达4000万吨（其中挤压材1800万吨左右)，并以6%的速度递增，估计到2020年铝材的产、消量可达6000万吨。可明显看出，调整产业与产品结构，增加产量和品种，并加速扩大在急需以节能降耗、减轻环境污染、提高安全舒适为目的而实施轻量化的交通运输工具及其他方面用量是现代世界铝及铝加工工业发展的重要特征。

（2）中国铝轧制产业掀起了高速发展热潮。中国铝及铝合金轧制工业正处于高速持续发展的热潮中。近年来，已建、在建、拟建的10万吨/a以上的铝板、带、箔材项目20余个，20万吨/a以上的项目8～10个，2010年我国铝板、带、箔的产能达950万吨，占世界的1/4左右。已建和拟建的热连轧生产线8条；2000mm以上的冷轧生产线10～12条，2机架、3机架和5机架的冷连轧生产线各一条；已建和在建的2000mm以上的铝箔轧机约30多台，2011年，我国铝箔生产能力可达180万吨，稳居世界之首；而且我国已建成4300mm

特宽板生产线并正在建 3900mm、3950mm、4500mm 特宽中厚板生产线，并配置 12000t 矫直机，将批量生产航空航天及其他部门用大型中厚板；此外，我国已建成一条 2000mm 哈兹莱特连铸连轧生产线和两台 2400mm 超型快速连铸轧生产线。可见，高速发展铝合金板、带、箔材生产，扩大产能和品种，合理调整产业结构和产品结构，满足国内外市场对板、带、箔材日益增长的需求，是我国现代铝工业发展的一个重要特点。

（3）中国铝挤压工业向现代化方向发展，掀起第三次发展高潮。中国铝工业和铝加工工业正处于高速持续发展的第三次高潮中。经过几十年的发展和积累，特别是经过第一次、第二次发展高潮的洗礼，中国铝及铝加工工业已完成了从无到有、由小到大、由低级到中级、高级的发展过程，已成为名副其实的铝业大国、铝加工大国、铝挤压大国，正在向铝业强国、铝加工强国、铝挤压强国进军。

2010 年，中国的铝挤压材产能达 1000 万吨，出口量达 100 万吨，实际产量达 950 万吨，连续 5 年超过美国并成为净出口国。我国铝挤压工业的发展特点如下：

1）建成了一大批大中型现代化挤压企业，产能产量大幅度增长。1980 年至 21 世纪初期，建成了大批以生产建筑铝材为主的挤压企业。从 2003 年开始，掀起了建设大中型挤压机和挤压企业结构调整浪潮，配置了一大批大中型挤压机和组建了一批世界级挤压企业，年产能和产量大幅度增加，见表 1-2。我国目前有各种铝挤压企业 780 家左右，其中产能大于 5 万吨/a 的有 40 家以上，产能大于 10 万吨/a 的有 20 家左右，产能大于 30 万吨/a 的 5 家。大型的民营挤压企业正在崛起。

表 1-2 2003～2010 年铝挤压材年生产能力及产量统计表（供参考）

项目＼年份	2003	2004	2005	2006	2007	2008	2009	2010
年生产能力/万吨	290	350	439	670	750	780	950	1000
年产量/万吨	208	254.4	298.8	484	660	720	860	950
年净出口/万吨	9.66	17.37	30.71	58.6	87	100	约 80	约 100

2）大型挤压机建设高潮迭起，反向挤压机引进剧增。到2010年底已投产的挤压机吨位大于50MN的有35台左右，在建和拟建的12台以上，到2015年，中国建成的大挤压机将有55台以上，其中200MN级1台，160MN级1台，150MN级1台，125MN级3台，100MN级6台，80MN级12台。目前共有挤压机4000台以上，数量居世界第一，大型挤压机台数可与美国、俄罗斯媲美。到2010年底，中国已有30台反向挤压机，其中12台是从德国SMS公司引进的现代化水平很高的设备。因此，中国是拥有世界上数量最多、水平最高、吨位最大的反向挤压机的国家。同时，大批小型的、落后的挤压机正在被淘汰或改造。

3）加大了产业和产品调整力度,加强了科技自主开发能力,拓展了应用领域,开发了大批新产品、新技术、新工艺。多种性能与用途的新型铝合金挤压材大量涌现。工业材与建筑材的比例由20世纪的18：82提高到2010年的34：66,特别是在交通运输新能源和电子电器部门,铝型材获得了广泛的应用,大中型工业结构用材的比例大幅度增加。

4）出口量大增，已成为铝挤压材净出口国，见表1-2。2010年我国净出口挤压材在100万吨左右。

由以上分析可知，中国已成为真正的铝业大国，铝加工材产、消大国，出口大国，铝挤压大国，并正在向真正的铝加工强国和铝挤压强国挺进。

1.1.1.2 现代铝加工工业的发展趋势

A 世界铝加工产业的发展趋势

世界铝加工产业具有以下发展趋势：

（1）工艺装备更新换代快，更新周期一般为10年左右。设备向大型化、精密化、紧凑化、成套化、标准化、自动化方向发展。

（2）工艺技术不断推新，向节能降耗、精简连续、高速高效、广谱交叉的方向发展。

（3）十分重视工具和模具的结构设计、材质选择,加工工艺、热处理工艺和表面处理工艺不断改进和完善,质量和寿命得到极大的提高。

（4）产业结构和产品结构处于大调整时期。为了适应科技的进步和经济、社会的发展及人们生活水平的提高，很多传统的和低档的产品将被淘汰，而新型的高档高科技产品将会不断涌现。

（5）十分重视科技进步、技术创新和信息开发。信息时代和知识经济时代的到来，对铝加工技术显得更为重要。铝加工工业的CAD/CAM/CAE技术将获得空前普及和提高。

（6）科学管理全面实现自动化和现代化，体制和机制将不断进行调整，以适应社会发展和市场变化的需要。

B 我国铝加工产业的发展趋势

到2010年底，我国的铝加工企业有1400家左右，其中铝板、带、箔企业600多家，年产能950万吨，年产量670万吨左右，占我国铝材总产量的40%左右（国际水平为60%），年净进口量为30万吨左右。铝挤压企业780多家，年产能约1000万吨，年产量950万吨左右，占我国铝材总产量的58%左右（国际水平为40%），除了进口一部分特殊管材、型材和棒材等工业用材外，中、低档建筑型材和普通工业型材已大批出口，成为净出口国。由此可见，我国铝加工的产业结构和产品结构是不合理的，需要大力调整。另外，铝加工装备的整体水平还不高，技术自主开发能力还不够强，与国外差距较大。虽然近几年来新建设或在建了一批20万吨/a以上的大型铝板、带、箔材企业，如西南铝的1+4热连轧线、南山铝业的1+4热连轧线等，新建或在建一批大型挤压机生产线，如果西南铝的80/95MN，山东丛林的100MN，麦达斯的110MN、80MN，忠旺的125MN等大型挤压机列等，同时引进了大批的关键设备和技术。但是要想彻底改变铝板、带、箔材的产消量少于铝挤压材的产消量；大中型工业型材少于建筑型材；高档产品少于中、低档产品；大型现代化铝加工装备少于小型的、落后的铝加工装备的局面尚有大量工作要做。

目前，我国正掀起铝加工产业发展第三次高潮，铝加工产业向以下方向发展：

（1）铝加工企业正在进行大改组、大合并、上规模、上水平的改造过程，淘汰规模小、设备落后、能耗高、环保差、开工不足和产品质量低劣的企业，建成几个具有国际一流水平的大型综合性铝加工企业。

（2）产品结构大调整，向中、高档和高科技产品发展，淘汰低劣产品，研制开发高新技术产品，替代进口，并打入国际市场。

（3）大搞科技进步，技术创新和信息开发，建立技术开发中心，更新工艺，使铝加工技术达到国际一流水平。

（4）大力进行体制与机制调整，与国际铝加工工业接轨，把我国的铝加工工业和技术推向国际市场，创建我国完整的铝加工技术体系和自主知识产权体系。我国铝加工产业正在完成从小到大，由弱变强，从粗放式经营向现代化大企业发展的过程。在建和拟建大批的具有一定规模（30万吨/a以上）的较高装备水平的铝板、带、箔生产线（如1+3、1+4、1+5热连轧生产线等）和大型的225MN、200MN、150MN、125MN、100MN、95MN、80MN挤压机和高水平的挤压生产线，以及多条超宽、高速、特薄连铸轧和连铸连轧生产线，精密模锻生产线和深加工生产线，同时大力开发新产品和新技术，不断提高产品质量，提高生产效率和经济效益。可以预料在不久的将来，我国很快将成为世界铝及铝加工工业大国和强国。

1.1.2 国内外铝加工技术的发展特点与趋势

1.1.2.1 熔铸技术的发展特点与趋势

熔铸技术具有以下发展特点与趋势：

（1）优化铝合金的化学成分、主要元素和微量元素的含量，不断提高铝合金的纯度。用微合金化理论和现代相图技术指导新型铝合金的设计与科学发展。

（2）强化和优化铝熔体在线净化处理技术，尽量减少熔体中的气体（H_2等）和夹杂物的含量，如使每100g铝中H_2含量小于0.1mL；Na^+的质量分数小于3×10^{-6}等。不断提高铝合金的纯净度。

（3）强化和优化细化处理及变质处理技术，不断改进和完善Al-Ti-B、Al-Ti-C等细化工艺，改进Sr、Na、P等变质处理工艺。

（4）采用先进的熔铝炉型和高效喷嘴，不断提高熔炼技术和热效率。目前世界上最大的熔铝炉为180t，是一种圆形、可倾倒、可开盖的计算机自动控制的燃气炉。各种炉型正向大型化、自动化和智能化方向发展。

（5）采用先进的铸造方法，如电磁铸造、油气混合润滑铸造、矮结晶器铸造、内置式液压铸造机等以提高生产效率和产品质量，节能降耗，降低成本。

（6）采用先进均匀化处理设备与工艺，如近熔点均匀化、分级均匀化工艺等，提高铸锭的化学成分、组织与性能的均匀性。

1.1.2.2 轧制技术的发展特点与趋势

轧制技术具有以下发展特点和趋势：

（1）热轧机向大型化、控制自动化和精密化方向发展。目前世界最大的热轧机为美国的5588mm热轧机组，热轧板的最大宽度为5000mm，最长为36m。“二人转”的老式轧机将被淘汰、四辊式单机架单卷取将被双卷取所代替，适当发展热粗轧+热精轧（即1+1）的生产方式，大力发展1+3、1+4、1+5等热连轧生产方式，采用AGC、AFC、自动板形仪、自动化X射线测厚技术等，大大提高生产效率和产品质量。

（2）连铸轧和连铸连轧向高速、高精、超宽、薄壁方向发展。最近美国研制成功的高速薄壁连铸轧机组可生产宽2000mm、厚度2mm的连铸轧板材，速度达10m/min，可代替冷轧机，直接供给铝箔毛料，有的甚至可用作易拉罐的毛坯料。新型轧机，如异步轧机等也被开发用于生产。

（3）冷轧向宽幅（大于2000mm）、高速（最大为45m/s）、高精（±2μm）、高度自动化控制方向发展，冷连轧也开始发展，可大幅度提高生产效率。铝箔轧制向更宽、更薄、更精、更自动化的方向发展，可用不等厚的双合轧制生产0.004mm的特薄铝箔。同时开发了喷雾成型等其他生产铝箔的方法。

1.1.2.3 挤压技术的发展特点与趋势

铝合金挤压材正在向大型化、扁宽化、薄壁化、高精化、复杂化、多品种、多用途、多功能、高效率、高质量方向发展。目前，世界最大的挤压机为350MN立式反向挤压机，可生产ϕ1500mm以上的管材，俄罗斯的200MN卧式挤压机可生产2500mm宽的整体壁板。全世界共有40多台80MN以上的挤压机，主要生产大型、薄壁、扁宽的空心与实心型材及精密大径薄壁管材。扁挤压、组合模挤压、宽展挤压、高速挤压、双动反向挤压、高效反向挤压、多坯料挤压、复合挤压、连续挤压、连铸挤压等新工艺不断涌现，工模具结构不断创新，设备、工艺技术、生产管理的全线自动化程度不断提高。高速轧管、双线拉拔技术将得到进一步发展，多坯料挤压、半固态挤压、连续挤压、连铸连挤等新技术会进一步完善。生产过程与工模具的CAD/CAM/CAE技术以及模拟挤压、虚拟设计与“零试模”等高新技术将获得快速发展。

1.1.2.4 锻压技术的发展特点与趋势

铝合金锻件主要用作重要受力结构。锻压液压机正在向大型化和精密化方向发展。俄罗斯750MN、法国650MN、美国450MN以及中国300MN等都属于重型锻压水压机。中国正在设计制造400MN和800MN特大型锻压机。最大的模锻件将达5.5m^2，最大质量达3.5t以上。无加工余量的精密模锻、多向模锻、等温模锻等新工艺将得到发展。由于铝合金模锻件的品种多、批量小、模具成本昂贵，目前世界上有用预拉伸厚板数控加工的方法代替大型模锻件的趋势。

1.1.2.5 质量检测与质量保证的发展特点与趋势

为了保证产品的质量，不仅要逐步建立各种质量保证体系(ISO9000等)，还会不断研制开发各种仪器仪表和测试手段来保证产品的尺寸公差、形位精度、化学成分、内部组织、力学性能和特种性能及表面质量以达到技术标准的要求，产品质量检测将向连续的、在线的、高自动化、高智能化方向发展。

1.1.2.6 深加工技术的发展特点与趋势

铝材深加工是提高产品附加值、扩大铝材应用的重要途径之一。目前，铝材深度加工技术主要向新型焊接技术、胶合技术；新型表面处理技术以及机加工和电加工等方向发展，生产高精度、高表面、高性能的铝合金零部件。

1.2 铝及铝合金材料的分类、品种、规格与生产方法和工艺流程

1.2.1 铝及铝合金材料的分类

为了满足国民经济各部门和人民生活各方面的需求，世界原铝（包括再生铝）产量的85%以上被加工成板、带、箔、管、棒、型、

线、粉、自由锻件、模锻件、铸件、压铸件、冲压件及其深加工件等，见图 1-1。目前生产铝及铝合金材料的主要方法有铸造法、塑性成型法和深加工法。

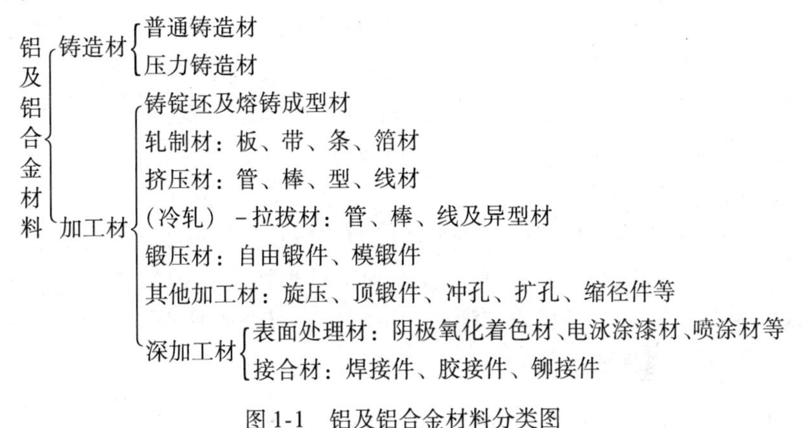

图 1-1 铝及铝合金材料分类图

1.2.2 铝及铝合金材料的生产方法

1.2.2.1 铸造法

铸造法就是利用铸造铝合金的良好流动性和可填充性，在一定温度、速度和外力条件下，将铝合金熔体浇铸到各种模型中以获得具有所需形状与组织性能的铝合金铸件和压铸件的方法。图 1-2 示出了铝合金铸造的主要方法。

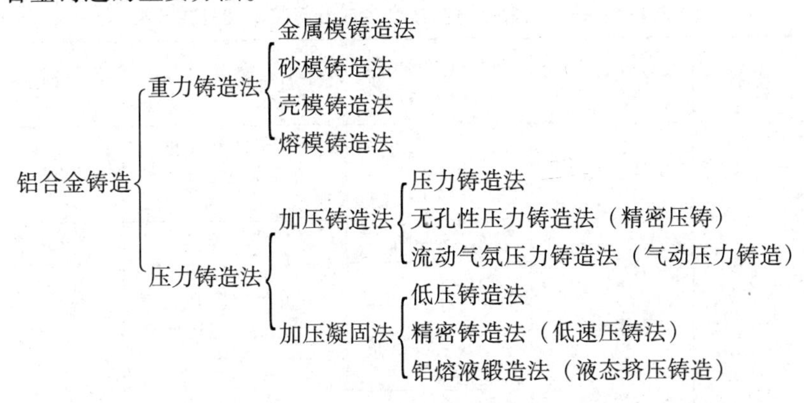

图 1-2 铝合金铸造的主要方法

1.2.2.2 塑性成型法

铝及铝合金的塑性成型法就是利用铝及铝合金的良好塑性，在一定的温度、速度条件下，施加各种形式的外力，克服金属对变形的抵抗，使其产生塑性变形，从而得到各种形状、规格尺寸和组织性能的铝及铝合金板、带、条、箔、管、棒、型、线和锻件等的加工方法。铝及铝合金的主要塑性成型法有轧制法、挤压法、拉拔法、锻压法、冲压法等。

1.2.2.3 深加工法

深加工法就是将铸造法或塑性成型法所获得的半成品通过表面处理或表面改性处理、机械加工或电加工、焊接或其他接合方法、剪断、冲切、拉伸、变异或其他冷加工方法、复合或腐蚀等方法进一步加工成成品零件或部件的方法。

1.2.3 铝及铝合金加工材的品种、规格与分类

目前，世界上已拥有不同合金状态，形状规格，品种型号，各种功能、性能和用途的铝及铝合金加工材10余万种。科学的分类对于发展铝加工技术，提高产品质量和生产效率，发掘产品的潜能和合理使用铝材，加强质量、储运和使用的管理等都有重大意义。

1.2.3.1 按合金成分与热处理方式分类

铝及铝合金材料按合金成分与热处理方式分类，如表1-3所示。

表1-3 铝及铝合金材料按合金成分与热处理方式分类

类别	合金名称	主要合金成分（合金系）	热处理和性能特点	举例
铸造铝合金	简单铝硅合金	Al-Si	不能热处理强化,力学性能较差,铸造性能好	ZL102
	特殊铝硅合金	Al-Si-Mg	可热处理强化,力学性能较好,铸造性能良好	ZL101
		Al-Si-Cu		ZL107
		Al-Si-Mg-Cu		ZL105 ZL110
		Al-Si-Mg-Cu-Ni		ZL109

续表 1-3

<table>
<tr><th colspan="2">类别</th><th>合金名称</th><th>主要合金成分
（合金系）</th><th>热处理和性能特点</th><th>举例</th></tr>
<tr><td colspan="2" rowspan="4">铸造
铝合金</td><td>铝铜铸造合金</td><td>Al - Cu</td><td>可热处理强化，耐热性好，铸造性和耐蚀性差</td><td>ZL201</td></tr>
<tr><td>铝镁铸造合金</td><td>Al - Mg</td><td>力学性能好，抗蚀性好</td><td>ZL301</td></tr>
<tr><td>铝锌铸造合金</td><td>Al - Zn</td><td>能自动淬火，宜于压铸</td><td>ZL401</td></tr>
<tr><td>铝稀土铸造合金</td><td>Al - Re</td><td>耐热性好，耐蚀性高</td><td>ZL109Re</td></tr>
<tr><td rowspan="7">变形铝合金</td><td rowspan="3">不能热处理强化铝合金</td><td>工业纯铝</td><td>≥99.90% Al</td><td>塑性好、耐蚀，力学性能差</td><td>1A99、1050、1200</td></tr>
<tr><td rowspan="2">防锈铝</td><td>Al - Mn</td><td rowspan="2">力学性能较差，抗蚀性好，可焊，压力加工性能好</td><td>3A21</td></tr>
<tr><td>Al - Mg</td><td>5A05</td></tr>
<tr><td rowspan="4">可热处理强化铝合金</td><td>硬　铝</td><td>Al - Cu - Mg</td><td>力学性能好</td><td>2A11、2A12</td></tr>
<tr><td>超硬铝</td><td>Al - Cu - Mg - Zn</td><td>室温强度最高</td><td>7A04、7A09</td></tr>
<tr><td rowspan="2">锻　铝</td><td>Al - Mg - Si - Cu</td><td rowspan="2">锻造性能好，耐热性能好</td><td rowspan="2">6A02、6061、2A70、2A80</td></tr>
<tr><td>Al - Cu - Mg - Fe - Ni</td></tr>
</table>

1.2.3.2 按生产方式分类

铝及铝合金材料按生产方式分类，可分为铝铸件和铝及铝合金加工半成品。

A 铝铸件

在各国的工业标准中明确规定了铝铸件可分为金属模铝铸件、砂模铝铸件、压力铸造铝铸件、蜡模铝铸件等。

如果在铸造时，施加外力，铸件容易成型。按适用于铸模的压力方式，压力铸造可分为以下几种：

（1）常压浇铸方式：适用于砂模铸造和金属模铸造。

（2）加压浇铸方式：可分为低压铸造法（压力小于 20MPa）；中压铸造法（压力小于 300MPa）；高压铸造法（压力大于 300MPa）。

(3) 减压铸造方式：如真空吸引铸造法等。

(4) 减压－常压浇铸方式。

(5) 减压－加压浇铸方式：如真空压铸法等。

(6) 加压下凝固方式：高压凝固铸造法（如液体模锻法）、离心铸造法等。

在砂模铸件中根据铸件砂使用的黏结剂、铸模的造型、凝固方法等可分为砂模铸造法、壳模铸造法、碳酸气型铸造法、自硬性型铸造法和蜡铸造法等。

B 铝及铝合金加工半成品

用塑性成型法加工铝及铝合金半成品的生产方式主要有平辊轧制法、型辊轧制法、挤压法、拉拔法、锻造法和冷冲法等。

(1) 平辊轧制法。主要产品有热轧厚板、中厚板材、热轧（热连轧）带卷、连铸连轧板卷、连铸轧板卷、冷轧带卷、冷轧板片、光亮板、圆片、彩色铝卷或铝板、铝箔卷等。

(2) 型辊轧制法。主要产品有热轧棒和铝杆；冷轧棒；异型材和异型棒材；冷轧管材和异型管；瓦楞板（压型板）和花纹板等。

(3) 热挤压和冷挤压法。主要产品有管材、棒材、型材、线材及各种复合挤压材。

(4) 拉拔法。主要产品有棒材和异型棒材；管材和异型管材；型材；线材等。

(5) 锻造法。主要产品有自由锻件和模锻件。

(6) 冷冲法。主要产品有各种形状的切片、深拉件、冷弯件等。

1.2.3.3 按产品形状分类

铝及铝合金材料按产品形状分类如下：

(1) 按断面积或质量大小分类，铝及铝合金材料可分为特大型、大型、中型、小型和特小型等几类。如投影面积大于 $2m^2$ 的模锻件，断面面积大于 $400cm^2$ 的型材，质量大于 10kg 的压铸件属于特大型产品，而断面面积小于 $0.1cm^2$ 的型材，质量小于 0.1kg 的压铸件和模锻件称为特小型产品。

(2) 按产品的外形轮廓尺寸、外径或外接圆直径的大小分类，铝及铝合金材料也可分为特大型、大型、中小型和超小型几类。如宽度大于 250mm，长度大于 10m 的型材称为大型型材，宽度大于 800mm 的型材称为特大型型材，而宽度小于 10mm 的型材称为超小型精密型材。

（3）按产品的壁厚分类，铝及铝合金产品可分为超厚、厚、薄、特薄等几类。如厚度大于 270mm 的板材称特厚板，厚度大于 150mm 的称为超厚板，厚度大于 8mm 的称为厚板，厚度为 4～8mm 的称为中厚板，厚度在 3mm 以下的称为薄板，厚度小于 0.5mm 的板材称为特薄板，厚度小于 0.2mm 的称为铝箔等。

目前，世界各国常生产的铝及铝合金加工产品品种、形状与规格范围大致如下：

（1）铸锭：

1）圆锭：ϕ60～1500mm，长 L。

2）扁锭：20mm×100mm～700mm×3000mm×L。

（2）板带材：

1）中厚板：厚度 4～8mm；宽度 500～5000mm；长度 2～36m。

2）厚板：厚度 8～80mm；宽度 500～5000mm；长度 2～36m。

3）超厚板：厚度 80～270mm；宽度 500～4000mm；长度 2～30m。

4）特厚板：厚度不小于 270mm；宽度 500～3000mm；长度 2～30m。

5）薄板：厚度 0.2～3mm；宽度 500～4000mm；长度：成卷。

6）特薄板：厚度 0.2～0.5mm；宽度 500～4000mm；长度：成卷。

（3）箔材：厚度 0.2mm 以下的带材。

1）无零箔：厚度 0.1～0.9mm；宽度 30～2000mm；长度：成卷。

2）单零箔：厚度 0.01～0.09mm；宽度 30～2000mm；长度：成卷。

3）双零箔：厚度 0.004～0.009mm；宽度 30～2000mm；长度：成卷。

（4）管材：ϕ5mm×0.5mm～800mm×150mm（最大ϕ1500mm×150mm）；长500～30000mm。

（5）棒材：ϕ7～800mm；长500～30000mm。

（6）型材：宽3～2500mm；高3～500mm；厚0.17～50mm；长500～30000mm。

（7）线材：ϕ6～0.01mm；长：成卷。

（8）自由锻件和模锻件：0.1～5m^2。

（9）粉材：铝粉、铝镁粉，分粗、中、细、微米级、纳米级粉。

（10）铝基复合材料：加碳化硅、碳化硼等纤维（颗粒短纤维，长纤维）强化材；双金属或多金属层压材；多金属复合加工材等。

（11）粉末冶金材。

（12）深加工产品：

表面处理产品（各种花色产品）
- 阳极氧化着色材
- 电泳涂装材
- 静电喷涂材
- 氟碳喷涂材
- 其他表面处理铝材

铝材接合产品
- 焊接件
- 胶接件
- 铆接件
- 其他接合部件

铝材机（冷）加工产品
- 门窗幕墙等加工产品
- 零部件加工与组装件
- 冲压、冷弯成型件等

1.2.4 铝及铝合金塑性成型方法的分类与特点

铝及铝合金塑性成型方法很多，分类标准也不统一。目前，最常见的是按工件在加工时的温度特征和工件在变形过程中的应力－应变状态来进行分类。

1.2.4.1 按加工时的温度特征分类

按工件在加工过程中的温度特征，铝及铝合金加工方法可分为热加工、冷加工和温加工。

（1）热加工：是指铝及铝合金锭坯在再结晶温度以上所完成的塑性成型过程。热加工时，锭坯的塑性较高，但变形抗力较低，可以用吨位较小的设备生产变形量较大的产品。为了保证产品的组织性能，应严格控制工件的加热温度、变形温度与变形速度、变形程度及变形终了温度和变形后的冷却速度。常见的铝合金热加工方法有热挤压、热轧制、热锻压、热顶锻、液体模锻、半固态成型、连续铸轧、连铸连轧、连铸连挤等。

（2）冷加工：是指在产品回复和再结晶的温度以下所完成的塑性成型过程。冷加工的实质是冷加工和中间退火的组合工艺过程。冷加工可得到表面光洁、尺寸精确、组织性能良好和能满足不同性能要求的最终产品。最常见的冷加工方法有冷挤压、冷顶锻、管材冷轧、冷拉拔、板带箔冷轧、冷冲压、冷弯、旋压等。

（3）温加工：是指介于冷、热加工之间的塑性成型过程。温加工大多是为了降低金属的变形抗力和提高金属的塑性性能（加工性）所采用的一种加工方式。最常见的温加工方法有温挤、温轧、温顶锻等。

1.2.4.2 按变形过程的应力－应变状态分类

按工件在变形过程中的受力与变形方式（应力－应变状态），铝及铝合金加工可分为轧制、挤压、拉拔、锻造、旋压、成型加工（如冷冲压、冷弯、深冲等）及深度加工等，如图1-3所示。图1-4示出了主要加工方法的变形力学简图。

铝及铝合金通过熔炼和铸造生产出铸坯锭，作为塑性加工的坯料，铸锭内部结晶组织粗大而且很不均匀，从断面上看可分为细晶粒带、柱状晶粒带和粗大的等轴晶粒带，见图1-5。铸锭本身的强度较低、塑性较差，在很多情况下不能满足使用要求。因此，在大多数情况下，铸锭都要进行塑性加工变形，以改变其断面的形状和尺寸，改善其组织与性能。为了获得高质量的铝材，铸锭在熔铸过程中，必须进行化学成分纯化、熔体净化、组织性能均匀化，以保证得到高的冶

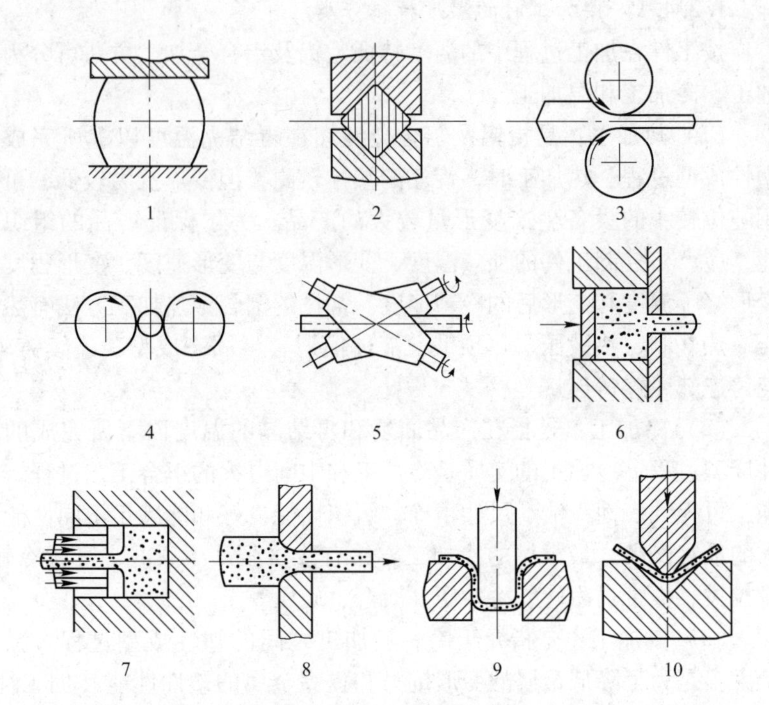

图 1-3 铝及铝合金加工按工件受力和变形方式分类

1—自由锻造；2—模锻；3—纵轧；4—横轧；5—斜轧；6—正向挤压；
7—反向挤压；8—拉拔；9—冲压；10—弯曲

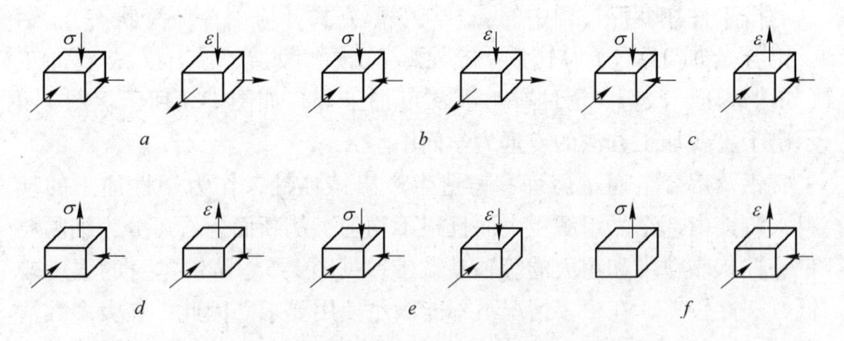

图 1-4 主要加工方法的变形力学简图

a—平辊轧制；*b*—自由锻造；*c*—挤压；*d*—拉拔；*e*—静力拉伸；
f—在无宽展模压中锻造或平辊轧制宽板

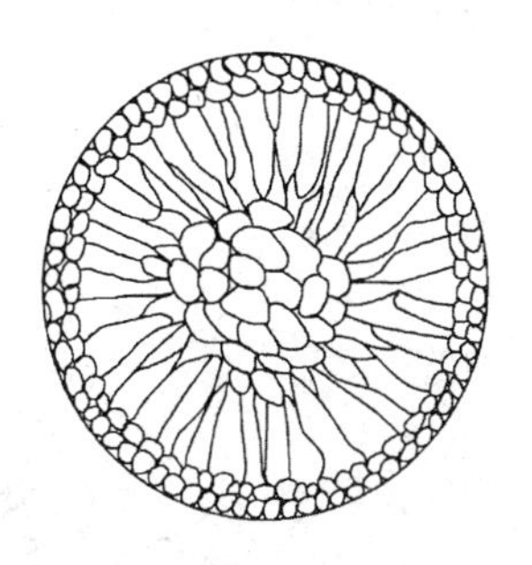

图 1-5 铝合金铸锭的内部结晶组织

金质量。

A 轧制

轧制是锭坯依靠摩擦力被拉进旋转的轧辊间，借助于轧辊施加的压力，使其横断面减小，形状改变，厚度变薄而长度增加的一种塑性变形过程。根据轧辊旋转方向不同，轧制又可分为纵轧、横轧和斜轧。纵轧时，工作轧辊的转动方向相反，轧件的纵轴线与轧辊的轴线相互垂直，是铝合金板、带、箔材平辊轧制中最常用的方法；横轧时，工作轧辊的转动方向相同，轧件的纵轴线与轧辊轴线相互平行，在铝合金板、带材轧制中很少使用；斜轧时，工作轧辊的转动方向相同，轧件的纵轴线与轧辊轴线成一定的倾斜角度。在生产铝合金管材和某些异型产品时常用双辊或多辊斜轧。根据辊系不同，铝合金轧制可分为两辊（一对）系轧制、多辊系轧制和特殊辊系（如行星式轧制、V 形轧制等）轧制。根据轧辊形状不同，铝合金轧制可分为板、带、箔材轧制，棒材、扁条和异型型材轧制，管材和空心型材轧制等。

在实际生产中，目前世界上绝大多数企业是用一对平辊纵向轧制铝及铝合金板、带、箔材。铝合金板、带材生产可以分为以下几种：

（1）按轧制温度可分为热轧、中温轧制和冷轧。

（2）按生产方式可分为块片式轧制和带式轧制。

（3）按轧机排列方式可分为单机架轧制、多机架半连续轧制、

连续轧制、连铸连轧和连续铸轧等，见图 1-6。

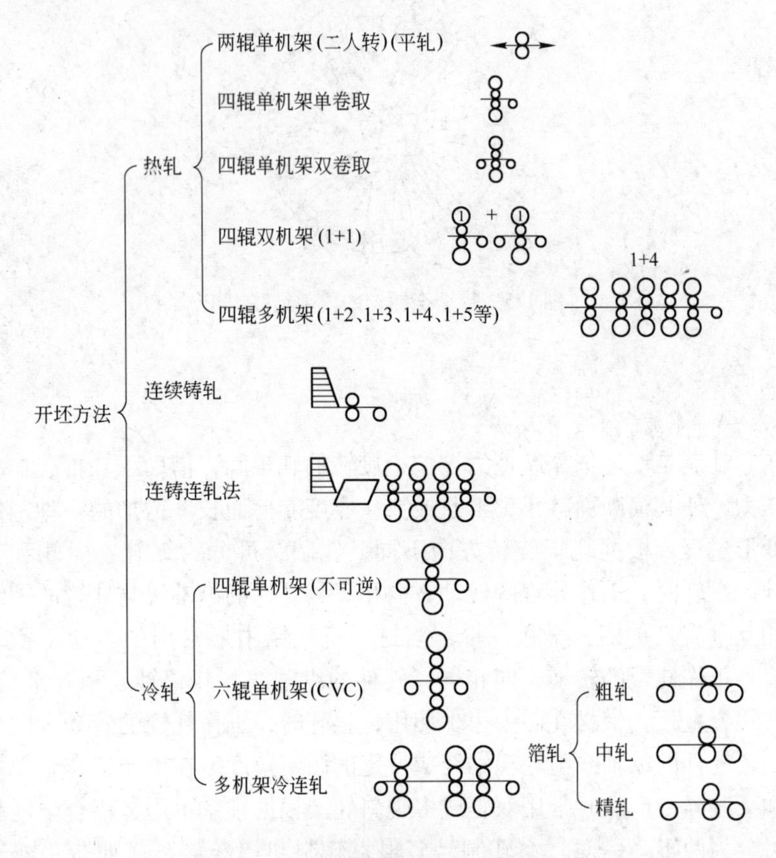

图 1-6 铝及铝合金板、带、箔材轧制方法分类示意图

在生产实践中，可根据产品的合金、品种、规格、用途、数量与质量要求，市场需求及设备配置与国情等条件选择合适的生产方法。

冷轧主要用于生产铝及铝合金薄板、特薄板和铝箔毛料，一般用单机架多道次的方法生产，但近年来，为了提高生产效率和产品质量，出现了多机架连续冷轧的生产方法。

热轧用于生产热轧厚板、特厚板及拉伸厚板，但更多的是用于热轧开坯，为冷轧提供高质的毛料。用热轧开坯生产毛料的优点是生产效率高、宽度大、组织性能优良，可作为高性能特薄板（如易拉罐板、PS版基和汽车车身深冲板及航空航天用板带材等）的冷轧坯料，但设备投资大，占地面积大，工序较多而且生产周期较长。目前，国内外铝及铝合金热轧与热轧开坯的主要方法有：两辊单机架轧制；四辊单机架单卷取轧制；四辊单机架双卷取轧制；四辊双机架（热粗轧 + 热精轧，简称 1 + 1）轧制；四辊多机架（1 + 2、1 + 3、1 + 4、1 + 5 等）热连轧等。

为了降低成本，节省投资和占地面积，对于普通用途的冷轧板、带材用毛料和铝箔毛料，国内外广泛采用连铸连轧和连续铸轧等方法生产。

铝箔的生产方法可以分为以下几种：

（1）叠轧法。采用多层块式叠轧的方法生产铝箔，是一种比较落后的方法，仅能生产厚度为 0.01 ~ 0.02mm 的铝箔，轧出的铝箔长度有限，生产效率很低，除了个别特殊产品外，目前很少采用。

（2）带式轧制法。采用大卷径铝箔毛料连续轧制铝箔，是目前铝箔生产的主要方法。现代化铝箔轧机的轧制速度可达 2500m/min，轧出的铝箔表面质量好，厚度均匀，生产效率高。一般在最后的轧制道次采用双合轧制，可生产宽度达 2200mm、最薄厚度可达 0.004mm、卷重 20t 以上的高质量铝箔。根据铝箔的品种、性能和用途，大卷铝箔可分切成不同宽度和不同卷重的小卷铝箔。

（3）沉积法。在真空条件下铝变成铝蒸气，然后沉积在塑料薄膜上而形成一层厚度很薄（最薄可达 0.004mm）的铝膜，这是最近几年发展起来的一种铝箔生产新方法。

（4）喷粉法。将铝制成不同粒度的铝粉，然后均匀地喷射到某种载体上而形成一层薄的铝膜，这也是近年来开发成功的新方法。

轧制铝箔所用的毛料：一是用热轧开坯后经冷轧所制成的 0.3 ~ 0.5mm 的铝带卷；二是采用连铸连轧或连续铸轧所获得铸轧卷经冷

轧后，加工成的0.5mm左右的铝带卷。

B 挤压

挤压是将锭坯装入挤压筒中，通过挤压轴对金属施加压力，使其从给定形状和尺寸的模孔中挤出，产生塑性变形而获得所要求的挤压产品的一种加工方法。按挤压时金属流动方向不同，挤压又可分为正向挤压法、反向挤压法和联合挤压法。正向挤压时，挤压轴的运动方向和挤出金属的流动方向一致，而反向挤压时，挤压轴的运动方向与挤出金属的流动方向相反。按锭坯的加热温度，挤压可分为热挤压、冷挤压和温挤压。热挤压是将锭坯加热到再结晶温度以上进行挤压，冷挤压是在室温下进行挤压，温挤压处于二者之间。

C 拉拔

拉伸机（或拉拔机）通过夹钳把铝及铝合金坯料（线坯或管坯）从给定形状和尺寸的模孔中拉出来，使其产生塑性变形而获得所需的管、棒、型、线材的加工方法。根据所生产的产品品种和形状不同，拉伸可分为线材拉伸、管材拉伸、棒材拉伸和型材拉伸。管材拉伸又可分为空拉伸、带芯头拉伸和游动芯头拉伸。拉伸加工的要素是拉伸机、拉伸模和拉伸卷筒。根据拉伸配模可分为单模拉伸和多模拉伸。铝合金拉伸机按制品形式可分为直线式和圆盘式拉伸机两大类。为提高生产效率，现代拉伸机正朝着多线、高速、自动化方向发展。多线拉伸最多可同时拉9根，拉伸速度可达150m/min。有的已实现了装、卸料等工序全盘自动化。

D 锻造

锻造是锻锤或压力机（机械的或液压的）通过锤头或压头对铝及铝合金铸锭或锻坯施加压力，使金属产生塑性变形的加工方法。铝合金锻造有自由锻和模锻两种基本方法。自由锻是将工件放在平砧（或型砧）间进行锻造；模锻是将工件放在给定尺寸和形状的模具内锻造。近年来，无飞边精密模锻、多向模锻、辊锻、环锻以及高速锻造、全自动的CAD/CAM/CAE等技术也获得了发展。

E 铝材的其他塑性成型方法

铝及铝合金除了采用以上4种最常用、最主要的加工方法来获得不同品种、形状、规格及各种性能、功能和用途的铝加工材料以外，目前还研究开发出了多种新型的加工方法，它们主要是：

（1）压力铸造成型法，如低、中、高压成型，挤压成型等。

（2）半固态成型法，如半固态轧制、半固态挤压、半固态拉拔、液体模锻等。

（3）连续成型法，如连铸连挤、高速连铸轧、Conform 连续挤压法。

（4）复合成型法，如层压轧制法、多坯料挤压法等。

（5）变形热处理法等。

（6）深度加工。深度加工是指将塑性加工所获得各种铝材，根据最终产品的形状、尺寸、性能或功能、用途的要求，继续进行（一次、两次或多次）加工，使之成为最终零件或部件的加工方法。铝材的深度加工对提高产品的性能和质量，扩大产品的用途和拓宽市场，提高产品的附加值和利润以及变废为宝和综合利用等都有重大的意义。

铝及铝合金加工材料的深度加工方法主要有以下几种：

1）表面处理法，包括氧化上色、电泳涂漆、静电喷涂和氟碳喷涂等。

2）焊接、胶接、铆接及其他接合方法。

3）冷冲压成型加工，包括落料、切边、深冲（拉伸）、切断、弯曲、缩口、胀口等。

4）切削加工。

5）复合成型等。

1.2.5 铝及铝合金加工材的生产工艺流程

铝及铝合金加工材中以压延材（板、带、条、箔材）和挤压材（管、棒、型、线材）应用最广，产量最大。据近年的统计，这两类材料的年产量分别占世界铝材总年产量（平均）的 54% 和 44% 左右，其余铝加工材，如锻造产品等，仅占铝材总产量的百分之几。因此，下面仅列出铝及铝合金板、带材及圆片生产工艺流程和铝及铝合金挤压材生产工艺流程，分别见图 1-7 及图 1-8。

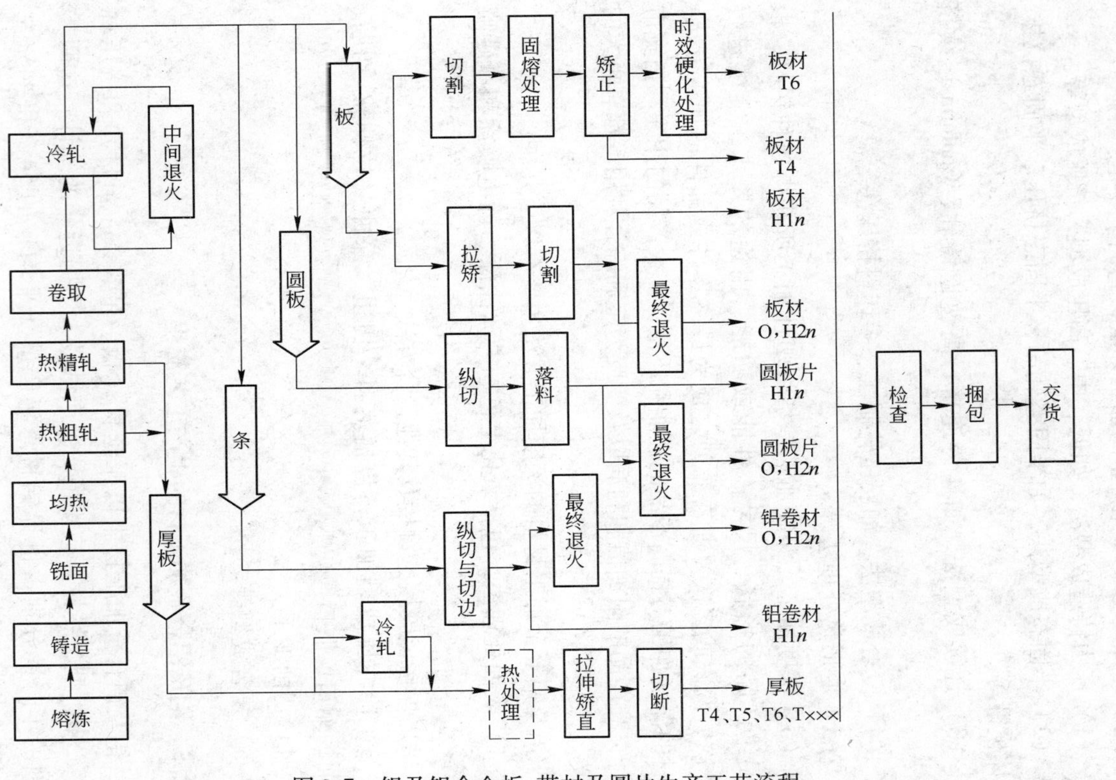

图 1-7 铝及铝合金板、带材及圆片生产工艺流程

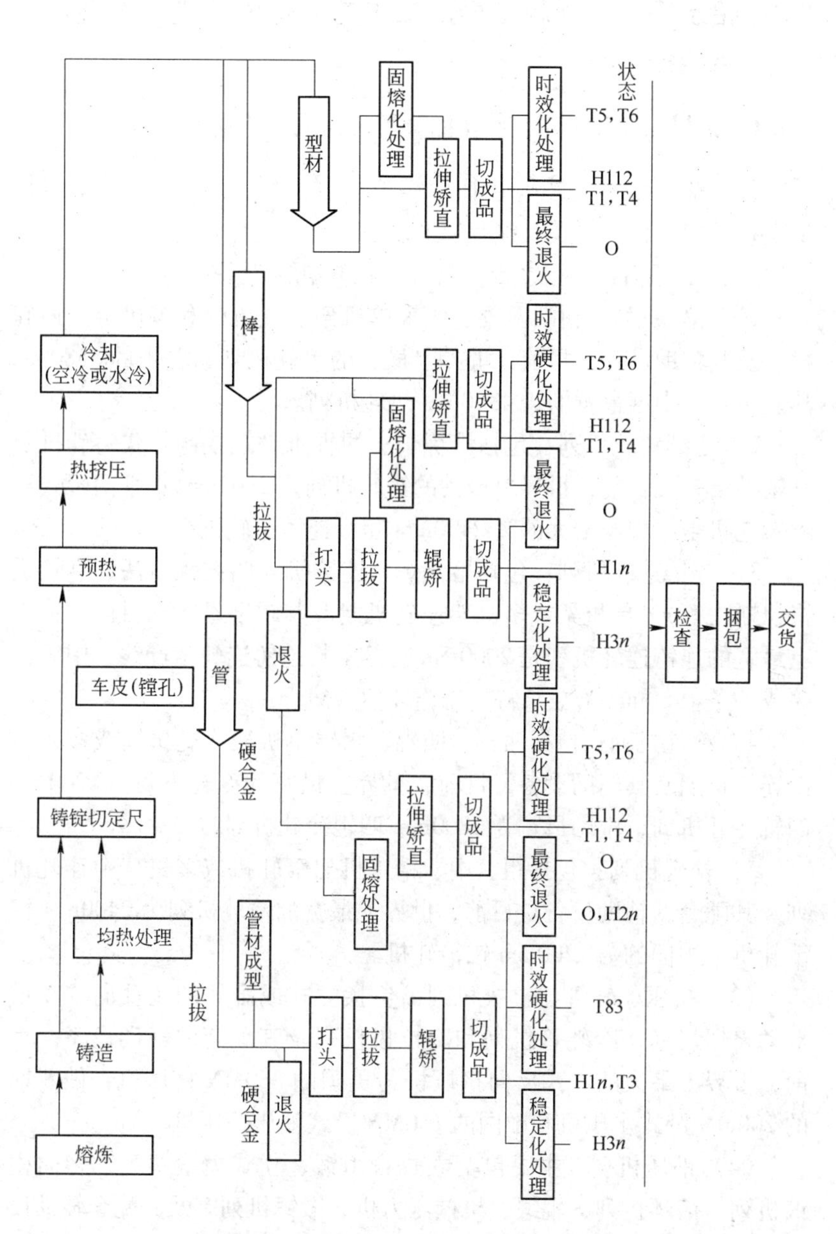

图 1-8 铝及铝合金挤压材生产工艺流程

1.3 铝及铝合金材料主要加工工艺装备的分类、发展水平与趋势

1.3.1 铝材主要加工工艺装备的分类、组成与特点

(1) 熔铸设备：主要包括熔铝炉、静置炉、铸造机、铸锭机加工设备、均匀化炉等及其配套辅助设备。

(2) 铝及铝合金板、带、箔（平板）轧制设备：

1) 热轧机列：包括两辊、四辊单机架热轧机列和多机架热连轧机列及其辅助设备。目前，世界上最宽的热轧机列为美国的5580mm热轧机列，中国最宽的为4300mm热轧机列。

2) 连续铸轧机列：包括熔炼炉、两辊水平式或倾斜式铸轧机及其辅助设备。目前，世界上最大的铸轧机列为2800mm水平两辊式连续铸轧机组，中国最大的为2400mm超级连续铸轧机组。

3) 连铸连轧机列：包括熔铝炉、连铸机（哈兹莱特法、亨特道格拉斯法等）、单机架或多机架连轧机组及其辅助设备。目前，世界上最宽的连铸连轧机列是2000mm哈兹莱特连铸连轧生产线，中国已建成一条1960mm哈兹莱特连铸连轧生产线。

4) 冷轧机列：包括两辊、四辊、六辊单机架冷轧机列或多机架冷连轧机列及其辅助设备。目前，世界上最宽的冷轧机列为4200mm四辊冷轧机列，中国最宽为2800mm四辊冷轧机列。

5) 箔轧机列：包括粗、中、精单机架箔轧机或多机架箔连轧机列及其配套的辅助设备。目前，世界上最宽的箔轧机列为2400mm铝箔轧机，中国的为2200mm铝箔轧机。

(3) 挤压、轧管与拉拔机列：包括立式或卧式的正反向单动或双动挤压机列、冷轧管机列和冷拉拔机列及其配套的辅助设备。目前，世界上最大的立式反向挤压机为美国的360MN挤压机，俄罗斯的200MN卧式水压机和中国的160MN卧式油压挤压机。

(4) 锻压机列：主要包括立式自由锻、立式模锻机列、多向模锻机列、锻环机列、辊锻、机械压力机、锻锤机列等及其配套辅助设备。目前，世界上最大的锻压机列为俄罗斯的750MN立式模锻水压

机，中国正在设计制造800MN立式模锻液压机。

（5）制粉机列：主要包括球磨机、筛分机列及其配套的辅助设备。

（6）热处理精整设备：主要包括立式或卧式淬火装置、人工时效炉、拉矫机、辊矫机、纵切与横切机列、退火装置、分切机列等及其辅助设备。

（7）工模具制造设备：主要包括机加工、电加工、热加工、磨辊机床等及其辅助设备。

（8）表面处理设备：主要包括阳极氧化着色、电泳涂装、静电喷涂、氟碳喷涂、化学着色等机列及其配套辅助设备。

（9）铝材深加工设备：主要包括焊接设备、铆接设备、机加工设备、冷成型设备等。

（10）产品质量检测：主要包括各种产品检验、测量设备、仪表、仪器等，如板形仪、测厚仪、电子拉力机、金相显微镜、硬度计、激光测量机、各种量卡具等。

1.3.2 铝及铝合金加工工艺装备的发展特点与水平分析

1.3.2.1 铝及铝加工技术装备的发展特点

铝及铝加工工艺技术不断创新，向节能降耗、环保安全、精简连续、高速高效方向发展，必然促使其工装设备加速更新换代，向大型化、整体化、精密化、紧凑化、自动化和标准化方向发展。新材料、新技术和新工艺的研发过程，一定伴随着新装备的开发。每种技术的开发成功都是以新装备为基础来实现的。近年来我国铝及铝加工装备包括大容量高效节能环保的新型熔炼炉，各种新型铸造机、均质设备，大型的新功能的挤压设备和压延设备，锻造设备及其配套的辅助装置，新型的热处理设备与产品检测仪器仪表，深加工设备等都有了很大的发展。

1.3.2.2 我国铝加工工艺装备的发展现状及与国外的水平对比

A 我国铝加工工艺装备的发展现状

随着我国铝加工工业的迅速发展，我国铝加工装备的科研、设计和制造也得到了很大的发展。经过近十几年的艰苦奋斗，我国铝加工装备的科研、设计、制造已完成了从辅机到主机、从单体设备到整条生产线，从仿制到创新等过程的重大转变，而且在这一重大转变过程中，出现了一批著名的铝加工装备科研、设计和制造的著名企业。

到目前为止，所有铝加工装备，从熔铸、热轧机列、冷轧机列、挤压生产线机列、精整机列到在线分析、检测装备，国内都能设计制造。国产铝加工装备由于具有优良的性价比，在保证基本功能优良的情况下，可以显著降低项目投资，已为铝加工企业广泛采用，铝加工完全依靠引进国外技术装备的局面已经被基本改变。目前,国产铝加工装备不仅用于中国铝加工企业,而且已成线、成套出口国外,深受世界各国铝加工企业的欢迎,如国产铝铸轧设备不仅成套出口印度、泰国、越南等东南亚国家,而且还成套出口美国、俄罗斯和韩国等国家。

国内铝加工工艺装备的发展水平具体表现在：

（1）国产设备将逐步取代进口设备。我国铝加工设备和工艺技术发展很快，在不断引进、消化吸收和再创新的基础上，具有自主知识产权的中国制造铝加工装备和工艺技术将越来越多，水平也越来越高,突出的优点是性价比高,在国内外市场上将具有很强的竞争力。目前,国产铝加工设备能满足国内80%以上的需求,而且出口也在不断增加。因此可以预见,大约在今后5~10年内,国产铝加工设备将基本取代进口设备,只有少量特殊要求的高精尖设备还将由国外进口。

（2）向现代化技术水平发展。我国铝加工工艺将积极向短流程、连续化、自动化方向发展，以达到高效率、高品质、节能、降耗、环保的目的；而在铝加工产品方面将进一步推进品牌战略，努力向多品种、高精尖方向发展，既能满足国民经济现代化和高新科技发展的需要，也将不断增强在国内外市场上的竞争力。

中国铝加工工业正处于大国向强国转变的关键时期。我国已经有了相当完整的生产体系，包括大批最先进的设备技术和人力资源，但这仅仅是“强国”的基础，仅仅是“强国”的一个起点。最重要的是在拥有最先进设备的同时，在装备技术、工艺技术和管理技术最佳结合的条件下，不断自主创新，生产出该领域当代最高质量水准的产品，近年来，我国已建、在建或拟建的先进铝轧制生产线和产品如表1-4和表1-5所示。

表 1-4 我国已建和在建的铝板、带热连轧生产线及生产能力估算

企业名称	设备类型	规格/mm	制造公司	年生产能力/万吨
西南铝业(集团)有限公司	“1+4”式	2000	VIA	35
河南明泰铝业公司	“1+4”式	2000	中国	20
山东南山铝业有限公司	“1+4”式	2350	IHI	50
渤海铝业有限公司	“1+3”式	粗3900，精2300	美国二手	35
亚洲铝业集团公司	“1+1+5”式	2540	SMS改造	40
青海平安高精铝带有限公司	“1+3”式	2400	SMS	40
中铝河南铝业有限公司	“1+4”式	2400	SMS	45
总计				265

表 1-5 我国已建或在建、拟建的辊面宽度等于或大于 2000mm 铝箔轧机

企业名称	辊面宽度/mm	轧机数量/台	制造公司	投产时间
厦顺铝箔有限公司	2000	6	德国阿申巴赫	2003年、2006年
渤海铝业有限公司	2200	3	英国戴维公司（原名）	1994年
中铝河南铝业有限公司	2000	4	中色科技股份有限公司	2005年
江苏大屯煤电集团铝公司	2000	1	洛阳设计院	2005年
山东南山集团公司	2000	4	德国阿申巴赫	2005年（2台）
江阴新联通印务公司	2000	3	德国阿申巴赫	2006年（2台）
河南神火(上海）铝业公司	2150	3	奥钢联	2006年（2台）
江苏中基材料有限公司	2000	3	德国阿申巴赫	2006年
江苏昆山铝业有限公司	2100	3	涿神公司	2007年
青海平安高精铝带有限公司	2000	3	德国阿申巴赫	2007年（2台）
总计		33		

注：在大型铝箔轧机中，南方铝业（中国）有限公司于2004年还从英国引进了4台辊宽1900mm的二手铝箔轧机。

B 我国铝加工工艺装备与国外水平的对比

与国际先进水平相比，我国铝及铝加工工艺装备从整体上来看仍存在一定差距，需要加速发展，研发核心技术，在引进、消化、吸收的基础上，变中国制造为中国创造，替代进口，并占领国际市场。

（1）铝及铝合金轧制设备与国外先进水平的差距。

1）我国铝平辊轧制的设备虽多，但主机装配水平相对落后，辅机配套不全，技术更新周期长，20 世纪 30 ~ 40 年代到 50 ~ 60 年代的二人转轧机及落后的配套设备仍为数不少。虽然近十几年来，引进了一批具有国际先进水平的热轧机（热连轧机）组、高速冷轧机组、宽幅箔轧机组及先进的熔铸机组和热处理、精整机等，但从整体来看，不论在设备能力、装机水平、液压和电控系统方面，还是在配套水平方面，都与世界先进水平存在较大差距。表 1-6 ~ 表 1-8 为国外早已建成投产的大型先进铝轧制设备，比我国大约早 10 ~ 20 年。

2）近年来，我国虽然在引进国际先进水平的轧制设备的基础上，通过消化、吸收，开发了不少国产设备，但从整体来看，仿制的多，创新的少，自主开发能力较差，而且现有的大批中小型落后设备需更新改造。同时国产设备的设计与制造水平与国际先进水平仍有较大的差距，见表 1-9。

表 1-6 国外十大铝板、带热轧生产线（2006 年）

厂 商 名 称	机架数	粗轧机辊宽/mm	精轧机宽/mm
美铝达文波特厂	5	5588	2640
美铝田纳西厂	5	3048	2248
美铝沃里克厂	6	2676	1828
美国凯撒铝特伦伍德厂	5	3315	2032
法国联合铝诺伊斯厂	3	3300	3050
法国普基铝努布利扎克厂	4	2840	2300
法国普基铝伊苏瓦尔厂	4	3400	2845
日本住友公司名古屋厂	4	3300	2286
日本神户公司真冈厂	4	4000	2900
日本古河电工福井厂	4	4300	2850

表 1-7 国外部分辊面宽度等于或大于 2000mm 铝箔轧机生产线(2006 年)

厂 商 名 称	辊面宽度/mm	轧机数量/台
德国 GREVENBROICH 铝箔厂	2200	4
法国 RUCLES 铝箔厂	2350（双机架连轧生产线）	2
希腊 ELVAL 铝业公司	2100	1
日本住友公司名古屋厂	2180	4
加拿大 RORANDAL 铝业公司	2180	5
美国 HUNTINGTON 铝箔厂（西厂）	2180	1
SNLISBURG 铝箔厂	2000	2
加拿大铝业公司 TERREHAUTE 铝箔厂	2100	1

表 1-8 世界部分大型高速六辊冷轧机及四辊 3、5、6 机架冷连轧生产线（2006 年）

序号	国家	六辊单机架冷轧机/台	四辊多机架冷连轧线/条		
			3 机架	5 机架	6 机架
1	美国	1	4	4	1
2	德国	3	3	—	—
3	中国	8	—	—	—
4	日本	6	—	—	—
5	俄罗斯	—	1	1	—
6	英国	1	1	—	—
7	加拿大	—	1	—	—
8	比利时	1	—	—	—

表 1-9 国内外铝加工业装机水平比较

项目	国外水平	国内先进水平	国内一般水平	国内落后水平
熔铸	熔炼炉装炉量 120t 以上，熔炼参数微机控制，热效率 80% 以上，配有在线熔体净化和过滤装置。拥有电磁铸造等先进铸造工艺，在线阶段式均热炉	熔炼炉装炉量 80t 左右，熔炼参数微机控制，热效率 70% 左右，配有静置炉、在线熔体净化和过滤装置。传统铸造工艺和添加晶粒细化剂。配有均热炉	熔炼炉装炉量 25t 左右，热效率 50% 左右，配有静置炉、在线熔体净化和过滤装置。传统铸造工艺和添加晶粒细化剂。没有均热炉	熔炼炉装炉量在 5 ~ 10t 左右，大多不配静置炉，没有在线熔体净化过滤装置，没有均热炉

续表 1-9

项目	国外水平	国内先进水平	国内一般水平	国内落后水平
热轧	辊宽2000mm以上，最宽达5580mm，轧制速度6～10m/s，最大锭重30t。轧制参数计算机控制，液压压下，带有AGC厚度控制、温度控制、凸度控制、液压正负弯辊、X射线测厚，激光对中，CVC辊等控制手段	辊宽2000mm以上，最宽4300mm，轧制速度4～8m/s，最大锭重30t。操作过程计算机控制，电动压下，带有X射线自动测厚等	辊宽1500mm以上，轧制速度1.5～2.0m/s，锭重2.5～5.5t，电动压下，人工控制各种轧制参数	辊宽1300mm以下，其中大多数在1000mm以下，轧制速度0.5m/s左右，锭重50kg左右，操作过程几乎全部由人工完成，厚度也由人工测量，“二人转”轧机为数不少
冷轧	辊宽2000mm以上，最宽冷轧板材达4200mm，最高轧制速度40m/s，最大锭重30t。轧制参数计算机控制，带有AGC厚度控制、AFC板形闭环控制、液压正负弯辊、X射线测厚、EPL对中装备、CVC辊等控制手段。另有全油润滑、轧辊分段冷却、二氧化碳自动灭火等手段	辊宽1800mm以上，最宽2850mm，最高轧制速度25m/s，最大卷重25t。控制手段基本与国际水平相当	辊宽1400mm以上，最高轧制速度10.5m/s，最大卷重7t。控制手段与先进水平相比没有板形辊，不能实现板形自动闭环控制，其他控制手段已具备	辊宽1200mm以下，大多数在1000mm以下，轧制速度5m/s左右，最大卷重3t以下，控制水平低
箔轧	辊宽2000mm以上，最宽铝箔产品达2400mm，最高轧制速度40m/s，最大卷重27t，轧制参数计算机控制，配置有AGC厚度控制、AFC板形闭环控制、液压正负弯辊、X射线测厚、EPL对中装备、CVC辊等控制手段，另有全油润滑、轧辊分段冷却、二氧化碳自动灭火等手段	辊宽1850～2200mm以上，最宽铝箔产品达2000mm，轧制速度达33m/s左右，最大卷重达16t。装有液压压下、液压弯辊、AGC、AFC、速度自动控制、分段冷却、全油润滑、二氧化碳自动灭火系统、速度最佳化系统等手段	辊宽1400～1700mm以上，最高轧制速度10.5m/s，最大卷重7t。控制手段与先进水平相比，没有板形辊，不能实现板形自动闭环控制，其他控制手段都已具备	辊宽1300mm以下，其中大多数在1000mm以下，轧制速度5m/s左右，锭重50kg左右，操作过程几乎全部由人工完成，厚度也由人工测量
连续铸轧	拥有辊宽2000mm以上，最宽2800mm的超级和超薄高速辊式铸轧机，轧坯1～1.5mm，轧速8～25m/min，全线自动控制	辊宽2000mm以上，最宽达2400mm，轧坯厚度3～8mm，轧速2～4.5m/min，可进行自动化控制	辊宽1800mm左右，轧坯厚度5～10mm，卷重12t，轧制速度1.5～2m/min，部分自动控制	辊宽1400mm以下，轧坯厚度7～12mm，卷重小于5t，轧制速度1m/min以下，部分自动控制

续表 1-9

项目	国外水平	国内先进水平	国内一般水平	国内落后水平
连铸连轧	已有 2000mm、1650mm、1320mm 连铸连轧生产线约 10 条，年生产能力约 200 万吨	已建成 1950mm 连铸连轧生产线 1 条，年产能 30 万吨	尚 无	尚 无

(2) 铝及铝合金挤压设备与国外水平差距。据初步统计，世界各国已装备有不同类型、结构用途和吨位的挤压机达 7000 台以上，其中美国 600 多台，日本 400 多台，德国 200 多台，俄罗斯 400 多台，中国 4000 台左右，大部分为 8~25MN 之间的中小型挤压机。由于大飞机、航母、地铁、高速列车等大型交通运输业发展的需要，早在 20 世纪 50 年代美国（见表 1-10）和苏联就有大挤压机建造计划，到 60 年代，美、苏两国就各自安装和投产 16 条以上的各种大型和重型挤压机生产线，比我国的大型挤压机建设早 50~60 年。

表 1-10 20 世纪 50 年代美国空军的“重型挤压计划”

压机名称	使用单位	安装地点	吨位×台数	应用范围	制造单位
挤压水压机	凯撒铝及化学公司	马里兰州 Hale-thrpe	80MN×2 台	铝挤压材	罗维公司
	Harvey 公司	加利福尼亚 Torrance	120MN×1 台 80MN×1 台	铝挤压材 铝挤压材	Lomband 罗维公司
	Curtss-Wright 公司	纽约州 Buffalo	120MN×1 台	铝管材、型材	United 罗维公司
锻压水压机	美国铝业公司	俄亥俄州克里夫兰	350MN×1 台	铝锻件、管材	United
	美国铝业公司	俄亥俄州克里夫兰	500MN×1 台	铝锻件	Mested 公司
	Wyman-Cordon 公司	马萨诸塞州 Nprth Gafton	350MN×1 台 500MN×1 台	铝、镁锻件 铝、镁锻件	罗维公司 罗维公司

经过几十年的发展，目前全世界已正式投产使用的 80MN 级以上

的大型挤压机约40台，拥有的国家和地区是美国、俄罗斯、中国、日本和西欧。最大的是前苏联古比雪夫铝加工厂的200MN挤压机，美国于2004年将一台125MN水压挤压机改造为世界最大的150MN双动油压挤压机，日本20世纪60年代末期已建造了一台95MN自给油压机，德国VAW波恩工厂1999年投产了一台100MN的双动油压挤压机，意大利于2000年建成投产了一台130MN的铜、铝油压挤压机。我国除了1970年在西南铝投产了一台125MN水压挤压机外，于2004年和2007年分别在山东丛林和辽宁忠旺建成投产了100MN和125MN油压挤压机各一台。据报道，国外几个工业发达的国家都在研制压力更大、形式更新颖的挤压机，如270MN卧式挤压机以及400～500MN级挤压大直径管材的立式模锻－挤压联合水压机等。我国正在建造或筹建150MN、160MN、200MN和225MN挤压机各一台。在挤压机本体方面，近年来国外发展了钢板组合框架和预应力"T"形头板柱结构机架及预应力混凝土机架，大量采用扁挤压筒、固定挤压垫片、活动模架和内置式独立穿孔系统。在传动形式方面发展了自给油机传动系统，甚至在100～150MN挤压机上也采用了油泵直接传动装置，液压系统达到了相当高的水平。现代挤压机及其辅助系统的控制都采用了PLC（程序逻辑控制）系统和CASEX等控制系统，即实现了速度自动控制和等温－等速挤压、工模具自动快速装卸乃至全机自动控制。挤压机的机前设备（如长坯料自控加热炉、坯料热切装置和锭坯运送装置等）和机后设备（如牵引机、精密水雾气在线淬火装置、前梁锯、活动工作台、冷床和横向运输装置、拉伸矫直机、成品锯、人工时效炉等）已经实现了自动化和连续化生产。挤压设备正在向组装化、成套化和标准化方向发展。

我国的4000多台挤压机中，铝挤压机占绝对优势，有3800台左右。我国的挤压机大多为中、小型水平不太高的挤压机，但近年来，随着大飞机、航母、舰艇以及现代交通运输业的高速发展，需要大量的整体壁板和特种大型材、大棒材和大管材，因此，大、中型挤压机发展很快，2010年底投产的铝挤压机吨位大于50MN的有27台，在建和拟建的23台以上，到2015年中国建成的大型和重型铝挤压机将有50台（套）左右，见表1-11。

表 1-11 中国 5000t 以上的大型挤压机一览表

序号	挤压机吨位/t	形式或特点	安装投产企业	制造国别/公司	投产时间	备注
1	5000	卧式单动水压机	东北轻合金厂	苏联乌拉尔	1956 年	
2	5000	卧式单动水压机	西北铝加工厂	苏联乌拉尔	1956 年	由东北轻合金厂调进
3	12500	卧式双动水压机	西南铝加工厂	中国沈重	1969 年	
4	5500	卧式单动油压机	天津克鲁斯铝业公司	意大利达涅利	1988 年	
5	4500/5000	卧式双动油压机	西北铝加工厂	德国 SMS	1995 年	
6	9500/8000	卧式单动油压机	西南铝加工厂	中国二重	2001 年	
7	7800/7500	卧式单动油压机	麦达斯铝业公司	中国太重	2003 年	
8	10000	卧式双动油压机	山东丛林集团公司	中国西重所设计	2004 年	
9	8000	卧式单动油压机	山东丛林集团公司	日本宇部兴产	2005 年	
10	5500	卧式单动油压机	广东金桥铝业公司	日本宇部兴产	2005 年	
11	5500	卧式单动油压机	广东亚洲铝业公司	日本宇部兴产	2006 年	
12	5500	卧式单动油压机	北京 SMC	日本宇部兴产	2007 年	北京顺义（日资公司）
13	5500	卧式双动油压机	麦达斯铝业公司	德国 SMS	2007 年	吉林辽源（新加坡投资）
14	5500	卧式双动油压机	山东南山轻合金公司	德国 SMS	2007 年	
15	7500	卧式单动油压机	辽宁忠旺集团公司	中国太重	2007 年	
16	5500	卧式双动油压机	辽宁忠旺集团公司	中国太重	2007 年	
17	5500	卧式单动油压机	吉林辽源利源铝业公司	意大利达涅利	2008 年	
18	5500	卧式双动油压机	广东兴发铝业公司	中国太重	2008 年	

续表 1-11

序号	挤压机吨位/t	形式或特点	安装投产企业	制造国别/公司	投产时间	备注
19	12500	卧式双动油压机	辽宁忠旺集团公司	中国西重所设计	2008年	
20	5500	卧式双动油压机	福建南平铝业公司	意大利布莱塞斯	2009年	
21	5500	卧式双动油压机	山东丛林集团公司	中国太重	2009年	
22	9100	卧式双动油压机	山东南山轻合金公司	德国SMS	2009年	
23	6300	卧式双动油压机	广东伟业铝业公司	中国兴侨	2009年	
24	5500	卧式双动油压机	青海国鑫铝业公司	德国SMS	2009年	反向挤压机
25	10000	卧式双动油压机	青海国鑫铝业公司	德国SMS	2011年	
26	11000	卧式双动油压机	麦达斯铝业公司	中国太重	2010年	新加坡投资
27	9000	卧式单动油压机	麦达斯铝业公司	德国SMS	2011年	新加坡投资
28	5500	卧式单动油压机	山东衮矿轻合金公司	中国太重	2010年	
29	7500	卧式单动油压机	湖南晟通铝业公司	中国太重	2010年	
30	7500	卧式单动油压机	辽宁忠旺集团公司	中国太重	2012年	
31	5500	卧式双动油压机	湖南晟通铝业公司	中国太重	2010年	
32	5500	卧式单动油压机	山东衮矿轻合金公司	德国SMS	2011年	
33	15000	卧式双动油压机	山东衮矿轻合金公司	德国SMS	2012年	
34	8000	卧式单动油压机	山东衮矿轻合金公司	德国SMS	在建	
35	7500	卧式单动油压机	山东南山轻合金公司	德国SMS	在建	
36	6000	卧式单动油压机	山东南山轻合金公司	德国SMS	在建	
37	10000	卧式单动油压机	山东衮矿轻合金公司	德国SMS	在建	

续表 1-11

序号	挤压机吨位/t	形式或特点	安装投产企业	制造国别/公司	投产时间	备注
38	9000	卧式单动油压机	广东坚美铝业公司	中国	2011 年	
39	9000	卧式双动油压机	广东豪美铝业公司	中国太重	在建	
40	9000	卧式单动油压机	广东风铝铝业公司	中国	在建	
41	10000	卧式双动油压机	湖南经阁铝业公司	中国	筹建	
42	16000	卧式双动油压机	青海西北铝业公司	中国	筹建	
43	9000	卧式单动油压机	辽宁忠旺集团公司	中国	筹建	
44	22500	卧式双动油压机	辽宁忠旺集团公司	中国	筹建	2015 年
45	20000	卧式双动油压机	宁夏宁东铝型材公司	中国	筹建	2015 年
46	10000	卧式单动油压机	宁夏宁东铝型材公司	中国	筹建	2015 年
47	5500	卧式单动油压机	宁夏宁东铝型材公司	中国	筹建	2015 年
48	5500	卧式单动油压机	宁夏宁东铝型材公司	中国	筹建	2015 年
49	5500	卧式双动油压机	宁夏宁东铝型材公司	中国	筹建	2015 年
50	7500	卧式双动油压机	河南伊龙集团公司	中国	筹建	2015 年

有色金属用挤压装备的设计与制造是代表一个国家机械制造水平的标志之一，目前世界上最有名的挤压机制造公司有德国的 SMS 公司、日本的宇部兴产株式会社、意大利的达涅利公司和布莱塞斯等公司，设计和制造水平较高，但价格不菲。近年来我国的挤压装备设计和制造水平有了长足的进步，在引进－消化－吸收的基础上，进行了大量的研发与创新工作，除了液压元件和电控元件外，本体及辅助部分的设计、制造技术已基本接近国际先进水平，机前机后设备也有了大的进步，能满足挤压生产工艺的要求。从整体来说，我国大陆的挤压机水平已超过了台湾的挤压机的水平，因此，除了个别有特殊要求

的大型挤压机外，完全可以购买国内挤压机。目前，我国有各种挤压机设备制造厂，大型国有企业有太原重机厂、西安重机研究所及上海重型机器厂，这三家公司已生产了几十台高水平的 36～150MN 的卧式单动或双动油压挤压机，也可以生产反向挤压机。35MN 以下的挤压机生产厂家有近 20 家，主要分布在江苏无锡和广东佛山等地，每年的生产能力为 300～500 台，除供应国内以外，还畅销世界各地。

近年来，我国虽然在引进国际先进水平的轧制设备的基础上，通过消化、吸收，开发了不少国产设备，但从整体来看，仿制多，创新少，自主开发能力较差，而且国产设备的设计与制造水平与国际先进水平相比，仍有较大的差距。

我国的挤压机数量虽多，但 95% 为中、小型老式的落后挤压机，前后配套设备也不齐全，水平较低，需要进行大量的技术改造和更新换代。

另外，我国新型的挤压设备品种不全，或正在研发阶段，如半固态挤压设备、正反向双动挤压机、热静液挤压机、高效精密小型挤压机等新型设备与国外的差距较大，需要努力赶上。

1.3.3 铝及铝合金加工工艺装备的发展方向

（1）铝加工工业的高速发展对工艺装备提出了越来越高的要求：

1）由于铝合金加工材的产销量逐年增加，年平均增长率超过 10%，因此，加工装备的数量也逐年增加。近几年，我国每年增加的铝加工工艺装备平均为 15% 左右，约 1000 台（套）。

2）铝及铝合金加工材的品种多，规格广，性能、功能和用途各异，因此，也要求加工装备形式、特性、功能和用途多种多样。除了常规的铝加工装备外，还需研发具有新结构、新功能、新用途、新特色的设备以满足铝加工工业发展的需要。

3）铝合金加工材向大型、扁宽、薄壁、复杂化发展，因此要求加工设备向大型化发展，如 200MN 以上的卧式双动油压挤压机，360MN 以上的立式反向锻压－挤压机、800MN 的模锻机、5000mm 以上的热轧机、3000mm 的高速冷轧机、2500mm 以上的高精铝箔材轧机等。

4）铝及铝合金加工材向精密化、小型化、复杂化发展，因此，要求加工工艺设备精密设计、精密控制、精密加工、精密对中和精密装配。

5）国民经济的高速发展和社会文明程度的提高，对铝加工工艺装备的机械化和自动化及智能化水平提出了越来越高的要求，科学技术的进步和CAD/CAM/CAE技术的研发和普及，为铝加工工艺装备自动化水平的提高提供了有利条件。

6）对铝加工生产线装备系列化、集成化、标准化和成套性能提出了更高的要求，对机前机后辅助设备配套成龙，前后协调，以保证整个铝加工生产的高产、优质、低成本、高效益提出了更高的要求。

（2）我国铝加工工艺装备的发展趋向。铝及铝合金装备主要包括铝土矿开采、选矿、氧化铝生产及电解铝冶炼设备；熔铸设备；轧制设备；挤压与拉拔设备；锻压设备；制粉设备；热处理设备；工模具制造设备；表面处理、机加工、电加工与焊接等深加工设备及检测与仪表等。近年来，我国在铝及铝加工设备的设计与制造技术方面，在引进、消化、吸收的基础上有了很大的提高，研发出了不少新设备和新工艺，但整体水平上，特别是自主创新和开发方面与国际先进水平相比仍有较大差距。根据铝及铝合金新材料、新技术、新工艺的发展水平，我国的制备技术和装备应朝以下方向发展：

1）加速设备更新与技术改造。淘汰大批技术和配置落后的设备，如“二人转”轧机、小型挤压机和锻压机，并对大、中型设备进行现代化改造，主要是对液压系统、电控系统、计算机系统等进行更新、配置先进的机前机后辅助设备，以提高铝加工设备的装机水平、自动化水平，提高生产效率和产品质量。

2）向大型化、重型化方向发展。在淘汰小型落后设备的同时，大中型、高档次、先进的工艺装备会大幅度增加，其主要原因是：一方面满足我国航空航天、国防军工、现代交通运输及新能源动力和机电制造业对大型材、预拉伸板、大型模锻件的需求，另一方面可提高设备的生产效率和产品质量，增加品种，提高经济效益。

3）向多品种、多规格、多形式、多功能、多用途的方向发展，以满足铝加工材在各方面的需求。

4）向特殊化、专业化方向发展。针对某种特殊产品或特种功能，研发某些专用的特殊形式的挤压机，如专用扁挤压机、专用钻探管挤压机、专用 T. A. C 反向挤压机、半固态或液压挤压机、高温静液挤压机和润滑挤压机、精密模锻液压机、多辊高速轧机、新型连铸连轧机、新型孔型轧机等。

5）向精密化、自动对中和自动快速装卸方向发展。为了满足高精度薄壁型材和大径薄壁管材需求，正研发大型的立式挤压机、冷挤压机和温挤压机、等温挤压机及可自动调心的大型卧式双动挤压机、高精度以及高精高表面板带材的多辊轧机及其配套设备。

6）向高度机械化、自动化和智能化方向发展。随着计算机技术的进步和普及，CAD/CAM/CAE 技术的开发，大型数据库、专家库的建立以及数字模拟、有限元分析、模拟挤压和轧制技术与实用软件的开发及 PLC 智能技术的研发成功，并将这些技术应用和移植到轧机、锻压机、挤压机及其机前机后设备上，将使加工装备及其生产的自动化和智能化水平大大提高。

7）高效、高性能、节能、环保型机前机后辅助配套设备的研发。目前我国正在研发并已基本研制成功高效、高性能、节能、环保型长棒热剪并有梯度加热（冷却）功能的铸棒加热装置；精密水、气、雾淬火装置；高效精密随动热锯装置、自动可控拉矫装置；精密成品锯床及大型节能、环保和高性能的时效炉和光亮退火炉与高性能辊矫设备、自动模型仪、测厚仪、自动灭火装置等，为生产线自动化创造了条件。

8）向标准化、通用化、成套化和装配式方向发展。根据品种和形式将设备的设计与制造标准化、系列化，逐步实现零部件的通用化和成套供应，实现装配式安装，以降低成本和缩短安装、调试周期。

（3）新型铝及铝合金加工工艺装备的研发目标：

1）大型（大于 150t）、高效（热效率大于 85%）、节能、环保型熔铸炉，电磁搅拌系统，在线熔体净化/细化装备和新型铸造设备，复合铸造设备，大型等温均匀化炉及新型分级连续均匀化炉等新设备。

2）电解铝直接铸造大扁锭和高合金圆锭的自动生产线的研制

开发。

3）大型（大于80MN）、高效的全自动化铝合金铸造和压铸设备的研制开发。

4）大型（大于3900mm）、高速、全自动热轧机组及大型（大于10000t）自动化预拉伸机组的开发。

5）大型（大于2000mm）、高速、全自动多机架热连轧（1+3、1+5、1+6）与冷连轧（1+2、3、1+4），箔连轧（1+1、1+2、1+3）及其配套（如拉弯矫、纵横切等）生产线的研制开发。

6）组装式全自动现代化挤压生产线及大型油压挤压机（150~250MN）与大型液压模锻机（500~800MN）机列的研制开发。

7）高速（大于10m/min）、特薄（1~2mm）、宽幅（大于2000mm）纯铝及3×××、5×××铝合金连铸机列和连铸连轧机列的研制开发；

8）半固态和液态金属成型及新型conform连续挤压、连铸连挤、电磁铸轧以及高速轧管、多线拉拔等新装备的研制开发。

9）大型全自动卧式与立式淬火炉、气垫式热处理炉、强磁场和超声波处理设备、新型热处理设备以及大型铸锭梯度加热和多功能形变热处理装备的研制开发。

10）大型的高质量新型挤压工、模具及轧辊制造与修理设备的研制开发。

11）新型铝焊接（如摩擦搅拌焊）及表面处理和机加工、冲压弯曲加工等加工设备的研制开发。

12）大型、高精、高效全自动化铝合金材料在线质量检测装置的研制开发。

13）大型精密铸锻设备的开发。

14）其他大型、高效、精密、节能、环保型铝及铝合金先进设备的开发。

2 铝及铝合金熔铸设备

2.1 铝及铝合金熔铸生产工艺流程及其生产线的组成与布置

2.1.1 铝及铝合金熔铸生产工艺流程

熔铸生产分为熔炼和铸造两部分。熔炼的目的是将纯铝（电解铝）和回收铝及其他金属重新熔化并精炼，去除气体和杂质，使其成为质量均匀并达到一定化学成分要求的优质铝合金液，用于铸造铸件或铸锭。铸造的目的是将合格的铝合金液浇入铸型或锭模，经冷却凝固后得到一定形状的优质铝合金铸件或铸锭。铸造分为半连续铸造和连续铸轧两种工艺。铝及铝合金熔炼与铸造生产工艺流程见图2-1、图 2-2。

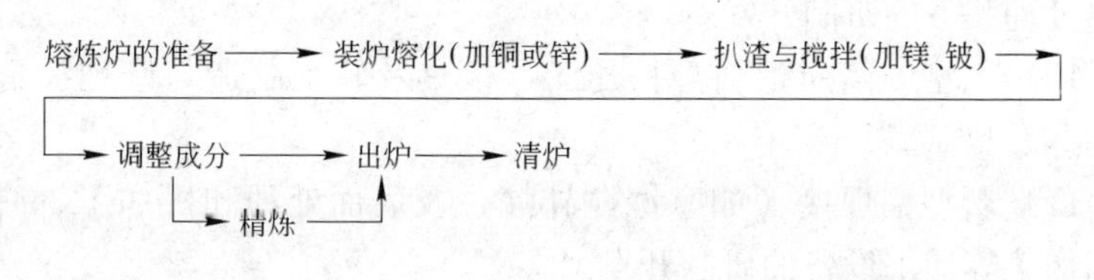

图 2-1 铝及铝合金一般（典型）熔炼工艺流程

2.1.2 铝及铝合金熔铸生产线的组成与布置

2.1.2.1 半连续铸造生产线的组成与布置

目前，半连续熔铸生产线一般配置为两种：

（1）1 台熔炼炉、1 台保温炉、1 台半连续铸造机，即 1 + 1 + 1 方式；

（2）2 台熔炼炉、2 台保温炉、1 台半连续铸造机，即 2 + 2 + 1 方式。

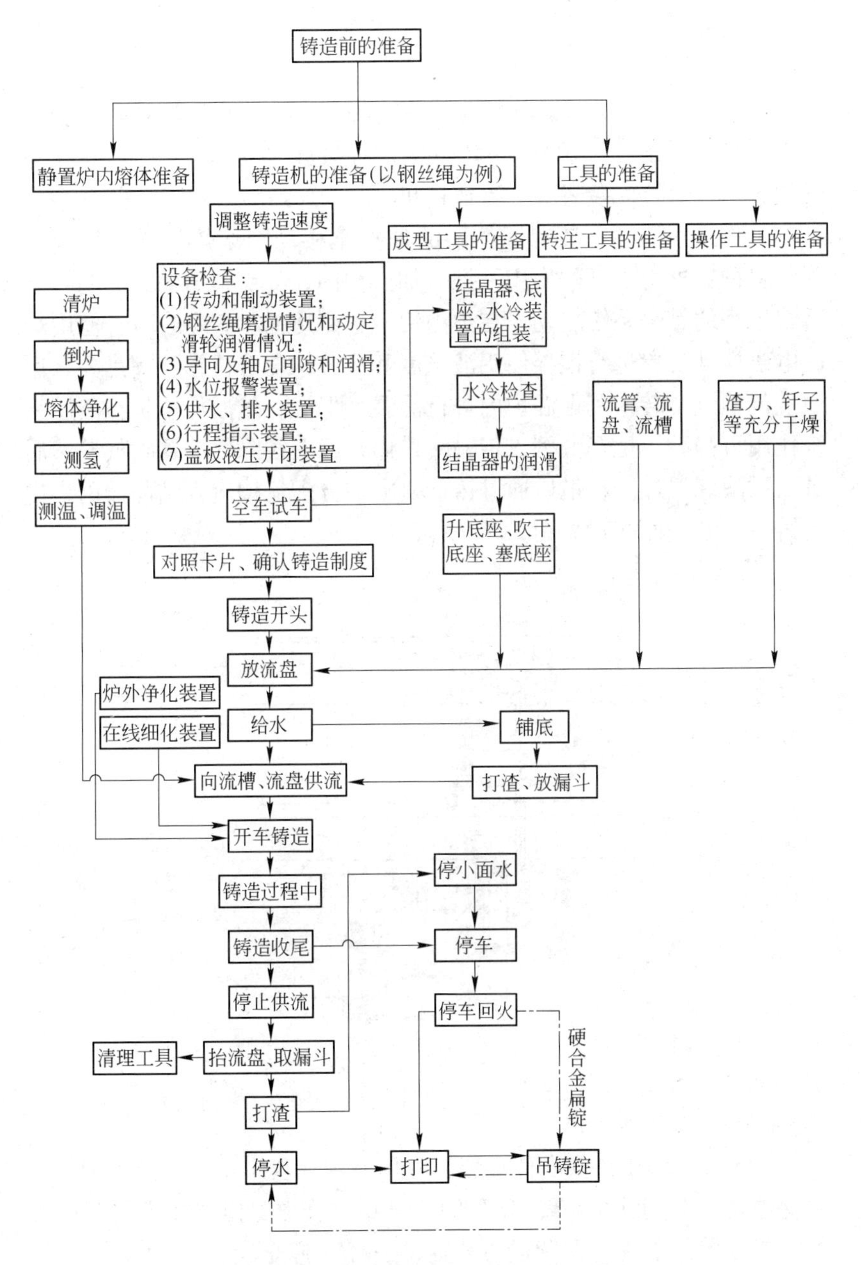

图 2-2 铝及铝合金铸锭半连续(连续)铸造工艺流程

原料有两种形式：固体料、电解铝液。

A 固体原料

(1) 1 +1 +1 方式具体配置：一台加料车、一台熔炼炉、一台保温炉、除尘系统（可选）、一套电磁搅拌装置（可选）、一套在线除气装置、一套过滤装置、一台铸造机。

工作过程简述：装有固体料的加料车移动至熔炼炉前，炉门打开，料槽在外力推动的作用下把料加入炉内，加满料后炉门关闭。之后熔炼炉的燃烧系统启动，在炉内铝液达到熔池 1/3 左右时，使用炉底电磁搅拌装置进行搅拌使铝液温度和成分均匀，待铝液满足要求后通过传输流槽转入到保温炉内进行静置、保温，然后保温炉在液压系统作用下倾翻，把铝液倒入传输流槽内，经在线除气装置除气，然后进入过滤装置过滤，最后通过铸造机上的分配流槽流入结晶器内，进行铸造。其平面配置见图 2-3。

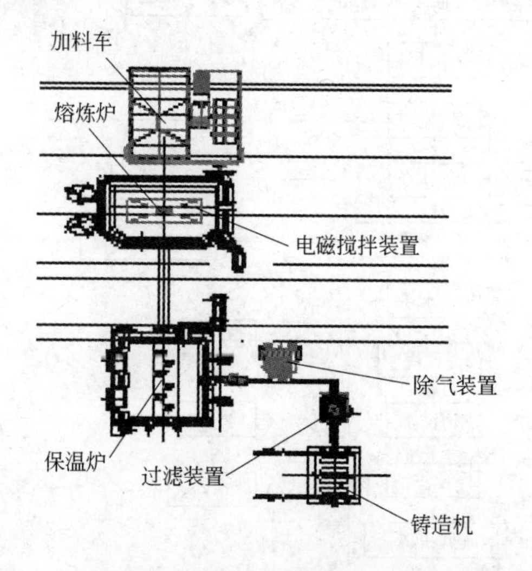

图 2-3 1 +1 +1 方式固体原料半连续铸造生产线示意图

(2) 2 +2 +1 方式具体配置：共用一台加料车、两台熔炼炉、两台保温炉、共用除尘系统（可选）、共用一套电磁搅拌装置（可选）、两套在线除气装置、两套过滤装置、一台铸造机。

工作过程简述：装有固体料的加料车移动至熔炼炉前，炉门打开，料槽在外力推动的作用下把料加入炉内，加满料后炉门关闭，此时，加料车可移至另外一台熔炼炉处进行加料。之后，熔炼炉的燃烧系统启动，在炉内铝液达到熔池1/3左右时，使用炉底电磁搅拌装置进行搅拌使铝液温度和成分均匀，搅拌完后搅拌器可移至另外一台熔炼炉底部进行搅拌。待铝液满足要求后通过传输流槽转入保温炉内静置、保温，然后保温炉在液压系统作用下倾翻，把铝液倒入传输流槽内，经在线除气装置除气，然后进入过滤装置过滤，最后通过铸造机上的分配流槽流入结晶器内，进行铸造。如此，两套炉组交替进行上料、熔炼、保温、在线处理、铸造过程。其平面配置见图2-4。

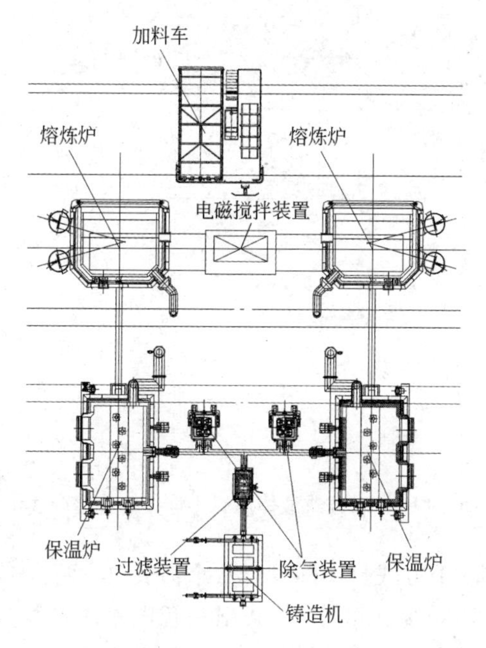

图2-4 2+2+1方式固体原料半连续铸造生产线示意图

B 电解铝液原料

（1）1+1+1方式具体配置：数个铝液包、一台熔炼炉、一台保温炉、除尘系统（可选）、一套电磁搅拌装置（可选）、一套在线除气装置、一套过滤装置、一台铸造机。

工作过程简述：装有电解铝液料的铝液包运至熔炼炉前的加料口，通过虹吸方式将电解铝液加入炉内，之后，熔炼炉的燃烧系统启动，在炉内铝液达到熔池 1/3 左右时，使用炉底电磁搅拌装置搅拌 20 多分钟至铝液成分均匀，通过传输流槽输入到保温炉内静置、保温，然后保温炉在液压系统作用下倾翻，把铝液倒入传输流槽内，经在线除气装置除气及过滤装置过滤，最后通过铸造机上的分配流槽流入结晶器内，进行铸造。其平面配置见图 2-5。

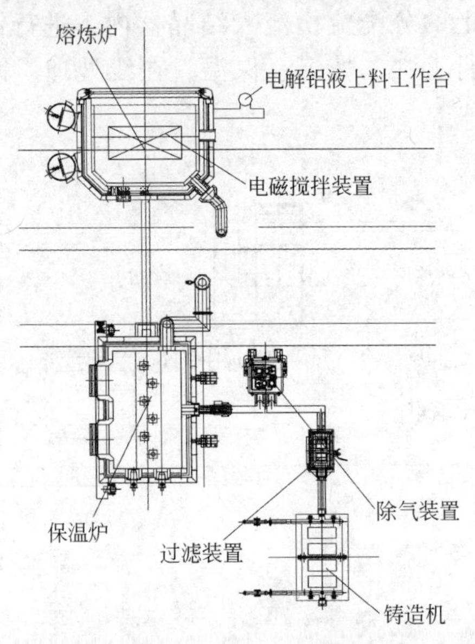

图 2-5　1 +1 +1 方式液体原料半连续铸造生产线示意图

（2）2 +2 +1 方式具体配置：数个铝液包、两台熔炼炉、两台保温炉、共用除尘系统（可选）、共用一套电磁搅拌装置（可选）、两套在线除气装置、两套过滤装置、一台铸造机。

工作过程简述：装有电解铝液料的铝液包运至熔炼炉前的加料口，通过虹吸方式将电解铝液加入炉内，之后，熔炼炉的燃烧系统启动，在炉内铝液达到熔池 1/3 左右时，使用炉底电磁搅拌装置搅拌 20 多分钟至铝液成分均匀，通过传输流槽输入到保温炉内静止、保温，然后保温炉在液压系统作用下倾翻，把铝液倒入传输流槽内，经在线除气装置除气及过滤装置过滤，最后通过铸造机上的分配流槽流入结晶器内，进行铸造。如此，两套炉组交替进行上料、熔炼、搅拌、保温、在线处理、铸造等程序。其平面配置见图 2-6。

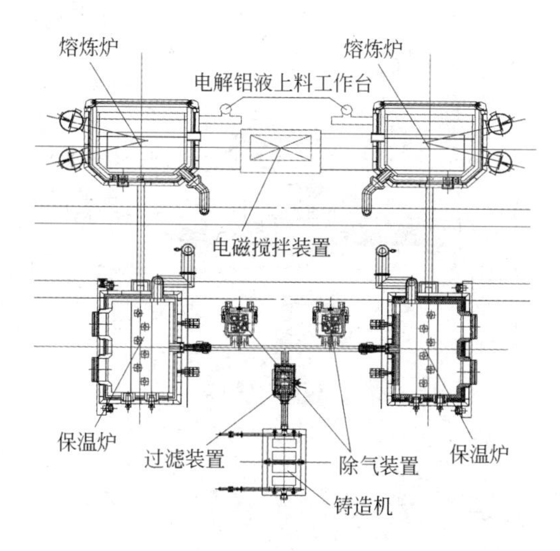

图 2-6 2+2+1 方式液体原料半连续铸造生产线示意图

2.1.2.2 连续铸轧生产线的组成与布置

连铸连轧生产线主要由熔炼炉、保温炉、在线除气装置、在线过滤装置、铸轧机、剪切机、卷取机组成。

当原料为固体时，另需配备一台专用加料车进行上料。当原料为电解铝液时，另需配备铝液包将铝液加入熔炼炉。

工作过程简述：把原料加入熔炼炉内，燃烧系统启动，熔池内的铝液达到 1/3 时，使用底置式电磁搅拌装置进行搅拌至铝液成分均匀，通过传输流槽输入到保温炉内保温，然后保温炉在液压系统作用下倾翻，把铝液倒入传输流槽内，经在线除气装置除气及过滤装置过滤，然后铝液通过浇注口进入铸轧机开始铸轧，由卷取机进行卷取，并最终通过剪切机剪切完成。其平面配置示意图如图 2－7 所示。

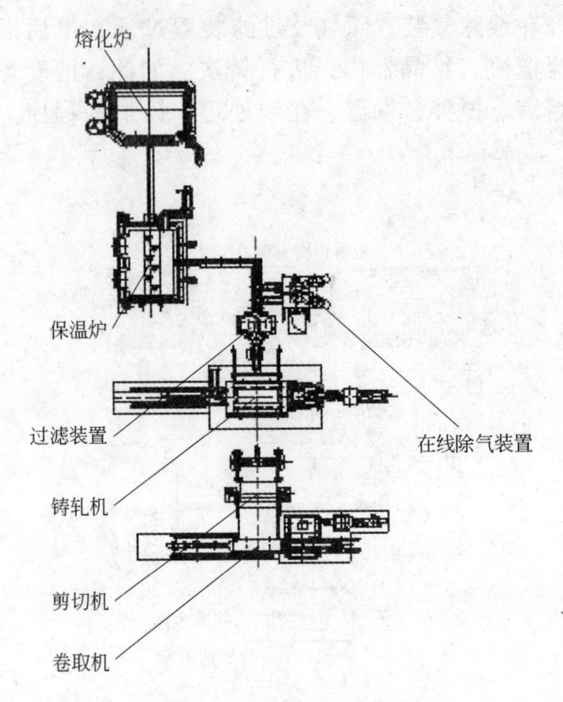

图 2-7 连续铸轧生产线示意图

2.2 铝合金熔炼设备

熔炼和保温设备对铝合金的熔炼铸造速度和质量的影响很大,根据铝及铝合金的熔炼铸造特点,熔炼、保温设备应满足以下基本要求:

(1) 熔化速度要快，尽量提高炉子的生产率，并减少合金元素的烧损和吸气、氧化。

(2) 热效率高，燃料、电能消耗少。

(3) 炉体或坩埚的耐火材料的化学稳定性和热稳定性好，强度大，寿命长。

(4) 炉内温度均匀，易于控制。

(5) 便于操作、维护，劳动卫生条件好。

2.2.1 铝合金熔炼设备的分类

铝合金熔炼设备中常用的炉型有熔化炉和静置保温炉等。

2.2.1.1 按加热能源分类

(1) 燃料（包括天然气、石油液化气、煤气、柴油、重油、焦炭等）加热式，以燃料燃烧时产生的反应热能加热炉料。

(2) 电加热式，由电阻元件通电发出热量或者线圈通交流电产生交变磁场，以感应电流加热磁场中的炉料。

2.2.1.2 按加热方式分类

A 直接加热方式

直接加热方式是燃料燃烧时产生的热量或电阻元件产生的热量直接传给炉料的加热方式，其优点是热效率高，炉子结构简单。但是燃烧产物中含有的有害杂质对炉料的质量会产生不利影响；炉料或覆盖剂挥发出的有害气体会腐蚀电阻元件，降低其使用寿命。由于以前燃料燃烧过程中燃料/空气比例控制精度低，燃烧产物中过剩空气（氧）含量高，造成加热过程金属烧损大；现在随着燃料/空气比例控制精度的提高，燃烧产物中过剩空气（氧）含量可以控制在很低的水平，减少了加热过程的金属烧损。

B 间接加热方式

间接加热方式有两类，第一类是燃烧产物或通电的电阻元件不直接加热炉料，而是先加热辐射管等传热中介物，然后热量再以辐射和对流的方式传给炉料；第二类是让线圈通交流电产生交变磁场，以感应电流加热磁场中的炉料，感应线圈等加热元件与炉料之间被炉衬材料隔开。间接加热方式的优点是燃烧产物或电加热元件与炉料之间被隔开，相互之间不产生有害的影响，有利于保持和提高炉料的质量，减少金属烧损。感应加热方式对金属熔体还具有搅拌作用，可以加速金属熔化过程，缩短熔化时间，减少金属烧损。但是由于热量不能直接传递给炉料，所以与直接加热式相比，热效率低，炉子结构复杂。

2.2.2 熔化炉和静置保温炉

熔化炉和静置保温炉可分为固定式和倾动式。

固定式炉结构简单，价格相对便宜。但必须依靠液位差放出铝液，因此要求熔化炉和静置保温炉分别配置两个不同高度的操作平台，这样既不利于生产操作又增加了厂房高度；放流口靠近熔池底部，致使放流时沉底的熔渣易随铝液流出，造成铸锭的夹渣缺陷。倾动式炉靠倾动炉子放出铝液，因此增加了液压式或机械式倾动装置，炉子结构较复杂，造价高，但保证了铝液在熔池上部固定高度流出，减少了沉底熔渣造成的铸锭夹杂缺陷。

熔化炉可分为圆形炉顶加料和矩形炉侧加料，基本采用成对配置的蓄热式燃烧器来提高热效率。随着炉子容量的加大和技术进步，当前，熔化炉和保温炉的主要炉型采用燃料燃烧的加热形式，例如，天然气或燃料油。炉子的吨位也朝着大型化方向发展，目前国外炉子最大吨位达180t，国内炉子最大吨位为90t。

110t熔铝炉、50t圆形火焰熔铝炉、70t矩形保温炉主要技术参数见表2-1～表2-3，其结构简图见图2-8～图2-11。

表2-1 110 t熔铝炉主要技术参数

制造单位	德国GKI公司	烧嘴型号	低NO_x蓄热式(Bloom公司)
使用单位	德国VAW公司 Rheinwerk工厂	烧嘴数量/对	3
容量/t	110	烧嘴安装功率/MW	5.5×3
炉子形式	矩形侧加料	燃料	天然气
熔池面积/m^2	62	熔化率/$t \cdot h^{-1}$	28
熔池深度/m	1	加料方式	加料机
熔池搅拌	电磁搅拌器（ABB公司）	料斗容量/t	10
炉门规格/m	8×2	熔体倒出方式	液压倾动炉体，熔体倒入10t坩埚内，然后送往保温炉

表2-2 50t圆形火焰熔铝炉主要技术参数（苏州新长光工业炉公司）

吨位/t	50
用　途	铝及铝合金熔炼
炉子形式	固定式顶开盖
炉膛工作温度/℃	最高1150
铝液温度/℃	720～760

续表 2-2

熔化期熔化能力/ $t \cdot h^{-1}$	8 ~ 10
燃料种类	柴油
燃料发热量/ $kJ \cdot kg^{-1}$	40128
燃料最大消耗量/ $kg \cdot h^{-1}$	600
烧嘴形式	蓄热式
烧嘴数量/个	4
开盖机提升能力/ t	60

注：矩形炉与圆形炉主要技术参数相同，但开盖机需要换成专用的加料车。

表 2-3 70 t 矩形保温炉主要技术参数（英国戴维公司）

容量/t	70	烧嘴安装功率/$kJ \cdot h^{-1}$	1570×10^4
熔池面积/m^2	39	燃料	煤气
熔池深度/m	0.8	控制方式	PLC 自动控制
铝液温度/℃	710 ~ 750	液压油箱容积/L	800 × 2
铝液温度控制精度/℃	±5	液压油泵压力/MPa	13
炉门规格/m × m	6.6 × 1.89	液压油缸数量/个	2
加料门开启方式	液压		

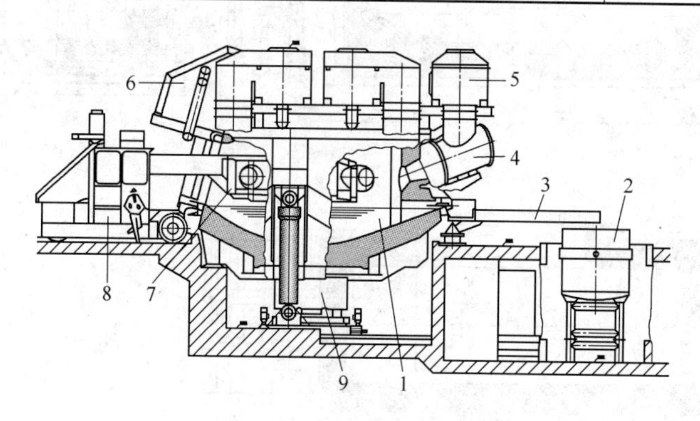

图 2-8 110t 熔铝炉结构简图

1—熔池；2—坩埚；3—流槽；4—烧嘴；5—蓄热体；6—排烟罩；
7—加料斗；8—加料车；9—电磁搅拌器

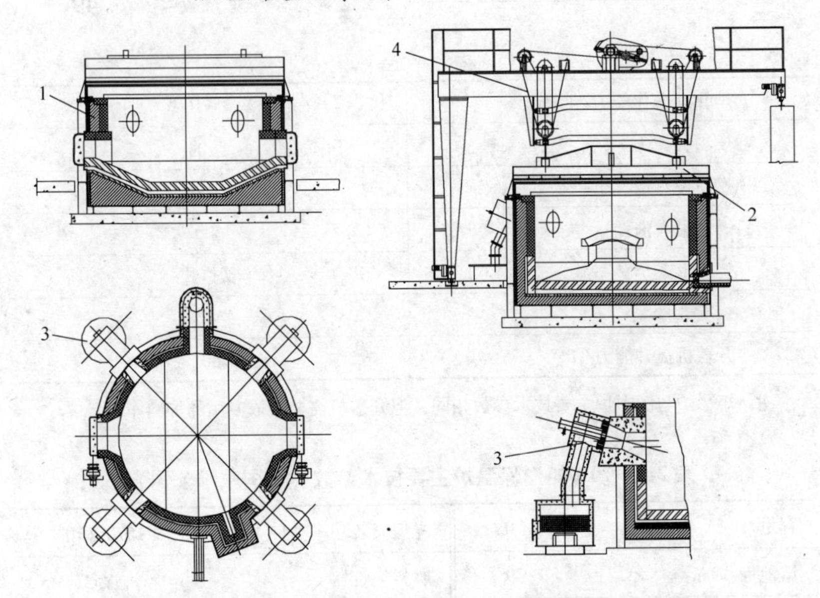

图 2-9　50t 圆形火焰熔铝炉（燃油蓄热式烧嘴）结构简图

1—炉体；2—炉盖；3—蓄热烧嘴；4—开盖机

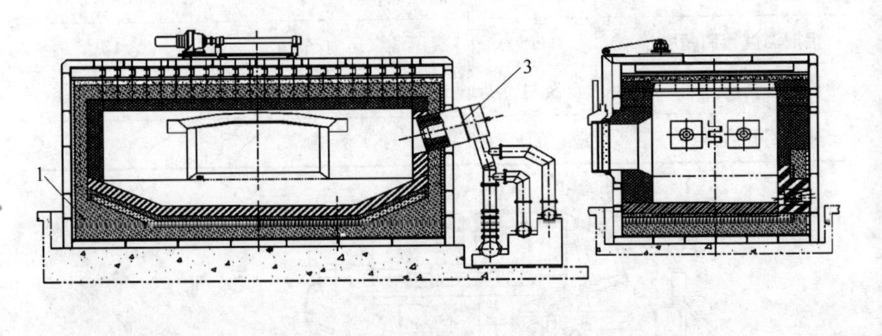

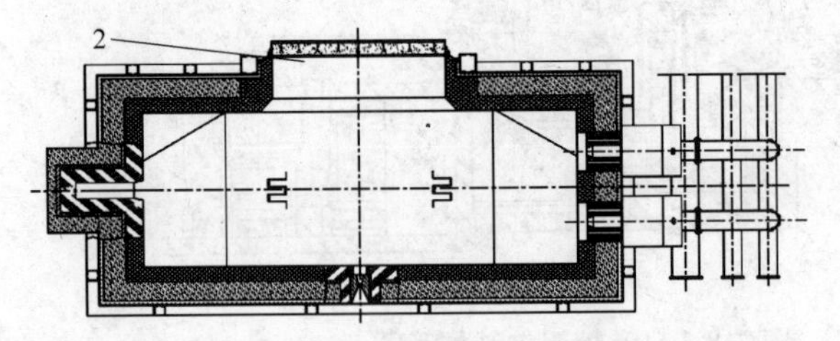

图 2-10　矩形火焰熔铝炉

1—炉体；2—加料炉门；3—烧嘴

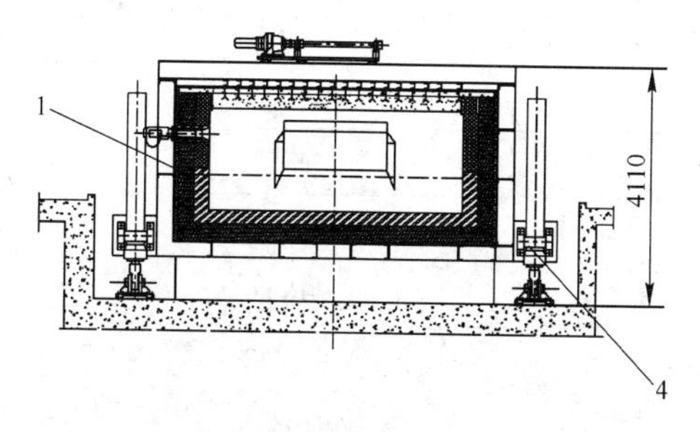

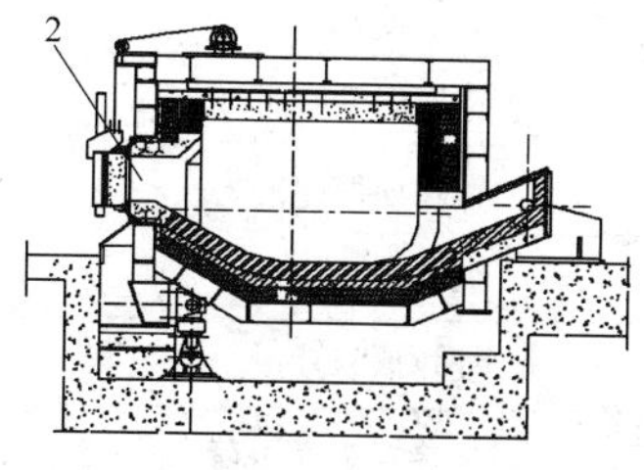

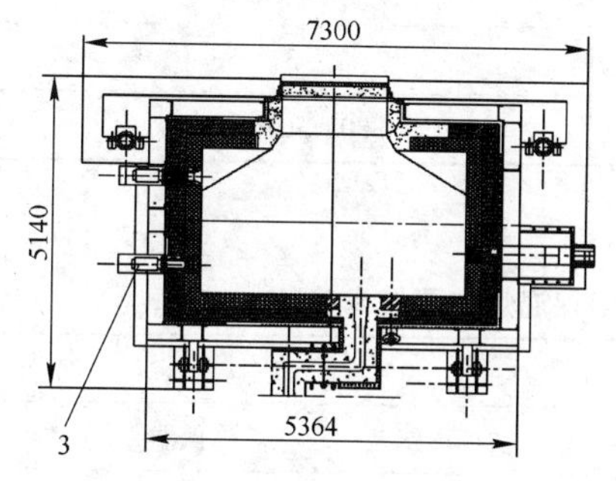

图 2-11 倾动式矩形火焰保温炉结构简图
1—炉体；2—扒渣炉门；3—烧嘴；4—倾动油缸

2.2.3 电阻式熔化炉和静置保温炉

电阻式反射炉利用炉膛顶部布置的电阻加热体通电产生的辐射热加热炉料，常作为熔化炉和静置保温炉。

电阻式熔化炉和静置保温炉可分为固定式和倾动式。两种形式的主要结构特点与火焰反射式熔化炉和静置保温炉相同。12t 矩形电阻熔化炉和 25t 矩形电阻保温炉主要参数见表 2-4 和表 2－5，其结构简图见图 2-12 和图 2－13。

表 2-4 12 t 矩形电阻熔化炉主要参数（苏州新长光工业炉公司）

吨位/t	12
用 途	铝及铝合金熔炼
炉子形式	固定式矩形电阻熔化炉
炉膛工作温度/℃	1000～1100

续表 2-4

铝液温度/℃	720～760
熔化期熔化能力/$t \cdot h^{-1}$	1
加热器功率/kW	700
加热器材质	Cr20Ni80
加热器表面负荷/ $W \cdot cm^{-2}$	1.0～1.2
加热器形式	电阻带
加热区数/区	3
电　源	380V 50Hz 3Φ

注：本炉也可以采用硅碳棒做加热器。

表 2-5　25 t 矩形电阻保温炉主要技术参数

吨位/t	25
用　途	铝及铝合金熔体保温
炉子形式	固定式矩形电阻保温炉
炉膛工作温度/℃	900～1000
铝液温度/℃	720～760
熔体升温能力/$℃ \cdot h^{-1}$	30
加热器功率/kW	450
加热器材质	Cr20Ni80
加热器表面负荷/$W \cdot cm^{-2}$	1.2～1.4
加热器形式	电阻带
加热器区数/区	2
电　源	380V 50Hz 3Φ

注：本炉也可以采用电辐射管或硅碳棒做加热器。

电阻式反射炉电阻带加热体多置于炉膛顶部，其炉型及加料方式多为矩形炉侧加料。电阻加热体的加热形式可分为电阻带直接加热和保护套管辐射式加热。当炉子加热功率增加时电阻加热体要相应加长，炉膛面积亦相应增加，从方便加料、扒渣、搅拌等工艺操作和提

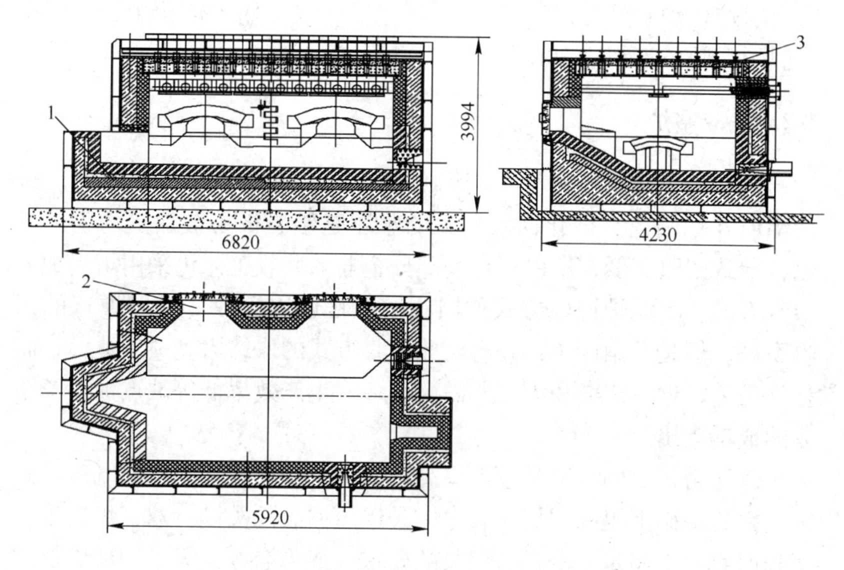

图 2-12 12t 电阻熔化炉结构简图

1—炉体；2—加料炉门；3—电阻加热带

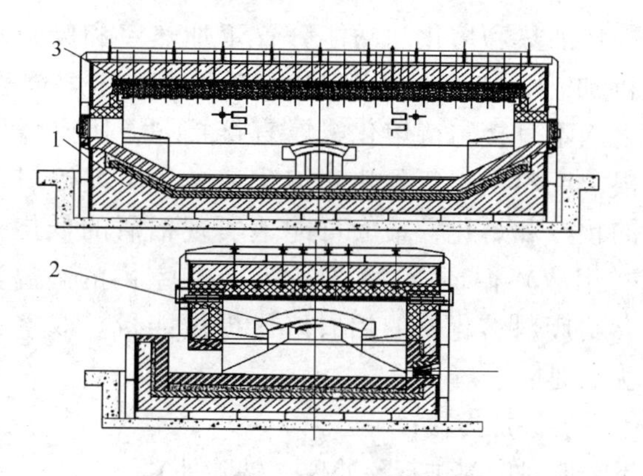

图 2-13 25t 电阻保温炉结构简图

1—炉体；2—扒渣炉门；3—电阻加热带

高能源利用率、降低能耗和方便工艺操作的角度考虑，炉膛面积不能过大，因此，电阻式反射炉不适合用于大容量、大功率的炉型。国外已很少有电阻式反射熔化炉和静置保温炉，国内的老厂还有使用电阻式反射熔化炉和静置保温炉的，新建厂一般不用于熔化炉，只用于保温炉，吨位不超过30t。

2.2.4　双室炉

双室炉主要用于铝屑和废铝回收。用普通熔炼炉（反射炉）进行铝屑（铝刨花）熔化回收最大的难题是铝屑极易被加热的火焰氧化，导致回收率低，所以现在大部分企业的回收工艺仍采用坩埚炉的回收方式。坩埚炉回收方式的回收率比普通熔炼炉（反射炉）的回收率高，但是污染严重，政府对此回收方式的取缔力度愈来愈大，而且该工艺场地占用面积大，所需人员多，生产效率低等缺点加大了企业的成本支出。

普通熔铝炉的优势是生产率高，缺点是烧损大。如何在既有的高生产率的基础上提高铝屑回收率，是铝屑回收的关键。双室炉在生产率和回收率上满足了对铝屑回收的要求，成为当今世界上一项成熟的先进技术。60t双室炉主要技术参数见表2-6，其工作原理和结构简图见图2-14和图2－15。双室炉改变了反射炉集加热和熔化于一室的模式，将加热和熔化的功能分置于加热室和废料室。加热室对铝液进行加热，加热过程中尽可能少地破坏熔体表面的氧化膜，由于火焰不直接与待熔化金属直接接触，所以降低了加热过程中的烧损。废料室担负预热和熔化任务，实现铝屑在无火焰接触情况下的预热和熔化，最大可能地实现铝屑的低烧损。两室之间的能量（铝液）循环通过铝液泵将加热室内的高温铝液带到废料熔化室，给废料熔化室的铝屑熔化提供能量。双室式废铝回收熔化炉的优点是：

（1）不需要添加熔盐；

（2）不需要对废料进行预处理（铁除外）；

（3）对废料进行预热处理并配有蓄热式换热器，能耗低；

（4）配有废屑加料井和电磁循环泵，烧损少，熔化效率高；合金化、取样及成分调整可以直接在加料井进行，不必开启炉门，既节约能源，又缩短熔化周期；

（5）对裂解产物二次燃烧，符合环保要求。

表 2-6 60t 双室炉主要技术参数

炉子容量/t	60
每次铝液转注量/t	30
熔池剩余铝液/t	30
日产量/t	120
加热室炉门规格/mm × mm	6800 × 1700
废料室炉门规格/mm × mm	6800 × 1700
铝液温度/℃	720 ~ 760
加热室温度/℃	1100
废料室温度/℃	850
电磁泵铝液循环流量/$t \cdot min^{-1}$	8
加料井内径/mm	900
加料井加料能力/$t \cdot h^{-1}$	8

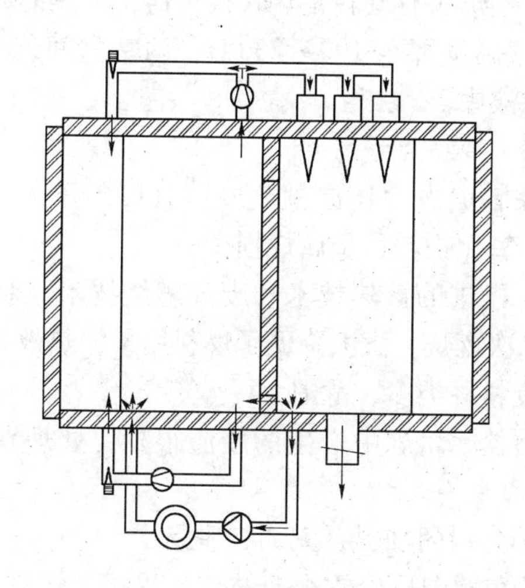

图 2-14 双室炉工作原理示意图

双室熔铝炉炉膛被气冷悬挂隔板分为直接加热室和间接加热室。直接加热室受烧嘴的直接加热，间接加热室则利用直接加热室流出的高温烟气间接加热。此烟气经隔板上的孔流入间接加热室，烟气量由挡板调节，以获得对废料进行预热、裂解和熔化的温度。污染物裂解

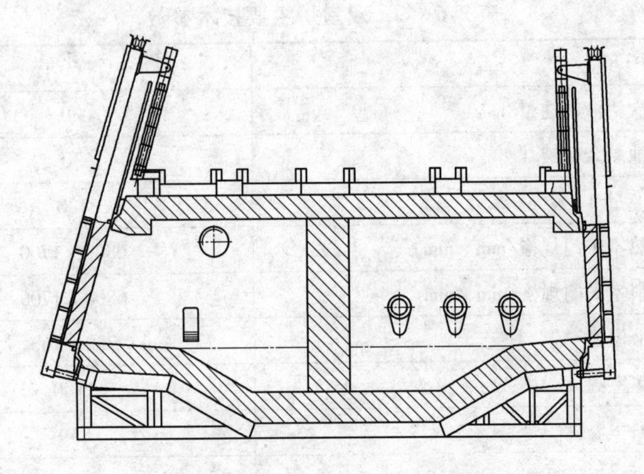

图 2-15　双室炉结构示意图

后的烟气由循环风机打入直接加热室进行燃烧，形成对环境无害的燃烧产物。双室熔铝炉装有旋转蓄热式换热器，预热助燃空气温度可达 900℃，出炉烟气温度降至 190 ~ 230℃；两室之间装有电磁循环泵，将碎料加入到铝液中。

双室熔铝炉主要特点是：

(1) 由于控制炉内为还原性气氛，且废料不与火焰直接接触，从而大大降低了氧化损耗，金属烧损少；

(2) 采用了先进的蓄热技术和废气燃烧技术，对废料燃烧时产生的废气进行二次燃烧，大大降低了燃料用量，热效率较高能耗低；

(3) 可装废料种类多、范围大；

(4) 无需熔盐，熔炼中产生的废渣很少，处理费用较低，环境污染较轻；

(5) 采用炉门封闭加料，无烟气泄漏。

双室熔铝炉在欧洲再生铝企业被广泛采用，但其设备投资较大。双室熔铝炉的工作原理和结构特点是：

(1) 有两个室，废料室和加热室，两室之间由一个带有空气冷却的悬挂隔墙隔开，两室的熔池是相通的。

(2) 配备在炉外的电磁泵使两室之间的铝液通过炉外管路循环起来，使铝液和成分非常均匀。

（3）细小的铝屑可以直接加入到电磁泵下游的加料井中，因而可以立即浸入熔融铝液内部，减少烧损，提高金属回收率。

（4）大块废料直接加入加热室直接加热熔化，相对较小的废料加入废料室的预热斜坡上，由熔化室的烟气间接加热，部分熔化，部分下次加料时推入熔池中。

（5）烟气通过隔墙上的孔进入废料室，烟气的流量由挡板进行调节，并由两台循环风机使废料室的气流对准废料高速循环喷出，以获得所需的对废料（含有油污、油漆、塑料、橡胶和少量乳液）进行预热、裂解和熔化的温度。附加的小烧嘴烧掉裂解后产生的烟气并始终控制废料室的气氛为还原气氛，由循环风机送到熔化室的烧嘴内进行焚烧。

（6）燃烧产物通过蓄热式换热器，可以使助燃空气温度加热到800℃以上，燃烧产物温度降到250℃以下。

2.2.5 回转炉

回转炉主要用于废铝回收。回转炉根据炉体结构的不同，可分为水平式回转炉和倾斜式回转炉两种。铝合金废料在熔盐的保护下通过炉体的转动完成熔炼的。回转炉对来料洁净度几乎没有要求，它可以处理碎杂铝、薄壁铝废料等任何铝合金废料，能充分回收铝渣、铝屑中的铝，另外铝在熔盐保护下熔炼时金属损耗较小。回转炉因其适应性强、热效率和生产效率高等优点，在欧美国家的再生铝企业得到了广泛的应用。16t倾动式回转炉主要技术参数见表2-7。

水平式回转炉结构简单，易于操作，维护工作量少，但是其熔盐的加入比例较高（约为20%），给熔盐的回收和处理带来困难，且由于烧嘴和烟气出口是相对布置的，含可燃物质的烟气几乎没有被二次燃烧，其热效率相对来说较低，污染大。倾斜式回转炉是在水平式回转炉的基础上发展起来的，它将炉体、烧嘴和排烟管道的布置进一步完善，使烧嘴燃烧的火焰在炉内被向后引导180°，烟气通过烧嘴上方的炉口排出。烟气在反向流动排烟的过程中，产生二次燃烧，从而提高了炉子的热效率，减少了烟气对环境的污染，同时降低了熔盐的用量。采用全氧燃烧器（烧嘴），火焰温度高，烟气量小。

表 2-7 16t 倾动式回转炉主要技术参数（OXY－燃料）

上料孔内径/mm	2000
额定容量/kg	16000
最大加料质量/kg	17250
熔化率/kg · h^{-1}	5750
天然气耗量/m^3 · h^{-1}（标态）	200
氧气耗量/m^3 · h^{-1}（标态）	400
熔化时间（浇注就绪）/h	3
上料时间/min	20
浇注时间/min	20
放渣时间/min	20
每一熔炼循环时间/h	4.0
每吨天然气消耗/m^3（标态）	35
每吨氧气消耗/m^3（标态）	70

2.3 铸造设备

铸造机的用途是把化学成分、温度合格的铝液铸造成规定截面形状、内部组织均匀、致密、具有规定晶粒组织结构、无缺陷的铸锭。

2.3.1 铸造机的分类

按照铸锭成型时冷却器的结构特点可分为冷却器固定不动的直接水冷（direct chill）结晶器铸造机和铁模铸造机；冷却器随铸锭运动的有双辊式铸造机、双带式铸造机和轮带式铸造机。按照铸造周期可分为连续式铸造机和半连续式铸造机。按照铝液凝固成铸锭被拉出铸造机的方向可分为立式（垂直式）铸造机、倾斜式铸造机和水平式铸造机。

目前，应用最多的是直接水冷（DC）立式半连续铸造机，它可以生产各种合金牌号、规格的扁锭以及实心和空心圆铸锭。直接水冷水平式连续铸造机和轮带式铸造机一般用于生产小规格圆铸锭以及小规格方锭。

双辊连续式铸造机的铸造过程还伴随有轧制过程，对铸锭具有一定的轧制变形能力，所以又称为铸轧机，用于生产纯铝、3×××系和低镁含量的5×××系板带坯铸锭。双带式连续铸造机主要用于生产纯铝、3×××系和低镁含量的5×××系板带坯铸锭。

2.3.2 直接水冷（DC）式铸造机

在直接水冷（DC）式铸造中，与铝液接触的结晶器壁带走铝液表面少量热量并形成凝壳，结晶器底部喷射到铝液凝壳上的冷却水（被称为二次冷却水）带走了铝液结晶凝固产生的热量。

直接水冷（DC）式铸造机以铸锭被拉出结晶器的方向分类，可分为立式和水平式。

直接水冷（DC）式铸造机按照铸造周期可分为连续式和半连续式。连续式铸造机能够在保持铸造过程连续的前提下,利用锯切机和铸锭输送装置把铸造出来的铸锭切成定尺长度,然后送到下道加工工序。半连续式铸造机则没有锯切机和铸锭输送装置,铸锭铸至最大长度后须终止铸造过程,把铸锭吊离铸造机后,重新开始下一铸造过程。

2.3.3 立式半连续铸造机

铸造过程中铝液质量基本作用在引锭座上，对结晶器壁的侧压力较小，凝壳与结晶器壁之间的摩擦阻力较小，且比较均匀。牵引力稳定可保持铸造速度稳定，铸锭的冷却均匀度容易控制。

立式半连续铸造机按铸锭从结晶器中拉出的牵引动力可分为液压油缸式、钢丝绳式和丝杠式。液压铸造机牵引力稳定，可按照工艺要求设定各种不同的牵引速度模式，速度控制精度高，但要求液压系统和电控系统运行可靠性高，铸造井深度比其他形式的铸造机大，国外铝加工厂大多采用液压油缸式铸造机。目前，许多大型铸造机采用了液压油缸内部导向技术，取消了铸造井壁安装的引锭平台导轨，避免了因导轨粘铝或者磨损而影响引锭平台的正常上下运动，提高了运动精度。据报道，国外最大吨位的液压铸造机达160t。钢丝绳式铸造机结构简单，但由于钢丝绳磨损快，需经常更换，并且易被拉长变形而引起引锭平台牵引力和铸造速度稳定性较差，影响铸锭质量。25 t立式半连续液压铸造机主要技术参数见表2-8，其结构简图见图2-16。钢丝绳式铸造机主要技术参数见表2-9，其结构简图见图2-17。

表2-8　25t立式半连续液压铸造机主要技术参数

吨位/t	25
铸锭最大长度/mm	6500
铸造平台最大行程/mm	7000
满载提升速度/mm · min^{-1}	1 ~ 600
空载平台上升和下降速度（无级可调）/mm · min^{-1}	0 ~ 1500
铸造速度/mm · min^{-1}	15 ~ 250
铸造长度精度/%	±1
铸造速度精度/%	±0.5
柱塞直径/mm	带陶瓷涂层的柱塞式
工作压力/MPa	4

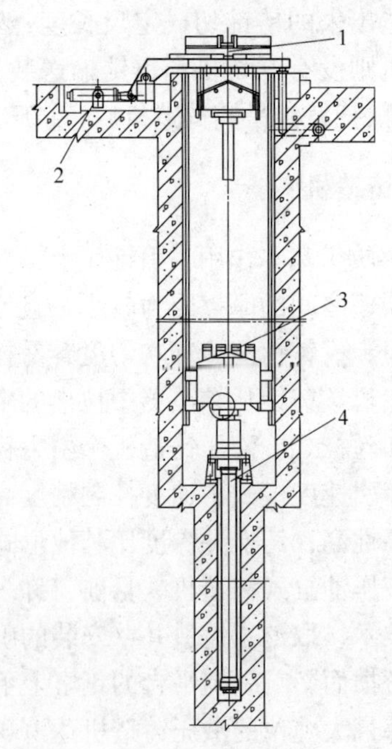

图2-16　液压铸造机结构简图

1—结晶器平台；2—倾翻机构；3—引锭平台；4—液压油缸

表 2-9 钢丝绳式铸造机主要技术参数

吨位/t	6.5	12	23
铸锭最大长度/m	6.5	6.5	6.7
最大质量/t	6.5	12	23
断面尺寸/mm 或 mm×mm	150×420	ϕ104~254	300×2000 或 ϕ800
同时铸造根数/根	6	12	2
铸造速度/mm·min^{-1}	35~200	30~285	8.3~167
快速升降速度/mm·min^{-1}	2200	2000	5200
电动机功率/kW	1.1	4	1.75
机组外形尺寸（长×宽×高）/m×m×m	12.6×4.3×11.5	1.35×4.6×7.6	12×6.94×11
机组质量/t	16.9	22.6	76.8

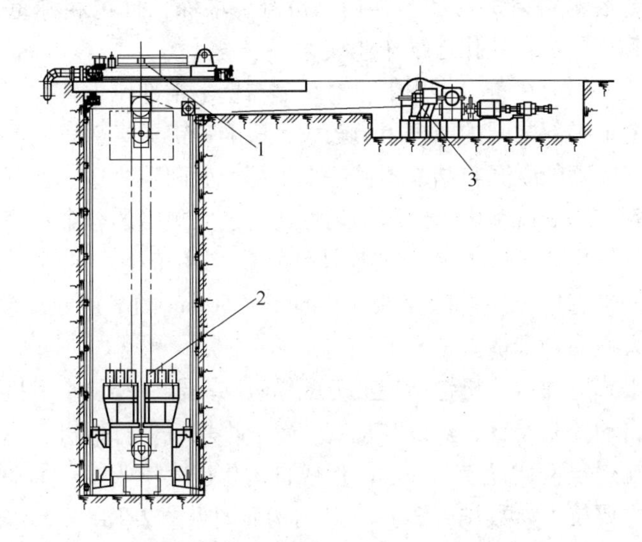

图 2-17 钢丝绳式铸造机结构简图

1—结晶器平台；2—引锭器平台；3—钢丝绳卷扬机

2.3.4 水平式连续铸造机

水平连续铸锭机组由前箱、结晶器、牵引机、压紧辊、同步锯、自动堆垛机构、自动打捆机构等组成。它具有如下优点：

（1）整个铸造过程均是在铝熔体表面氧化膜的保护下进行，铸锭中氢含量低，氧化夹杂物含量低；

（2）铝熔体在水平连铸机组中冷却速度快，所铸造的铸锭组织致密、枝晶细小、无偏析、产品质量高；

（3）产品的尺寸、平直度和质量均十分稳定，易于堆垛、捆扎。

水平连续铸锭机组在铸造开始和铸造结束时需切头、切尾，并且在整个生产过程中，需将铸锭锯切成所要求的长度，因而成品率较链式铸锭机组低，设备投资较大，适合于较大规模的连续化生产。

与立式铸造机相比，水平式铸造机具有以下优点：

（1）不需要深的铸造井和高大的厂房，可减少基建投资；

（2）生产小截面铸锭时容易操作控制；

（3）设备结构简单，安装维护方便；

（4）容易将铸锭铸造、锯切、检查、堆垛、打包和称重等工序连在一起，形成自动化连续作业线。

但是，铝液在重力作用下，对结晶器壁下半部压力较大，凝壳与结晶器壁下半部之间的摩擦阻力较大，影响铸锭下半部表面质量。冷却过程中收缩的凝壳与结晶器壁的上半部产生间隙，造成上下表面冷却不均匀，影响铸锭内部组织均匀性，铸造大规格的合金锭容易产生化学成分偏析。因此，水平式连续铸造机多用于生产纯铝小截面铸锭。国外也有厂家用此法铸造 530mm × 1750mm 的 3 × × ×系和 5 × × ×系大截面合金锭。

水平式连续铸造机包括铝液分配箱、结晶器、铸锭牵引机构、锯切机和自动控制装置，可以与检查装置、堆垛机、打包机、称重装置和铸锭输送辊道装置连在一起，形成自动化连续作业线。水平式连续铸造机主要技术参数见表 2-10，其结构简图见图 2-18。

表 2-10　水平式连续铸造机主要技术参数

铸造合金牌号	ADC12 等
产量/$t \cdot h^{-1}$	6 ~ 8
铸造速度/$mm \cdot min^{-1}$	400 ~ 550
同时铸造根数/根	24

续表 2-10

铸锭断面/mm × mm	74 × 54
锯切机：可锯切铸锭定尺长度/ mm	650 ~ 760
堆叠高度/mm	480 ~ 920
堆叠质量/kg	435 ~ 1050

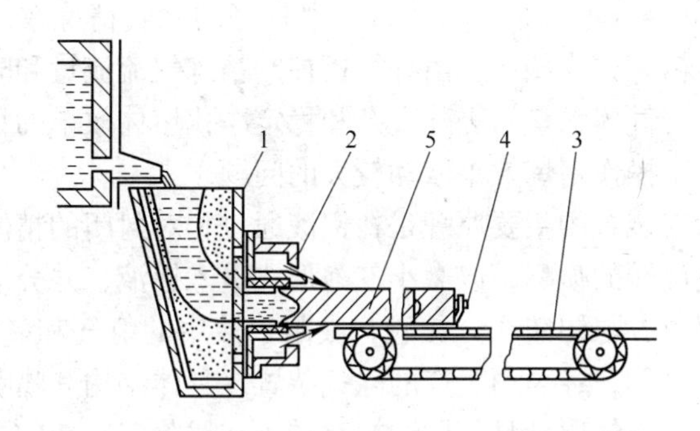

图 2-18 水平式连续铸造机结构简图

1—中间包；2—结晶器；3—铸锭牵引机构；4—引锭杆；5—铸锭

2.4 精炼与除气净化装置

铝合金液在熔炼、转注和铸造过程中吸收了气体，产生了夹杂物，使合金液的纯度降低，铸造后使产品产生多种缺陷，影响其力学性能、加工性能、抗腐蚀性能、气密性能、阳极氧化性能及外观质量，所以必须在铸造前，对其做精炼和净化处理，目的是排除这些气体和夹杂物，提高铝合金液的纯净度。

2.4.1 除气精炼装置

除气精炼装置分为炉内和炉外两种。炉内精炼装置应用比较广泛的主要是炉底喷吹气体精炼装置，俗称透气砖，是保温炉设计时整合的一体化装置，而不是一种单独的装置。炉外精炼除气装置主要是针对炉内精炼除气效果不好，铝合金液有二次污染的可能而开发的装置。根据生产实践，可以认为炉外在线精炼除气装置是获得良好铸造产品所必不可少的精炼手段，炉内除气装置只是对炉外在线精炼的补充。

炉内精炼装置应用较多的有炉底喷吹气体精炼装置。在保温炉炉底均匀安装多个可更换的透气塞，通过透气塞向熔体中吹入精炼气体（N_2、Ar、Cl_2 等）可有效地使精炼气体散布于熔体中，上浮的精炼气体微小气泡吸附聚集了熔体中有害气体和夹杂物（如 H_2、各种氧化物等），并随气泡被带出熔体，获得较好的除气精炼效果。与传统的人工操作精炼方式相比，由计算机控制精炼气流流量和时间，可以达到降低有害气体含量、去除夹杂和稳定净化熔体效果的目的，较好地解决了人工操作精炼效果波动较大的问题。

炉外除气装置的主要原理是在铝液通过相对封闭的精炼室时，惰性气体通过旋转的喷嘴，以微小气泡形式进入铝液，并分散在整个铝液的各个部位，与铝液充分接触，吸附铝液中的氢气和氧化夹杂物，然后上浮。虽然，各公司生产的除气装置在具体结构和喷嘴的结构上有些差异，但除气原理是相同的。双转子在线除气装置的主要技术参数见表 2-11，结构示意图见图 2-19。

表 2-11　双转子在线除气装置主要参数

外形尺寸(长×宽×高)/mm×mm×mm	2400×2100×1520
金属流量/$t \cdot h^{-1}$	25~35
除气效率/%	≥50
熔池静态铝液容量/kg	1300
液态金属加热速度/$℃ \cdot h^{-1}$	20
加热器形式	浸入式
石墨转子转速/$r \cdot h^{-1}$	200~700
石墨转子数量/个	2
惰性气体最大流量/$m^3 \cdot h^{-1}$（标态）	14
动力供应/kW	50

2.4.2　过滤精炼装置

过滤精炼装置主要是依据机械阻挡原理，过滤铝液中的氧化夹杂物。目前，应用广泛的是过滤介质采用泡沫陶瓷过滤板的炉外在线过滤装置，一般布置在除气装置的下游。通用型的过滤装置采用一片20～50ppi的过滤板，30ppi是一种常用规格。该装置的特点是由于它与铝液之间有比较大的接触面，不需要铝液有很高的压头，便可得到较好的过滤效果。对于某些有特殊要求的产品，为了达到更好的过滤效果，可以采用多级过滤的方式，即在过滤箱上安装上下两层过滤板，一般采用30ppi和50ppi两种规格，以达到更好的过滤效果。Novelis PAE公司为此目的专门开发了一种深床过滤器。表2-12为在线过滤装置主要技术参数，其结构示意图见图2-20。

表2-12 在线过滤装置主要参数

外形尺寸（长×宽×高）/mm×mm×mm	1900×1705×1765
金属流量/$t \cdot h^{-1}$	25～35
熔池静态铝液容量/kg	225
预热能耗/$kJ \cdot h^{-1}$	836
动力供应/kW	15

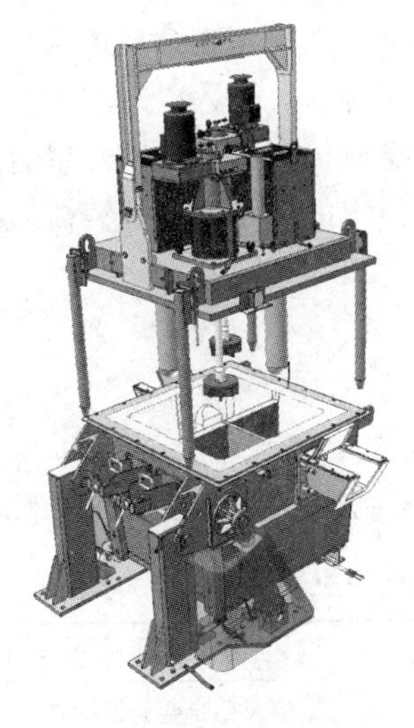

图2-19 双转子除气精炼装置

图2-20 过滤精炼装置

2.5　均匀化退火炉组

铸锭均匀化退火处理可消除铸锭内部组织偏析和铸造应力，细化晶粒，改善铸锭下一步压力加工状态和最终产品的性能。

2.5.1　均匀化退火炉组的类型

均匀化退火炉组由均匀化退火炉、冷却室组成；周期式炉组中还包括一台运输料车，连续式炉组则包括一套链式输送装置。

均匀化退火炉组按加热能源可分为电阻式和火焰式。加热方式有两种：一种是间接加热，火焰燃烧产物不直接加热铸锭，而是先加热辐射管等传热中介物，然后热量靠炉内循环气流传给铸锭；第二种是直接加热，电阻加热元件通电产生的热量靠炉内循环气流传给铸锭。

均匀化退火炉组按操作方式可分为周期式与连续式。常用的是周期式。铸锭由加料车送入均匀化退火炉，完成升温保温后，整炉铸锭被运到冷却室内按照设定的速度冷却至室温，即完成了一个均匀化退火处理周期。国外周期式均匀化退火炉组最大吨位达75t。

连续式炉组的工艺过程为，铸锭被传送机构连续地送入均匀化退火炉，通过炉内不同区段完成升温、保温后，进入冷却室内，按照设定的速度冷却至室温，然后铸锭被传送机构连续地从冷却室运出。连续式炉组多用于产量较大和退火工艺稳定的中小直径圆铸棒。国外连续式均匀化退火炉组最大处理能力可达20万吨/a。

2.5.2　几种均匀化退火炉组

2.5.2.1　电加热周期式均匀化退火炉组

50t均热炉主要技术参数见表2-13，结构示意图见图2-21和图2-22。

表2-13　50t电加热周期式均匀化退火炉组主要技术参数

吨位/t	50
用　途	铝及铝合金铸锭均热
炉子形式	电阻加热空气循环

续表 2-13

炉膛工作温度/℃	650（最高）
铸锭加热温度/℃	550～620
装出料方式	复合料车

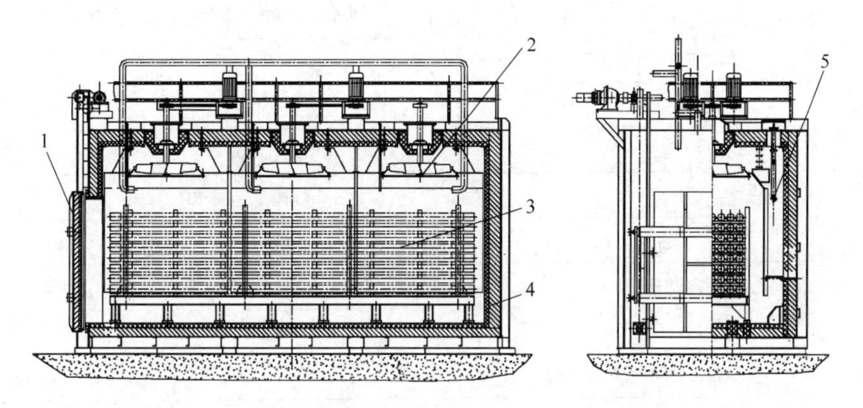

图 2-21 50t 电加热周期式均匀化退火炉组结构示意图
1—炉体；2—炉门；3—循环风机；4—电阻加热器；5—炉料

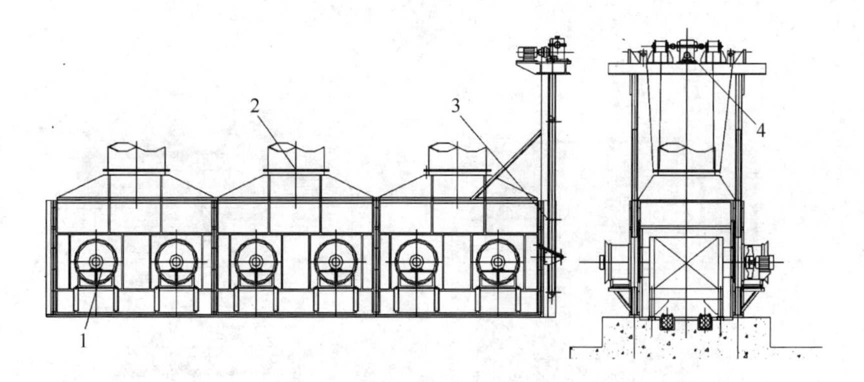

图 2-22 50t 电加热周期式均匀化退火炉组配套冷却室结构示意图
1—冷却风机；2—排风罩；3—进出料门；4—门提升机构

2.5.2.2 连续式均匀化退火炉组

连续式均匀化退火炉主要用于圆铸锭的连续、大批量均匀化退火。连续式均热炉主要技术参数见表 2-14，结构示意图见图 2-23。

表 2-14 连续式均匀化退火炉组主要技术参数

	炉子用途	铝及铝合金圆铸锭均热
	炉子形式	连续式火焰加热，空气循环
	每炉装料量/t	13
	铸锭规格/mm	ϕ(178 ~203) ×6200（可根据工艺要求确定）
	炉膛工作温度/℃	650（最高）
	铸锭加热温度/℃	550 ~620
	热负荷/kg · h^{-1}	130
	均热时间	按工艺要求
	加热室装出料方式	液压步进式
冷却室	铸锭冷却速度/℃ · h^{-1}	200
	铸锭冷却时间/h	2 ~2.5
	铸锭冷却终了温度/℃	150
	冷却室装料量/t	13

注：本炉也可以采用燃气为热源，采用马弗管式加热。

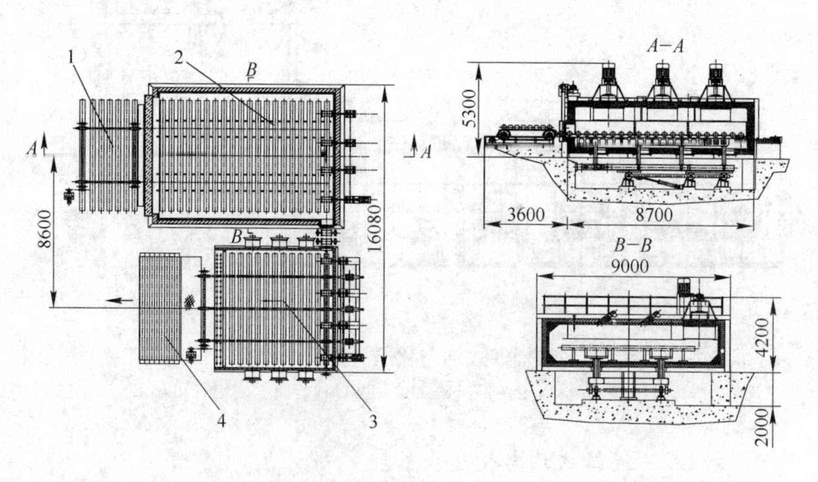

图 2-23 加热连续式均匀化退火炉组结构示意图

1—上料机构；2—步进式连续均热炉体；3—连续冷却室；4—出料机构

2.6 其他辅助设施

2.6.1 直接水冷（DC）结晶器

直接水冷（DC）结晶器按照结晶器水冷内套的结构，可分为传统式、热顶式和电磁式；按照结晶器二次冷却水流控制方式，可分为传统式、脉冲式、加气及双重喷嘴等改进式；按照供给结晶器铝液的流量控制，可分为接触式浮标液位控制和非接触式（电感应、激光等）传感器加塞棒执行机构液位控制两种方式。几种结晶器的结构示意图见图2-24～图2-30。

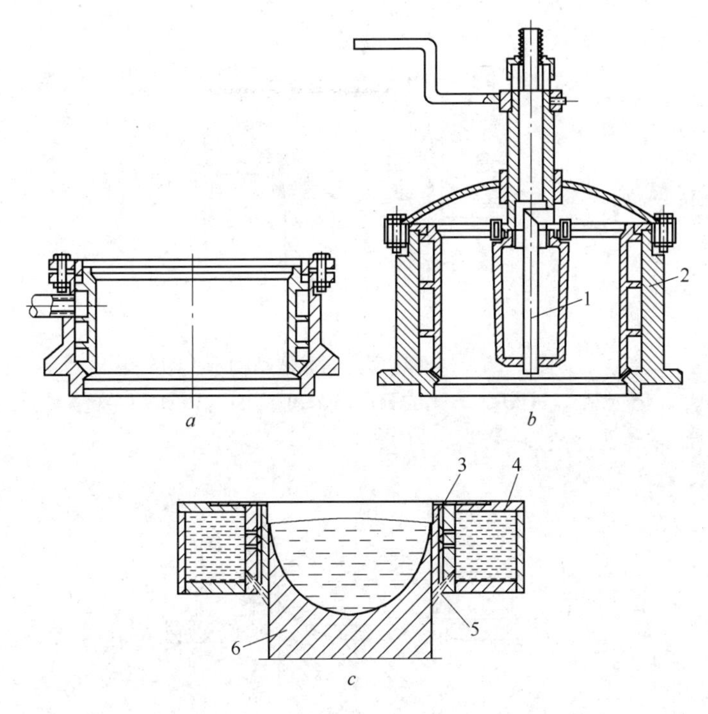

图2-24 传统式结晶器结构示意图

a—铸造实心圆锭结晶器；*b*—铸造空心圆锭结晶器；*c*—扁锭用结晶器

1—芯子；2—结晶器本体；3—内套；4—水套；5—二次冷却水；6—铸锭

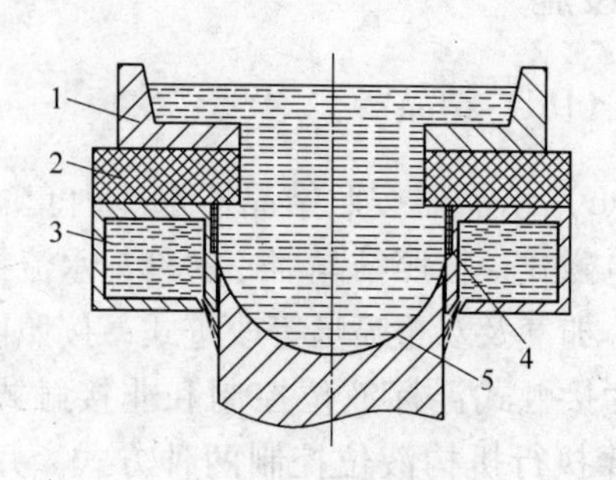

图 2-25　热顶式结晶器结构示意图

1—流槽；2—热顶；3—结晶器；4—石墨环；5—铸锭

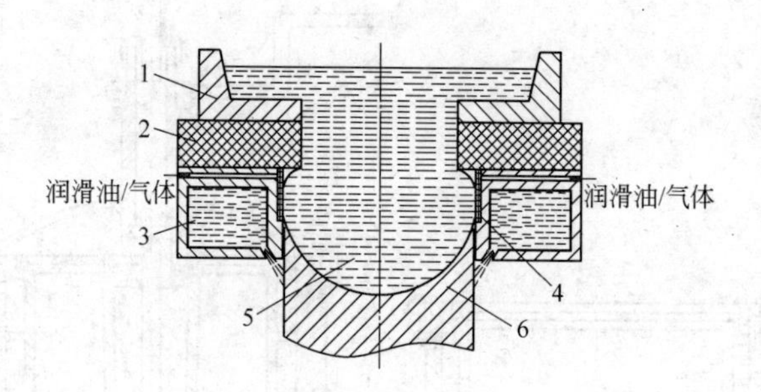

图 2-26　气滑热顶式结晶器结构示意图

1—流槽；2—热顶；3—结晶器；4—石墨环；5—铝熔体；6—铸锭

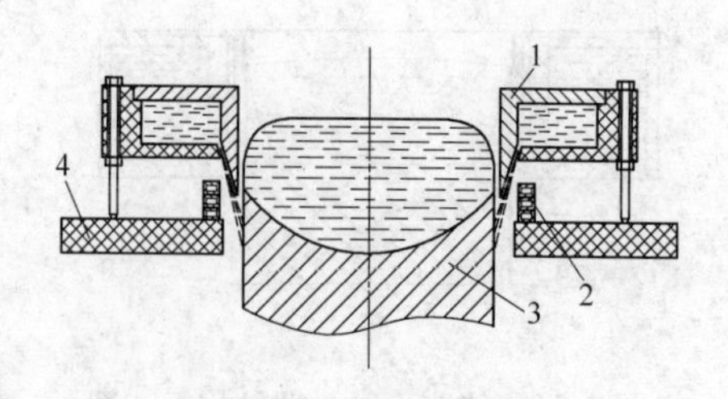

图 2-27　电磁式结晶器结构示意图

1—电磁屏蔽；2—感应线圈；3—铸锭；4—盖板

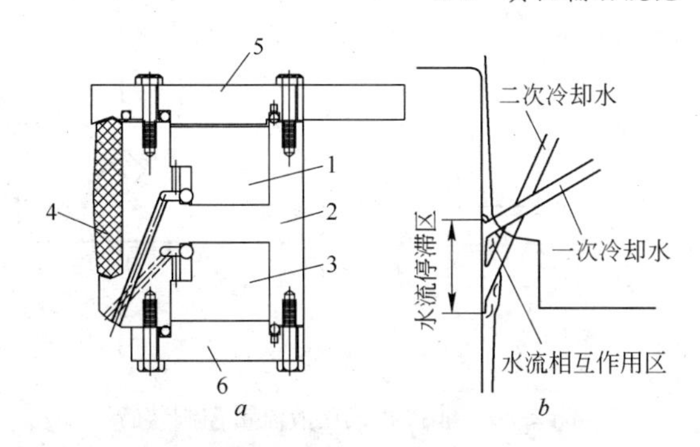

图 2-28 安装双重喷嘴的低液位结晶器（LHC）结构示意图

a—双重喷嘴结晶器；*b*—冷却水流示意图

1—二次冷却水；2—结晶器；3— 一次冷却水；4 —石墨衬板；5—上盖板；6—下盖板

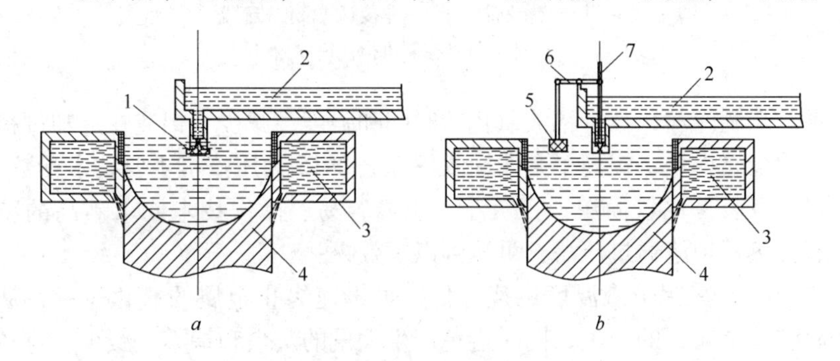

图 2-29 接触式铝液流量控制装置

a—浮标流量直接控制装置；*b*—浮标－杠杆流量控制装置

1—浮标漏斗；2—流槽；3—结晶器；4—铸锭；5—浮标；6—杠杆；7—控流塞棒

2.6.2 压渣机

在铝及铝合金的熔炼、重熔以及废杂铝的再生利用过程中，炉渣的产生是不可避免的。铝炉渣的处理不仅是回收铝的课题，更是一个资源回收利用再循环与环境保护的课题。

目前，国外一些国家开发出了几种有效的工艺，例如 IGDC 法、AROS 法、挤压法、等离子体速熔法、ECOCENT 法、ALUREC 法、改进的 MRM 法和 Tumble 法等。采用上述方法，可以大大提高铝的回收率，同时对环境有较大改善。压渣机是通过对热态铝渣进行压

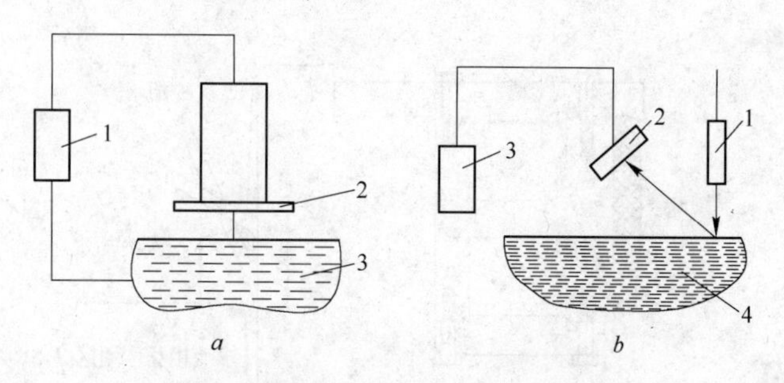

图 2-30　非接触式铝液流量控制装置

a—电感应非接触式传感器；*b*—激光非接触式传感器

a：1—铝液流量控制机构；2—电感应非接触式传感器（电容器的一极）；3—铝液（电容器的另一极）

b：1—激光发射器；2—非接触式液位传感器；3—铝液流量控制机构；4—铝液

制，强制冷却，减少铝液氧化的时间和强度，减少了铝渣在冷却过程中的金属损耗，提高了金属回收率。表 2-15 为压渣机主要技术参数。它具有装备比较简单、投资小、维修容易、操作技术要求不高的特点。热铝炉渣通过压滤，可达到以下效果：

（1）热铝炉渣温度迅速降低，可迅速终止金属的氧化过程，从而减少金属铝的损失；同时避免产生大量的灰尘和烟雾，减少了对环境的污染；

（2）内部金属回收率高，可直接在厂内回炉重新熔化；

（3）压滤后的冷炉渣中，金属与灰分分离，金属再回收更容易，并且压制成块的铝炉渣也为后期的运输、二次处理带来了方便。

表 2-15　压渣机主要技术参数

金属回收率	总体回收率不小于 50% 其中：现场金属回收率不小于 30% 残灰金属回收率不小于 20%
单次处理量/ kg	500 ~ 700
单次处理时间/ min	10 ~ 15
铝渣处理温度/℃	680 ~ 1000
最大压制力/ MN	100

2.6.3 扒渣车

扒渣车主要用于大型熔铝炉和保温炉的搅拌、扒渣和清炉。扒渣车由一名操作员进行所有操作。扒渣车在需要进行作业时，在操作员操作下，依靠自身动力，自行行走到炉前工作位置；在炉前预定位置停好后，扒渣车上部工作部分旋转到适合的位置；带扒渣刮板的扒渣臂进入炉膛，扒渣臂在扒渣车操作员的操作下通过伸缩、倾斜、升降等动作，完成炉内铝液表面铝渣的扒出工作、铝液搅拌工作和炉膛液面线以下炉膛内壁及炉底的清理工作。表 2-16 为扒渣车主要技术参数。

表 2-16 扒渣车主要技术参数

性能项目	分 项 指 标	指标数值和说明
扒渣系统性能	伸缩行程	最大行程为 11m
	伸缩速度/m · min^{-1}	0 ~ 60（速度范围内可调）
	垂直行程/mm	≥1400
	提升速度/mm · s^{-1}	0 ~ 150
	倾斜角度/(°)	+ 2 ~ −25
	倾斜速度/(°) · s^{-1}	0 ~ 5（范围内可调）
	旋转范围/(°)	±180
	旋转速度/(°) · s^{-1}	0 ~ 10（范围内可调）
	水平推拉力/N	0 ~ 10000（范围内可调）
	下推力/N	0 ~ 10000（范围内可调）
	作业范围	覆盖炉膛内铝液表面、铝液面线下所有炉膛内壁和炉底
走行台车性能	移动速度/m · min^{-1}	0 ~ 160
	最大爬坡能力/%	≥10
	回　转	原地
	斜行功能	有
	柴油消耗量/L · h^{-1}	20
	行走轮规格	实心橡胶轮

2.6.4 炉底电磁和永磁搅拌装置

安装于反射炉底部的电磁感应搅拌装置产生交变磁场，对铝液产生搅拌作用。在搅拌力作用下，铝液表面的热量快速向下部传导，减少了铝液表面过热，使其上下温差小，化学成分均匀。电磁感应搅拌铝液过程与炉子加热过程可同时进行，不需要打开炉门，提高了炉子的生产效率，避免了炉内热量的散失和开炉门时铝液表面与空气反应造成的金属损失。电磁搅拌装置可在熔化炉和保温炉下面行走，1 个电磁搅拌器可以兼顾熔化炉和保温炉 2 台炉子。安装电磁搅拌装置时，炉体结构须在传统结构的基础上进行适当改变，以防止炉体钢结构产生感应电流，影响对铝液的搅拌效果。图 2-31 为 ABB 公司炉底电磁搅拌装置工作原理图。

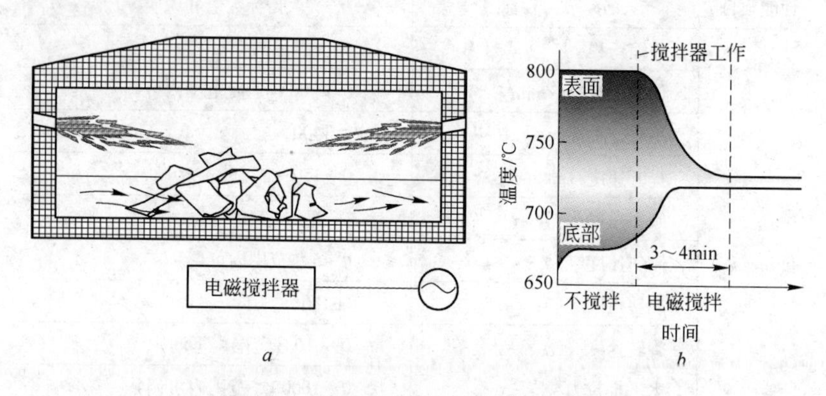

图 2-31 炉底电磁搅拌装置工作原理图

a—搅拌器布置图；*b*—铝熔炼过程中搅拌对熔体温度的影响

电磁搅拌器主要由变频电源和感应器组成，变频器把 50/60Hz 的工频交流电变成频率为 0.8 ~ 3.5Hz 的两相或三相低频电源。该电源通入感应器线圈后将产生一个行波磁场，此行波磁场穿透炉底作用于铝溶液，使铝溶液产生水平方向的移动，从而达到搅拌的目的。改变变频电源的电压、频率和相位，即可改变搅拌力的大小和方向。

永磁搅拌是靠永磁铁磁力场对金属液体进行非接触搅拌。永磁搅拌器相当于一个气隙很大的使用永磁体磁场的电动机。感应器相当于电动机的定子，铝熔液相当于电动机的转子，磁场和熔池中的金属液体相互作用产生感应电势和感生电流，感生电流又和磁场作用产生电磁力，从而推动金属液体做定向运动，起到搅拌的作用。由此可见，永磁搅拌是非接触搅拌，不会污染铝熔液。由于感应器置于铝熔炉底部或侧面，熔体底部的铝熔液获得的搅拌力较大，顶部的搅拌力较小。合理设置搅拌强度，既可获得充分均匀的搅拌效果，又不破坏熔体表面的氧化膜，可减少烧损，减少熔体吸气，获得高质量熔体。

永磁搅拌系统由特殊永磁铁组成的永磁场，高效简练的风冷却系统，支持远程控制的控制系统组成。

3 铝及铝合金轧制设备

3.1 铝及铝合金板、带（条）、箔的生产方式与工艺流程

3.1.1 常用的生产方式

3.1.1.1 板、带材的生产方式

板、带材的生产方式可分为以下几种：

（1）按轧制温度分为热轧、中温轧制和冷轧。

（2）按生产形式分为块片式和带（卷）式。

（3）按轧机排列形式分为单机架轧制、半连续和连续式轧制。

在实际生产中，根据合金、品种、规格、数量、质量、性能等要求及设备的配置等条件恰当地选择生产方式。

块片式生产方式：多适用于产量小、宽度较窄的产品。其毛坯主要采用水冷铁模铸造的铸锭，一般适用小型铝加工厂。

带（卷）式生产方式：用于产量较大、产品质量较高的产品，生产宽度较宽的板材。采用的毛坯是半连续铸造或连续铸造的铸锭。铸锭的尺寸及质量较大，一般适用大、中型企业。

3.1.1.2 箔材的生产方式

箔材的生产方式可分为以下几种：

（1）叠轧法：采用多层块式叠轧的方法生产铝箔。所轧箔材的厚度一般仅达0.01~0.02mm，轧出的箔材长度短，生产效率低，目前很少采用。

（2）带式叠加法：采用大型铝带卷半连续轧制，是目前铝箔生产的主要方法。生产效率高，轧制速度可达2200m/min，表面质量好，厚薄均匀。一般在最后的轧制道次采用双合轧制，此法生产的铝箔厚度可达0.0055mm，宽度可达2000mm。

（3）沉积法：在真空条件下，使铝变成蒸气，然后沉积在塑料薄膜上，其产品也称为铝膜，是铝箔材最薄的产品，其厚度为0.0004mm，是近年来发展起来的一种新方法。

轧制箔材所用的坯料主要有两种，一种是采用铁膜、水冷模或半连续铸造法生产的铸锭，经轧制而获得的一定厚度带材；另一种是采用连续铸轧或连铸连轧方法生产的带材。

3.1.2 典型生产工艺流程

确定工艺流程时，主要考虑生产方式、铸锭规格和质量、工艺润滑、设备条件、产品性能和在轧制时所要采取的措施等。

3.1.2.1 铝箔轧制工艺流程

铝箔轧制一般常用的工艺流程，见图3-1。

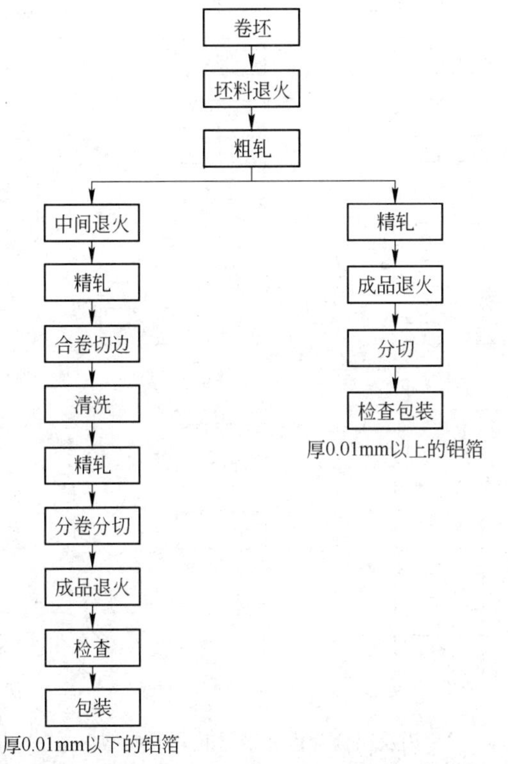

图3-1 铝及铝合金箔材轧制的典型生产工艺流程

3.1.2.2　板、带材轧制工艺流程

轧制铝合金板、带材常采用的工艺流程见图 3-2。

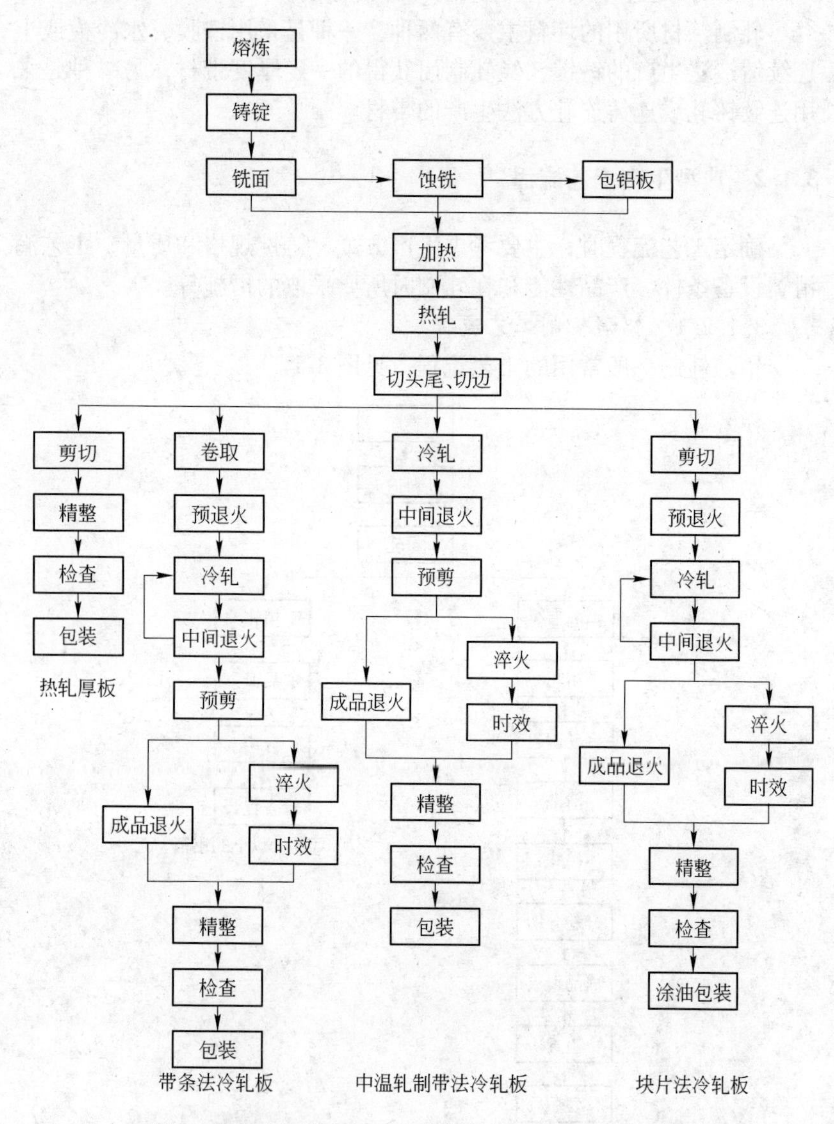

图 3-2　铝及铝合金板、带材轧制的典型生产工艺流程

3.2 板、带、箔生产线的组成与布置

3.2.1 热轧板、带生产线的组成与布置

3.2.1.1 热轧板、带生产线的组成

目前常见热轧板、带生产线的组成主要有三种形式：

(1) 由一台可逆式热轧机组成热轧厚板及热轧卷生产线。该形式的热轧板、带生产线是利用一台可逆热轧机反复轧制的方法生产厚板及热轧带卷。该形式的生产线又分两种类型：1）单机架单卷取热轧线；2）单机架双卷取热轧线。单机架热轧线的可逆式热轧机既充当热粗轧机，又用作热精轧机。因此，设备费用较少，但生产效率不高，产品表面质量较差。目前国内多数铝加工企业选用此种热轧生产线形式。

(2) 由一台可逆式热粗轧机和一台可逆式热精轧机组成热轧厚板及热轧卷生产线。此形式的热轧板、带生产线通称“1+1”，可同时生产厚板和热轧大卷。前一台可逆式热粗轧机将铸锭开坯至16~50mm；后一台可逆式热精轧机前后均带卷取机，可将开坯板材轧制成2~6mm厚度的带卷。该形式生产线设备的投资费用较热连轧形式的少，但工艺稳定性较差，适合铝加工企业的老线改造。如国内西南铝于1989年将一台2800mm四重可逆式热轧机改造成热粗轧开坯轧机；另一台2800mm四重可逆式冷轧机改造成双卷取热精轧机。对原两台轧机主要进行了以下改造：加大了热粗轧开口度，延长辊道，增设了乳液分段控制系统和清辊器；热精轧增加液压微调和AGC系统，液压弯辊装置，增大了乳液喷射量并采用分段控制，增设清辊器。通过这些改造提高了产品精度，改善了表面质量，同时提高了生产效率。

(3) 多机架构成的串列式半连续热轧生产线。该形式的热轧板、带生产线由1~2台可逆式热粗轧机和3~6台串列的不可逆热精轧机组成。铸锭经前面1~2台的可逆式热粗轧机，反复轧制若干道次形成板坯，再由后面3~6台串列的不可逆热精轧机组，经过一道次轧成所需要厚度，最后卷成带卷。其特点是工序少、产量大、效率高，

热轧带坯最薄为2.0~0.3mm，可充分利用热能，生产成本低，工艺稳定，易保证质量；同时，生产的热轧带材厚度薄、尺寸精度好、板形控制精度高等，尤其适用于大规模生产制罐料、PS板基、铝箔毛料等高精尖产品。但该形式生产线一次性投资大，不适合小批量生产。

3.2.1.2　热轧板、带生产线的布置

针对上述热轧板、带生产线的三种组成形式，其布置情况如下。

A　一台可逆式热轧机组成热轧厚板及热轧卷生产线的布置

a　单机架单卷取热轧线

卷取机一般布置在终道次的出口侧，根据卷取机的布置位置，又分为单机架单上卷取热轧线和单机架单下卷取热轧线，如图3-3、图3-4所示。

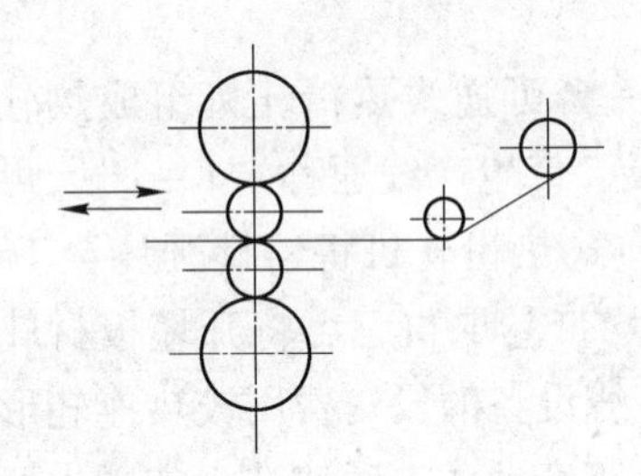

图3-3　单机架单上卷取热轧线

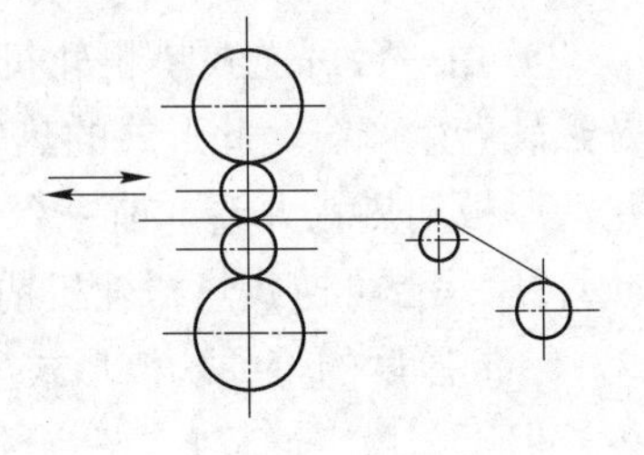

图3-4　单机架单下卷取热轧线

b　单机架双卷取热轧线

单机架双卷取热轧线根据卷取机的布置位置，又分为单机架双上卷取热轧线和单机架双下卷取热轧线，如图3-5、图3-6所示。

B　一台可逆式热粗轧机和一台可逆式热精轧机组成的热轧厚板及热轧卷生产线（“1+1”热轧生产线）的布置

a　“1+1”上卷式热轧生产线

“1+1”上卷式热轧生产线如图3-7所示。

b　“1+1”下卷式热轧生产线

“1+1”下卷式热轧生产线，如图3-8所示。

C　多机架构成的串列式半连续热轧生产线的布置

多机架热连轧生产线轧机一般都配有清刷辊，以改善带材表面质

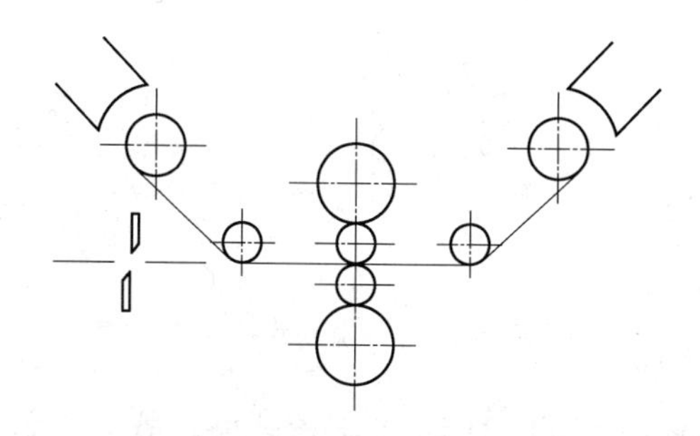

图 3-5 单机架双上卷取热轧线

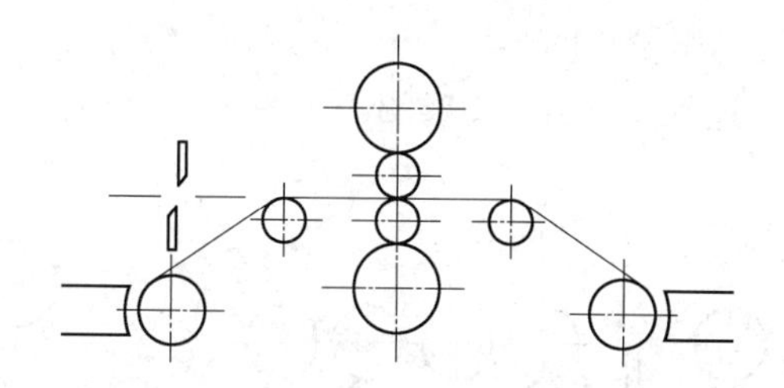

图 3-6 单机架双下卷取热轧线

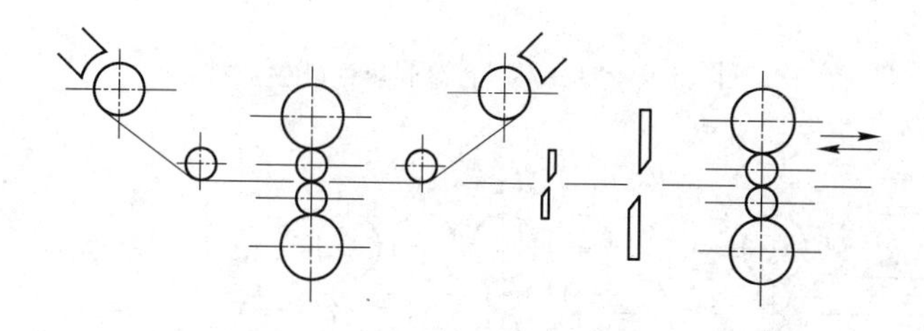

图 3-7 "1 +1" 上卷式热轧生产线

量；配有液压弯辊和液压 AGC，以改善板型和提高带材厚度控制精度；在轧机前后和连轧机之间配有乳化液冷却喷淋装置，控制带材温度；在精轧机上还配有 CVC、DSR、TP 等辊型控制方式，单点或多点扫描板凸度仪以及非接触式温度检测仪，同时还配有收集、监测、显示各种参数的自动管理系统。热粗轧机开口度不小于 600mm，产

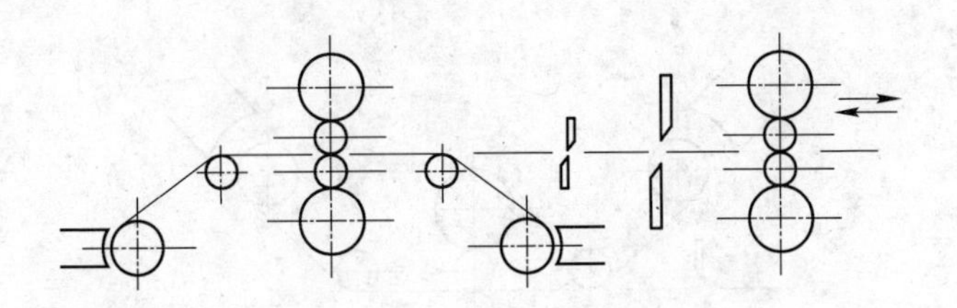

图 3-8　“1 +1”下卷式热轧生产线

出的热精轧板坯厚度 30 ~ 50mm；热精轧可轧最小厚度 2.0mm。多机架构成的串列式半连续热轧生产线的典型布置形式有：“1 +4”热连轧生产线和“2 +5”热连轧生产线。

a　“1 +4”热连轧生产线

“1 +4”热连轧生产线，如图 3-9、图 3-10 所示。

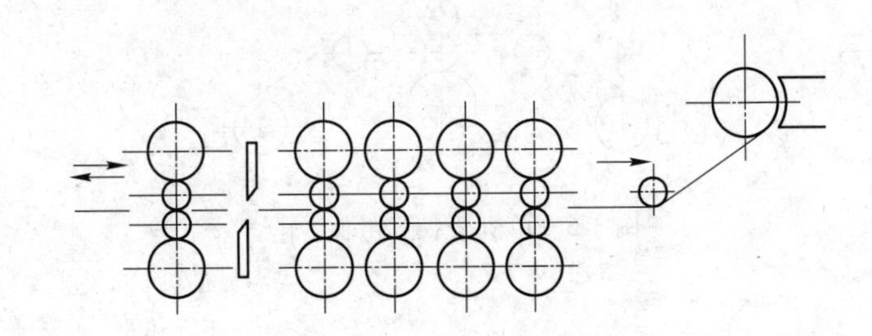

图 3-9　“1 +4”上卷取热连轧生产线

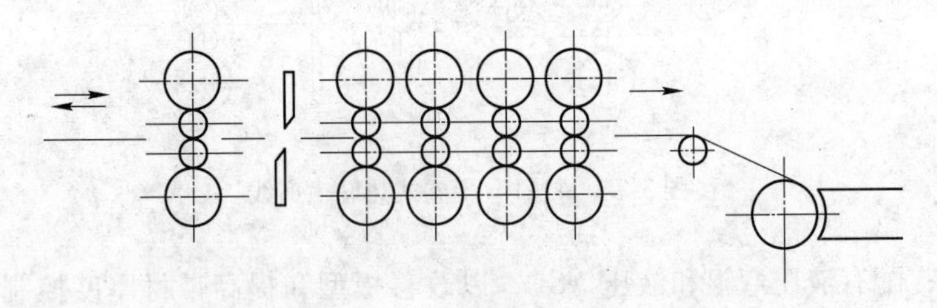

图 3-10　“1 +4”下卷取热连轧生产线

b　“2 +5”热连轧生产线

“2 +5”热连轧生产线，如图 3-11、图 3-12 所示。

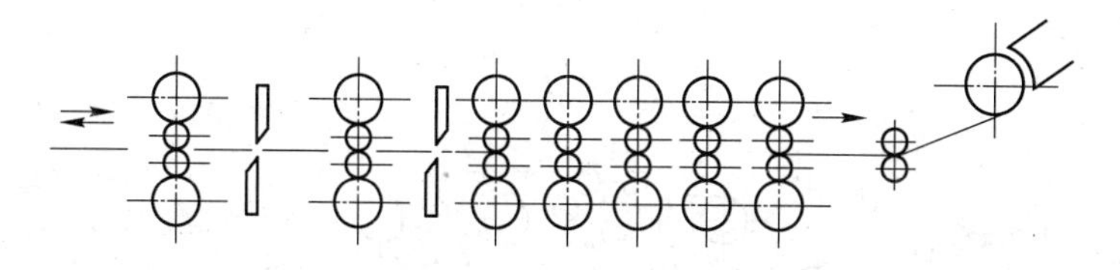

图 3-11 “2+5” 上卷取热连轧生产线

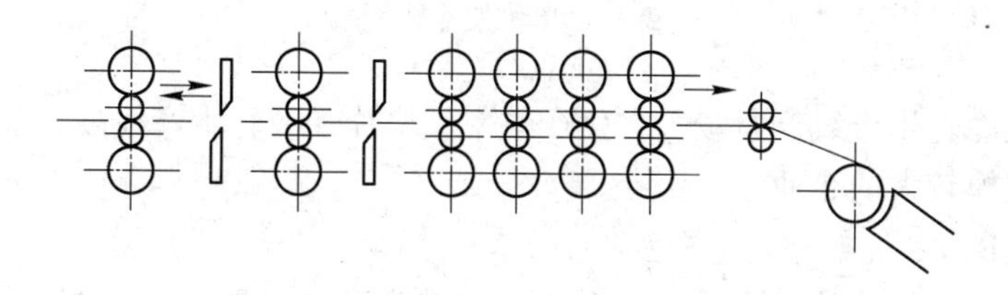

图 3-12 “2+5” 下卷取热连轧生产线

3.2.2 冷轧板、带生产线的组成与布置

3.2.2.1 冷轧板、带生产线的组成

常见的冷轧板、带生产线的组成主要有单机架冷轧生产线、双机架冷轧生产线和多机架冷轧生产线三种形式。先进的冷轧板、带生产线主要组成包括：上卷小车、开卷机、入口偏导辊、五辊张紧辊、轧机本体及辊系（包括工作辊、支撑辊）、出口导向辊或板形辊、卷取机、卸卷小车、上卸套筒装置及套筒返回装置、轧辊润滑与冷却系统、轧制油过滤系统、快速换辊系统、轧机排烟系统、油雾过滤净化系统、CO_2 自动灭火系统、卷材储运系统、稀油润滑系统、高压液压系统、中压液压系统、低压（辅助）液压系统、直流或交流变频传动及其控制系统、板厚自动控制系统（AGC）、板形自动控制系统（AFC）、生产管理系统，以及卷材预处理站等。

A 单机架冷轧生产线

单机架冷轧生产线又可分为单机架块片式冷轧生产线和单机架卷材式冷轧生产线（图 3-13）。单机架块片式冷轧生产线适用于规模小的铝加工企业或某些铝合金品种（如铝锂合金）的生产；单机架卷

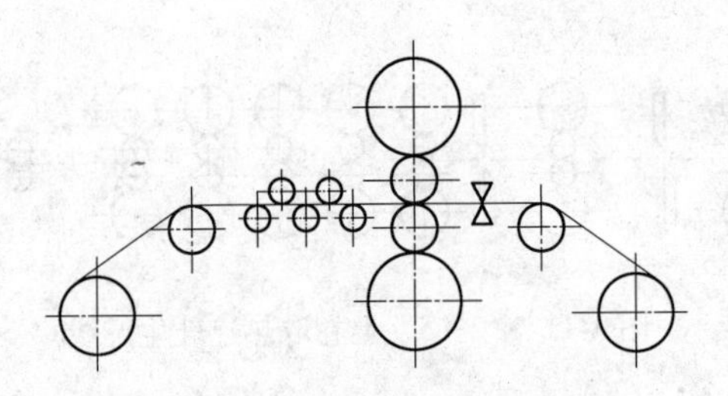

图 3-13　单机架冷轧生产线

材式冷轧生产线产量较大，生产效率较块片式冷轧生产线高，适合生产规模较大的企业。

B　双机架冷轧生产线

双机架冷轧生产线由两台冷轧机串列组成，属连续轧制生产线，一般采用卷式生产。其生产效率较单机架冷轧生产线高，但一次性投资较单机架冷轧生产线大。

C　多机架冷轧生产线

多机架冷轧生产线由两台以上的冷轧机串列组成，一般采用卷式生产。其生产效率较二机架高，但该形式生产线一次性投资较双机架冷轧生产线大，不适合小批量生产。

3.2.2.2　冷轧板、带生产线的布置

A　单机架冷轧生产线布置

单机架冷轧生产线多采用下卷取布置形式，轧机常采用四辊或六辊轧机。该生产线主要配置包括开卷机、入口偏导辊、五辊张紧辊、单机架轧机本体及辊系（包括工作辊、支撑辊）、出口导向辊或板形辊、卷取机及其相关的配套辅助设备，如图 3-13 所示。

B　双机架冷轧生产线布置

双机架冷轧生产线一般多采用下卷取布置形式，轧机常采用四辊或六辊轧机，并用两机架串列形式配置。该生产线主要配置包括开卷机、入口偏导辊、五辊张紧辊、双轧机本体及辊系（包括工作辊、支撑辊及中间三辊）、出口导向辊及板形辊、卷取机及其相关的配套辅助设备，如图 3-14 所示。

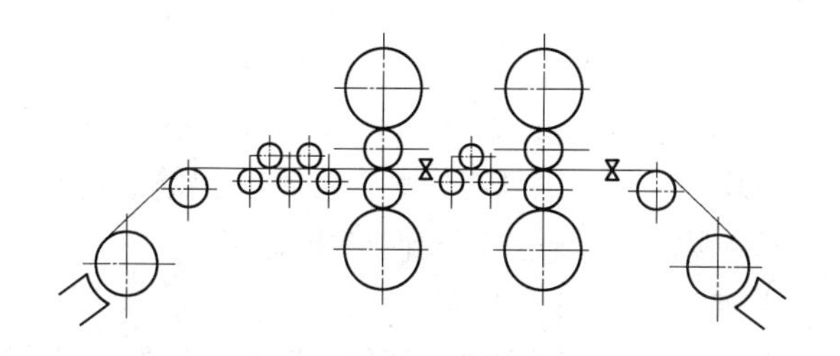

图 3-14　双机架冷轧生产线

C　多机架冷轧生产线布置

多机架冷轧生产线多采用下卷取布置形式，轧机常采用四辊或六辊轧机。该生产线主要配置包括开卷机、入口偏导辊、五辊张紧辊、多机架轧机本体及辊系（包括工作辊、支撑辊及中间三辊）、出口导向辊及板形辊、卷取机及其相关的配套辅助设备，如图 3-15 所示。

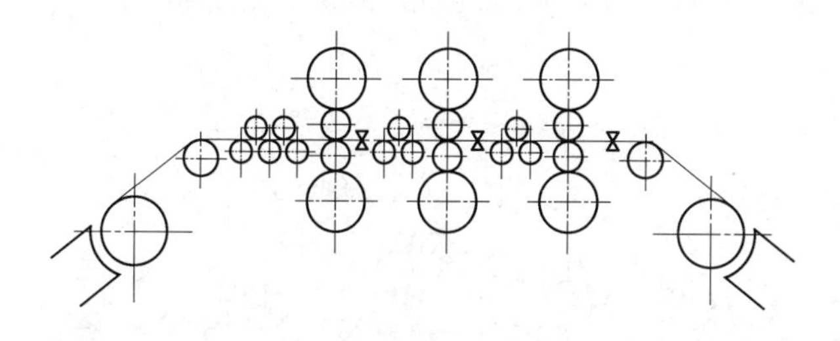

图 3-15　多机架冷轧生产线

3.2.3　铝箔生产线的组成与布置

3.2.3.1　铝箔生产线的组成

铝箔生产线一般采用单机架铝箔轧制生产线，多采用四辊轧机，且为不可逆轧制。先进的铝箔生产线主要设备组成有：上卷小车、开卷机、入口装置（包括偏转辊、进给辊、断箔刀、切边机、张紧辊、气垫进给系统等）、轧机本体与辊系（包括工作辊、支撑辊）、出口装置（包括板形辊、张紧辊、熨平辊和安装测厚仪的“C”形框架、卷取机、助卷器、卸卷小车、套筒自动运输装置等）、高压液压系统、中压液压系统、低压液压系统、轧辊润滑与冷却系统、轧制油过滤系统、快速换辊系统、排烟系统、油雾过滤净化系统、CO_2 自动灭火系统、稀油润滑系统、传动与控制系统、厚度自动控制系统（AGC）、板形自动控制系统（AFC）、轧机过程控制系统等。铝箔生产线根据生产工艺，分为铝箔粗中轧生产线、铝箔中精轧生产线、铝箔精轧生产线和铝箔万能轧生产线四种类型。

3.2.3.2　铝箔生产线的布置

铝箔生产线一般采用下卷取布置形式，根据铝箔轧制生产线类型，配置开卷机的数量有单开卷和双开卷。通常铝箔中精轧生产线、铝箔精轧生产线和铝箔万能轧生产线配有双开卷机。单张轧制铝箔最小厚度为0.01～0.012mm，厚度在0.01mm以下的铝箔要采用合卷叠轧。铝箔合卷有两种方式，可以在机外单独的合卷机上合卷，也可以在配有双开卷机的铝箔中精轧生产线或铝箔精轧生产线上合卷同时叠轧。高速铝箔中精轧生产线或铝箔精轧生产线通常都采用线外合卷。典型的铝箔生产线布置示意图，如图3-16、图3-17所示。

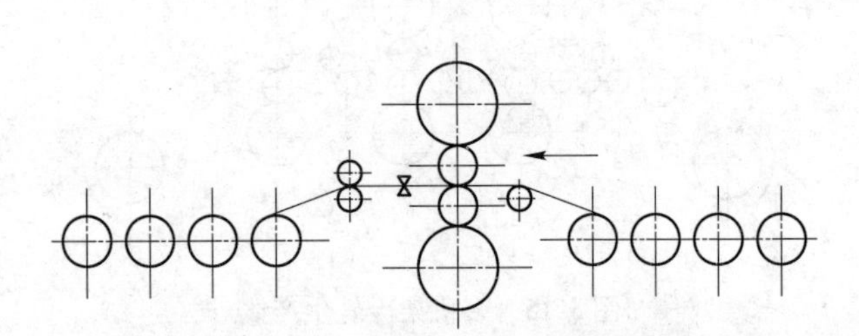

图3-16　单开卷四重不可逆铝箔轧机

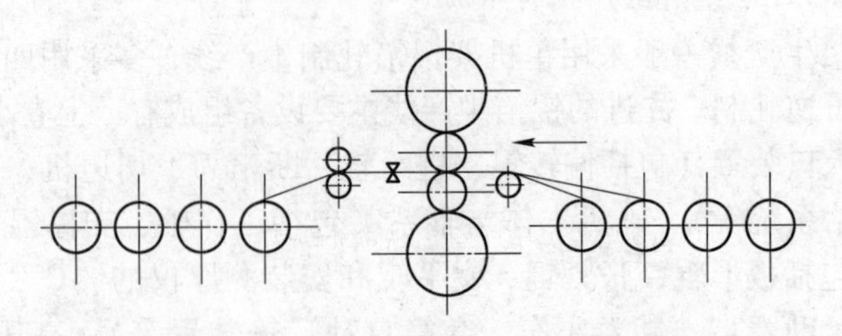

图3-17　双开卷四重不可逆铝箔轧机

3.2.4 连续铸轧和连铸连轧生产线的组成与布置

连续铸轧生产线的组成与布置见3.3.2节及图3-31、图3-32等。

连铸连轧生产线组成与布置见3.3.3节及图3-40、图3-41、图3-44、图3-46、图3-51等。

3.3 铝及铝合金板、带、箔轧制设备的结构特点及主要技术参数

3.3.1 热轧设备

3.3.1.1 铸锭铣面装置

A 铸锭铣床的结构和特点

铸锭铣面是在专用的设备上进行的，按铸锭放置方式分立式铣床和卧式铣床，立式铣床在控制铸锭楔形方面较差。

按铣面数量又分为单面铣、双面铣、单面带侧铣和双面带侧铣。单面铣在铣削过程中要翻一次面，生产效率较低；双面铣生产节奏快，但设备投入大，维护困难。

按有无润滑分为干铣和湿铣。湿铣是采用配比为2% ~20%的乳液进行润滑，铣削完要对铸锭表面除乳液处理，此种方式生产效率较低，表面易残留乳液；干铣是采用油雾润滑，其优点是表面清洁无油污，铣削完毕即可装炉加热。

现代铸锭铣床主要有立式单面铣、卧式单面铣和卧式双面铣三种结构形式，但无论是立式还是卧式，其结构基本相同，主要包括：主机（铣削装置、工作台等）、辅机（上料辊道、卸料辊道、翻锭机等）及配套设备（风机、吸排屑管道、破碎机、除尘装置、碎屑收集装置等）。图3-18和图3-19分别是典型的立式单面铣床和卧式双面铣床（不带侧面铣）主体结构图。

单面卧式带侧铣铣床是一种性价比较高的铣床，其特点是投入少、维护简单、效率高。单面卧式带侧铣铣床主要分为上料辊道、翻锭机、底座及拖板、测量装置、侧铣装置、主铣装置、吸屑破碎装置和下料辊道。

图 3-18 立式单面铣床

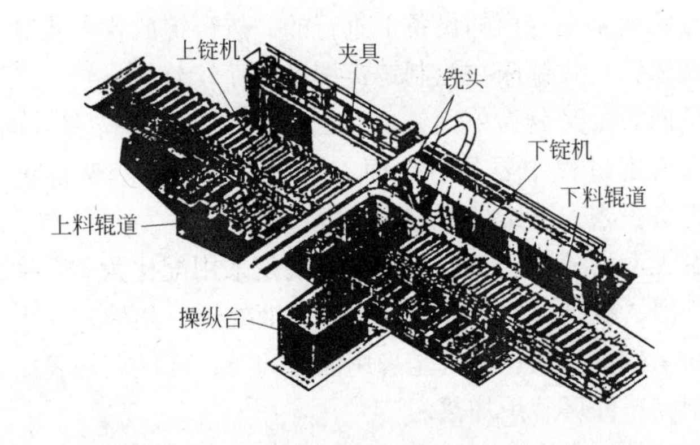

图 3-19 卧式双面铣床

（1）上料辊道。由一排辊道组成，电动机驱动，用于铸锭铣削前备料。

（2）翻锭机。由一个带夹紧装置的翻转机构构成。备料进入铣削时作为运输部分使用，当铸锭铣完一面后倒回到翻锭机，将铸锭翻转 180°（即铸锭下表面变为上表面），然后再对另一面进行铣削。

（3）底座及拖板。底座用于支撑铸锭在铣削时稳定在同一水平面运行；拖板用于防止碎屑等异物进入底座，影响底座位置精度。

（4）测量装置。多是由液压式高精度位置传感器构成，用于铸锭厚度和宽度测量，数据用于主刀和侧铣刀进刀量。

（5）侧铣装置。在操作侧和传动侧各配备一台小型铣削装置，用于铣削铸锭侧面。侧铣刀盘可以在垂直方向上作一定的角度调整（0°～20°），以适应不同断面铸锭的侧面铣削要求。

侧铣装置配置方式：图 3-20 是 480mm 厚普通结晶器和可调结晶器铸锭断面图。为了适应不同铸锭的侧面形状和控制侧面铣削厚度，减少铣边量，可根据铸锭形状调整侧铣刀盘倾角（通常 8°～12°），而实际调节范围达 0°～20°或选择与之相适应的侧铣装置配置方式，其中侧铣装置方式主要有图 3-21 所示的 3 种形式，这 3 种形式均需要通过铸锭翻转或旋转装置来实现两侧对称铣边。

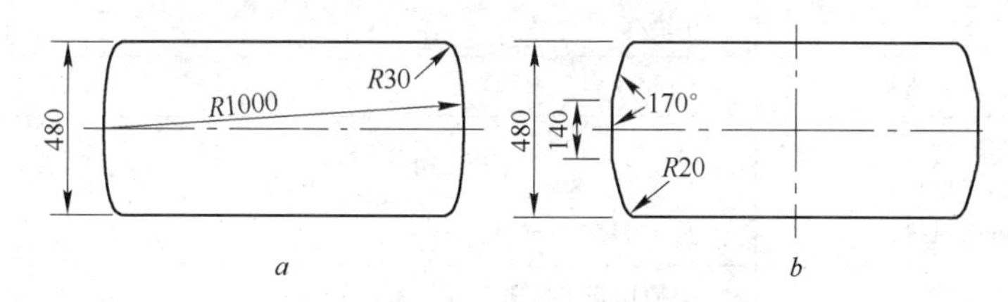

图 3-20 铸锭断面

a—480mm 普通结晶器；*b*—480mm 可调结晶器

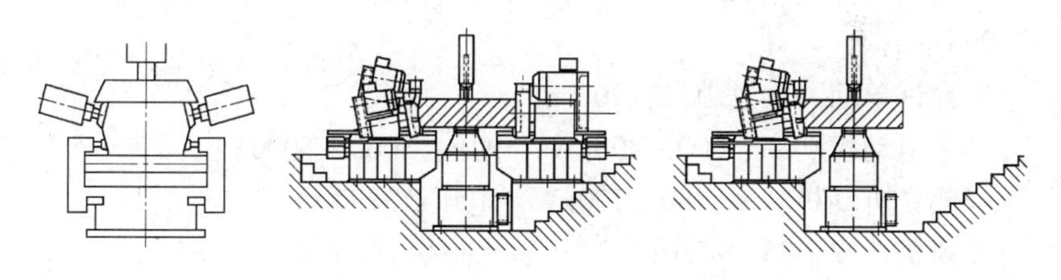

图 3-21 侧铣装置配置方式

（6）主铣装置。用于铸锭大面的铣削，由位于底座和拖板上方的铣刀盘等相关设备构成，是铣床的核心部分。

（7）吸屑破碎装置。用于铸锭铣面后碎屑的统一收集和破碎，便于收集运输。

（8）下料辊道。由一排辊道组成，电动机驱动，用于铸锭铣削后临时放置。

B 铸锭铣床的主要技术参数

表3-1为典型铸锭单面铣床的主要技术参数。

表3-1 典型铸锭单面铣床的主要技术参数

使用单位	南非 Hulett
制造单位	SMS DEMAG
型 号	EWK2400×6500 2k960 单面铣，带有1个水平面主铣刀和2个边部铣刀
铸锭规格	(900~2200)mm×(480~700)mm×(2700~6500)mm 铸锭最大质量25t
生产能力	6块/h
铣后表面质量	5μmRT
碎屑处理 碎屑量 风机风量	 最大30t/h 最大115000m^3/h
特殊功能	碎屑用辊子压紧

某现代化铸锭铣床的主要技术参数：

铣面铸锭规格：(400~620)mm×(900~1800)mm×(3500~7200)mm；

允许单面一次进刀量：20mm；

主电动机功率：600~900kW，电压：3000~6000V；

侧铣电动机功率：80~100kW，电压：380V；

风机功率：250~550kW，电压：3000~6000V；

碎屑机功率：250~550kW，电压：3000~6000V；

碎屑机能力：13~25t/h；

主轴转速：500~600r/min；

刀盘直径：2100~2300mm；

刀头冷却喷雾：4~6个喷嘴、自动脉冲方式、喷射量0.02L/min；

工作台进给速度：2~9m/min、可无级调速；

立式单面铣产量：300kt/a；

卧式双面铣产量：600kt/a。

3.3.1.2 铸锭加热（均热）装置

一般的铸锭加热炉有地坑式铸锭加热炉、链式双膛铸锭加热炉和推进式加热炉。传统的地坑式铸锭加热炉和链式双膛铸锭加热炉在加热时间和热效率以及装炉量等方面已经不能适应现代热轧规模化生产，目前，推进式加热炉应用比较广泛。

地坑式铸锭加热炉具有很好的均热功能；链式双膛铸锭加热炉主要是对铸锭进行加热；现代化的推进式加热炉具有均热和加热的双重功能（均热加热一体化）。把铝锭的加热和均热过程合在一起进行，是现代铝锭推进式加热炉最显著的功能特点。

A 铸锭加热装置结构特点

a 推进式加热炉的结构及功能

现代铝锭推进式加热炉基本上都采用价格低廉、资源丰富的天然气作为加热介质，热风强制循环对铝锭进行加热，比老式炉子的电加热方式热效率更高、更节约能源。

对热轧前的铝锭，热轧前先进行均热，均热过程完成后，启动冷却装置，随炉冷却到热轧所需的温度后进行保温，保温过程结束后，出炉热轧。

铝锭推进式加热炉由炉体入口侧上锭及翻锭装置、推锭装置、炉体出口侧取锭及翻锭装置、炉体、风机循环系统、燃烧系统、温控系统、液压系统、电控系统及相关辅助系统组成。加热炉一般分为5～7个区，每区可放5～6块铝锭。其炉内结构如图3-22所示。

b 推进式加热炉几个主要系统的技术特点

现代化推进式加热炉的风机循环系统、燃烧系统和温控系统在技术上有了很大的进步。铸锭的加热整体均匀性、天然气燃烧效率以及铸锭温度控制精度等方面有显著提高。铝锭推进式加热炉风机与烧嘴配置如图3-23所示。

（1）风机循环系统。

循环风机形式：多采用轴流式风机。

风机数量：每区一台或者两台。

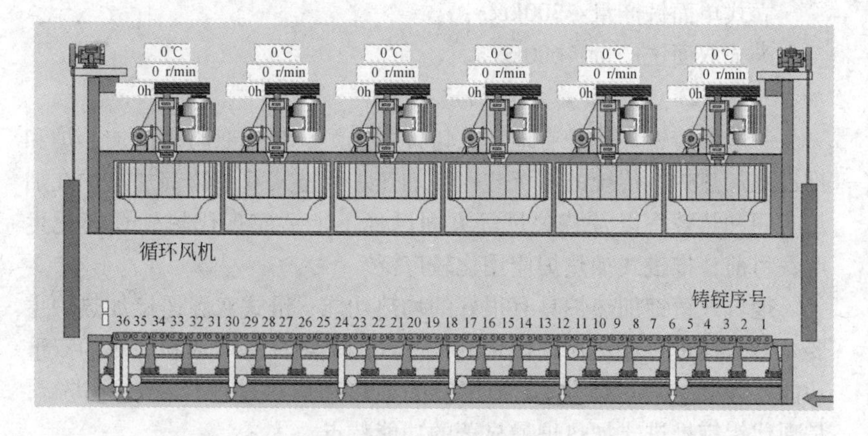

图 3-22　铝锭推进式加热炉剖面图

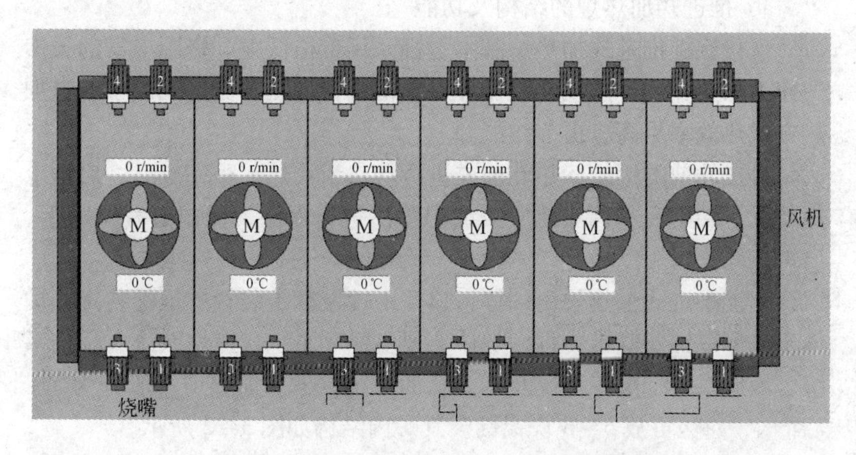

图 3-23　铝锭推进式加热炉风机与烧嘴配置图

风机布置位置：一般有两种布置方式。一种是把风机布置在炉体顶部；另一种是把风机布置在炉体的侧墙上。一般来说，风机布置在炉体顶部，加热速度稍快一些。

风机传动方式：有两种方式，一种是电动机直接传动风机；另一种是电动机通过皮带传动风机。风机可以正反转。

风机转速控制：有两种控制方式，一种是把风机转速分为两级控制，称为双速电机；另一种是采用变频调速控制。

风机的风量：70～80m^3/s。

风机的风压：1500～1800Pa。

炉内空气循环速度：35～45m/s。

风机最高使用温度：680℃。

通过应用风机均匀送风的原则，改变平导流板、垂直导流板、喷流系统及加热区隔板等的形状，并对喷流系统合理设计和布置，可调节和发送气流分布情况，提高炉膛内的温度均匀性，从而提高铸锭度的均匀性。

（2）燃烧系统。

烧嘴的布置位置：有两种布置方式，一种是把烧嘴布置在炉体顶部；另一种是把烧嘴布置在炉体的两个侧墙上。

烧嘴的数量分布：有两种分布方式，一种是炉子各区烧嘴数量均等；另一种炉子各区烧嘴数量不均等，炉子入口区的烧嘴数量多于其他各区烧嘴的数量。

各区烧嘴数量：一般为2～8个。

烧嘴火焰大小的控制：火焰的大小控制是通过专用调节阀调节烧嘴中天然气和空气的比例来实现。控制方式有两种，一种是把烧嘴火焰大小分为两级来控制，当天然气的流量为800m^3/h、空气的流量为75 m^3/h时，烧嘴火焰达100%；当天然气的流量为250 m^3/h、空气的流量为22 m^3/h时，烧嘴火焰达30%。另一种控制方式是把烧嘴火焰大小分为4级来控制，分为大火、中火、小火（长明火）、熄火。大火对应的火焰为100%，中火对应的火焰为30%～60%，小火（长明火）对应的火焰为5%，熄火时的火焰为零。

助燃风机：主要用于给炉内提供助燃空气。一般为每个加热区一台，也有整台炉子只用两台助燃风机的。

冷却风机：有两种方式。一种是随炉冷却时，助燃风机向炉内提供冷却空气，此时助燃风机相当于冷却风机；另一种是给整台炉子专门配置两台冷却风机。

吹扫装置：当烧嘴点火失败或烧嘴全部停止后，由吹扫装置将残留在炉内的天然气吹扫干净，以确保加热炉安全运行。

通过应用迎风燃烧混合技术的开发，使喷流加热既缩短了加热时间又避免了铸锭在此加热过程中边部过烧，而且特定的燃烧角度使得天然气燃烧效率最大化，燃烧效率得到提高。

（3）温控系统。

测温热电偶的配置：测温热电偶分区配置，一般每区配置四支热电偶，其配置方式有两种。第一种是两支用于测量炉气温度的热电偶配置在炉体的两个侧墙上，一支用于测量铝锭温度的热电偶配置在炉体的底部，还有一支用于高温报警的热电偶配置在炉体的顶部。第二种是两支用于测量炉气温度的热电偶和一支用于测量铝锭温度的热电偶都配置在炉体的底部，一支用于高温报警的热电偶配置在炉体的顶部。通常在炉子的出口区多增加一支测量铝锭温度的热电偶。

测量铝锭温度的热电偶：采用气动伸缩式热电偶测温时，热电偶的针头自动伸出与铝锭表面接触，测温完毕后，热电偶的针头自动缩回离开铝锭表面。测温间隔时间一般设为3～6min。热电偶的测量精度为±1℃。

炉内温控方式：采用温差比例控制。

均热后的降温过程：采用转定温控制。

B　铸锭加热装置的主要技术参数

（1）地坑式铸锭加热炉和链式双膛铸锭加热炉装置的主要技术参数见表3-2。

表3-2　地坑式铸锭加热炉和链式双膛铸锭加热炉的主要技术参数

名　称	地坑式铸锭加热炉	链式双膛铸锭加热炉
使用单位	东北轻合金有限责任公司	东北轻合金有限责任公司
设备制造	原苏联	
加热方式	电加热720kW	电加热2×850kW
铸锭规格/mm×mm×mm	300×1550×5680	300×1050×2300
炉膛尺寸/mm×mm×mm	3250×2400×7600	每个膛400×2040×22745
装　炉　量	6块共30t	2×16块

续表 3-2

名称		地坑式铸锭加热炉	链式双膛铸锭加热炉
工作温度/℃		480～500	480～500
典型加热周期	1×××系	加热 10h，保温 19h	加热 5～8h
	2×××系		加热 4.5～6h
	3×××系		加热 6～8h
	5×××系	加热 6h，保温 41h	加热 5～8h
	6×××系	加热 8h，保温 41h	加热 5～8h
	7×××系	加热 6h	加热 6～8h

（2）某厂铝锭推进式加热炉主要技术参数如下：

炉气最高温度：680℃；

工作温度范围：450～620℃；

加热时间：8h；

炉气温差：±5℃；

铸锭温差：±3℃；

炉子热效率：不小于 70%；

铝锭推进周期：4～6min；

炉子外壳温升：25℃；

风机噪声：85dB；

加热时生产能力：35～45t/h；

均热时生产能力：15～25t/h。

（3）某种双膛炉的主要技术参数如下：

有效工作空间（长×宽×高）：21800mm×3140mm×568mm；

铸锭规格（厚×宽×长）：(290～340)mm×(1260～1560)mm×(1085～4000)mm；

加热区数：每膛 5 个区；

加热区长度：Ⅰ区：3790mm；Ⅱ区：4232mm；Ⅲ区：5177mm；Ⅳ区：4458mm；Ⅴ区：4103mm；

炉气温度范围：300～650℃；

工作温度（指工件温度）：300～550℃；

出料端加热工件允许温差：±10℃；

最大装锭质量：34000kg。

3.3.1.3　轧辊磨床

轧辊磨床结构大多比较相似，根据磨床生产厂家的不同，形式上有一定差异，主要在控制精度和部分功能上不同。

A　轧辊磨床的结构及特点

轧辊磨床一般由床头、床身、层座、砂轮头及控制系统、液压系统、冷却系统组成。

现代全自动数控轧辊磨床的主要技术特点如下：

(1) 能够磨削各种曲线的辊形，包括抛物线、正弦曲线、CVC曲线辊形以及单锥辊、双锥辊、辊身端部的倒角等。

(2) 具有在线自动检测的功能。检测的内容包括辊径、辊形曲线、圆度、圆柱度、同轴度、辊身表面裂纹等。

(3) 可以实现带箱磨削。轧辊可以带轴承箱上床进行磨削，对于铝加工使用的轧辊，一般都采用不带箱磨削。

(4) 轧辊上床之后具有自动“找正”的功能。

(5) 床头面板（拨盘）具有“自位”功能。在磨削过程中，通过床头面板的微小摆动来自动校正轧辊的位置。

(6) 磨床具有软支撑装置。为了防止轧辊上床时的磕碰现象，现代轧辊磨床都设计了可升降性的软支撑装置，升降高度50～80mm，也有人称之为“软着陆”装置。

(7) 砂轮在磨削过程中具有随磨削曲线自动摆动的功能。摆动的角度为1°，主要是为了在磨削过程中使砂轮与辊面保持垂直接触，以提高磨削效率。具有这种功能的磨床，在磨削带弧度的轧辊时，可使磨削效率提高30%以上。

(8) 砂轮自动平衡的功能。

(9) 磨削凸凹度的范围大，凸凹度的范围在直径方向可达±3mm。

(10) 现代轧辊磨床精度高。X轴和Z轴的分辨率可达0.1μm，自动测量装置的检测精度可达±0.1mm，可以磨削出高次函数的高精度的CVC曲线。

B 轧辊磨床的磨削质量水平及检测仪器精度

a 磨削后辊身尺寸精度

圆柱度：不超过 0.002mm/m；

同轴度：不超过 0.002mm/m；

圆度：不超过 0.002mm；

凸凹度曲线精度：±0.002mm/m；

辊身凸凹度曲线中心点相对于轧辊中心点的偏差：不超过 0.02mm。

b 磨削后的辊身表面质量

辊身表面任意点的粗糙度相对于目标值的偏差：±10%；辊身表面不允许有振纹、横波、辊花、螺旋痕以及其他可视的表面缺陷。

c 检测仪器精度

现代轧辊磨床除本身测量装置以外，通常还配有涡流探伤仪、硬度计、粗糙度仪等检测仪器，其检测精度如下：

磨床本身测量装置的检测精度：±0.1μm；

肖氏硬度计的检测精度：±2%；

粗糙度仪的检测精度：±5%；

涡流探伤仪：能探测到的裂纹深度超过 0.05mm；能探测到辊面任意方向长度不大于 3mm 的裂纹。

C 轧辊磨床的技术参数

轧辊磨床设备的主要技术参数见表 3-3。

表 3-3 轧辊磨床设备的主要技术参数

项 目	数控轧辊磨床	WsⅡa55 轧辊磨床（联邦德国）
磨削的最大轧辊直径/mm	1000	1500
磨削的最小轧辊直径/mm	100	200
最大轧辊质量/t	25	55
砂轮尺寸/mm × mm × mm	900 × 100 × 305	900 × 90 × 305
床身顶尖最大中心距/mm	6000	6500
砂轮架无级变速/mm · min^{-1}	50 ~ 4000	60 ~ 3000

续表 3-3

项　　目		数控轧辊磨床	WsⅡa55 轧辊磨床（联邦德国）
砂轮进给量/mm		500	650
电动机快速横动/mm · min^{-1}		400	400
手轮手动微调量		0.001mm/格	0.0125mm/r
手轮手动粗调量			0.25mm/r
电动机连续进给/mm · min^{-1}			0.0135 ~ 0.34
电动机精磨进给/mm · s^{-1}			0.0125 ~ 0.075
床头驱动电动机	功率/kW	45	11
	转速/r · min^{-1}	1000 ~ 2000	960
砂轮驱动电动机	功率/kW	55	37
	转速/r · min^{-1}	1000 ~ 2000	720 ~ 1800
齿轮箱驱动电动机	功率/kW		6.26
	转速/r · min^{-1}		24 ~ 1200
尾座快速移动电动机	功率/kW		2.2
	转速/r · min^{-1}		1400
砂轮主轴润滑电动机	功率/kW		0.37
	转速/r · min^{-1}		2750
床面轨道润滑电动机	功率/kW	0.37	0.55
	转速/r · min^{-1}	1400	1380
快速横向进给电动机	功率/kW		1.29
	转速/r · min^{-1}		1400
连续精磨进给电动机	功率/kW		0.12
	转速/r · min^{-1}		20 ~ 2000
磨削液泵电动机	功率/kW		2.2
	转速/r · min^{-1}		1420
鼓形过滤器电动机	功率/kW		0.13
	转速/r · min^{-1}		1400
顶尖角度/(°)		75	75

3.3.1.4 热轧机

热轧机是热轧的核心设备。热轧机种类较多，按轧辊数量分为两辊轧机和四辊轧机；按卷取方式可分为："二人转"轧机、二辊轧机、单卷取轧机和双卷取轧机；按机架数量又可分为单机架轧机、热粗轧 + 热精轧机（即 1 + 1）和热粗轧 + 热连轧机（即 1 + 3、1 + 4、1 + 5 等）。现代化高精尖铝热轧卷产品主要依靠热粗轧 + 热连轧方式生产，目前在热轧卷生产方面逐渐取代老式热轧机，但是现代化的厚板生产依然多采用单机架四辊可逆轧机，随着设备及控制技术的发展，四辊可逆式轧机的精度也得到大幅提升。

铝热连轧机生产方式具有生产节奏快、工艺稳定、工序少、产量大、生产效率高以及能耗低等特点，能有效地降低生产成本，轧制后的带坯厚度小，厚度、板形和凸度精度高，产品表面质量高，是其他热轧生产方式无法比拟的，特别适用于大规模生产制罐以及优质铝箔坯料等高精度产品。热连轧的终轧厚度可达 2mm，生产能力 30 ~ 70 万吨/a。

A 铝热连轧主体设备的组成

在铝热连轧生产线中，通常把 1 台粗轧机后面跟 3 台或 4 台热连轧机的配置方式简称为"1 + 3"或"1 + 4"。铝热连轧机的主体设备通常包括辊道运输系统、立辊轧机、热粗轧机、厚板剪切机、薄板剪切机、热连轧机、切边碎边机和卷取机，其平面配置如图 3-24 所示。

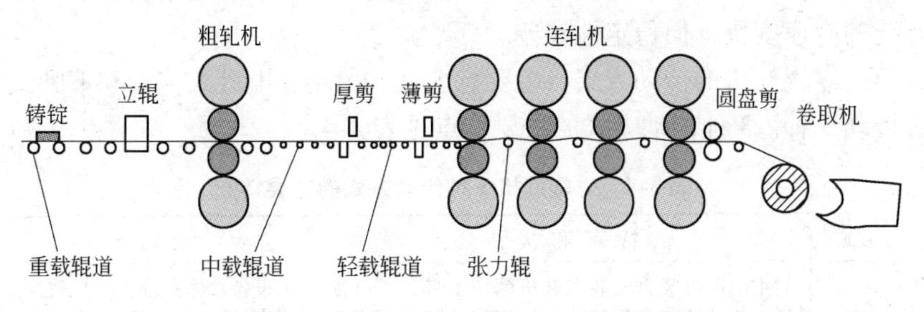

图 3-24 铝热连轧主体设备平面配置简图

a 辊道运输系统

辊道用于铸锭或板坯的运输，如图 3-24 所示，为了节约投资、节省设备投入，根据轧制过程中辊道所在位置承载的质量，分别设计有重载辊道、中载辊道和轻载辊道三种。

根据主机所能轧制的铸锭的质量和规格设计合理的辊道长度、辊道直径和辊道间距。辊道长度一般是工作辊辊面长度 ±100mm 之内；辊道直径和间距根据辊道所在位置承受的质量、冲击力和辊道长度等因素确定，重载辊道直径为 300～500mm，中载辊道直径为 200～400mm，轻载辊道直径为 100～200mm，各型辊道间距一般控制在 600～850mm 之间。铝热轧过程中，既要保证辊道粗糙度不能过高产生粘铝，又要保证辊道有足够的摩擦使辊道在运输铸锭过程中不出现打滑，通常辊道粗糙度控制在 0.6～1.0μm 之间。在轧制过程中为了保证铸锭及板坯表面质量，一般设计辊道呈一定倾斜度，通常采用 1/(30～40) 的倾斜度。

b 立辊轧机

立辊轧机主要由立辊牌坊、立辊、压下系统、传动系统等组成。

立辊轧机的主要作用：辊边改善边部组织、限制轧件宽展、控制轧件宽度。

立辊轧机的主传动：采用交流变频传动。

立辊轧机的能力：立辊轧机的最大压下量可达 50mm，辊边厚度一般都在 100mm 以上。

立辊轧机的压下方式：有电动丝杆压下和液压压下两种方式。前者为传统技术，系统响应速度慢，但稳定性好；后者为较新技术，系统响应速度快，但稳定性较差。

立辊轧机的传动方式：主要有上立式传动、上卧式传动和下卧式传动 3 种。3 种传动方式的主要特点见表 3-4。

表 3-4 立辊轧机 3 种传动方式的主要特点

方式	特点和优点	缺点
上立式传动	主电动机竖直安装在轧机牌坊上部，主电动机的传动轴和立辊的传动轴直接连接，不需要中间齿轮传动装置，系统摩擦力小，传动性能好，可采用液压压下方式	设备总体高度大，导致厂房高度增加，基建投资增大，设备维护检修困难，换辊麻烦
上卧式传动	主电动机水平布置在机架上方，主电动机和立辊传动轴之间需要人字齿轮传动装置；可采用液压压下方式	设备维护检修困难，换辊麻烦，系统摩擦力较大

续表 3-4

方式	特点和优点	缺点
下卧式传动	主电动机水平布置在地面下，需要人字齿轮传动装置；设备维护检测非常方便，换辊方便，设备造价较低，一般采用电动压下方式	传动系统摩擦力大，系统响应速度慢，齿轮箱检修不方便，工作环境卫生条件差

立辊轧机的配置距离：该距离是指立辊轧机与热粗轧机之间的距离，分为近距离配置、远距离配置和中间距离配置。近距离配置是指立辊轧机与粗轧机之间的距离小于辊边道次中轧件的最小长度。远距离配置是指立辊轧机与粗轧机之间的距离大于辊边道次中轧件的最大长度。中间距离配置则处于前两者之间。它们的主要特点见表 3-5。

表 3-5 立辊轧机配置距离的主要特点

方式	优点	缺点
近距离配置	在任一辊边道次立辊轧机都和粗轧机形成连轧；轧制过程比较稳定，轧制节奏快，效率高，轧件表面温降损失小	设备维修检修困难；立辊轧机和粗轧机要具备连轧控制功能，设备投资略有增加
中距离配置	可能会出现辊边道次中轧件的最大长度略大于立辊轧机与热轧机之间的距离，而产生短时间的连轧现象	由于立辊轧机距热轧机的距离比较大，辊边道次中轧件在辊道上运行的距离比较长，轧制节奏减慢，轧制效率降低，轧件表面温降增大
远距离配置	设备维护检修比较方便；立辊轧机和粗轧机之间不形成连轧，不需要连轧控制功能，设备投资略有降低	轧制节奏慢，轧制效率低，轧件表面温降损失大

c 热粗轧机

热粗轧机作为一台独立的轧机，既可单独生产厚板，也能为精轧机提供坯料，甚至将粗轧和精轧功能集于一身，可以直接生产热轧卷材成品。

目前，为适应大铸锭的轧制，粗轧机的最大开口度可达 700mm 以上，道次最大压下量可达 50mm 以上。粗轧机一般不配置测厚仪、凸度仪和板形仪，通常只配有温度检测装置。现代化的粗轧机的轧制过程控制采用最先进的神经元网络技术。该技术最突出的特点是具有自学习自适应的功能，在轧制过程中，可以实现道次之间、每块料之间、每批料之间的自学习自适应，从而使得整个轧制过程成为不断优化的过程。

粗轧机在设备配置上因功能和工厂条件不同有一定差异，如有些粗轧机配有测厚仪，但其基本配置由轧机机架、工作辊、支撑辊、压下装置、推上装置、出入口卫板、出入口对中导板、入口铸锭升降回转装置、弯辊系统和传动系统等组成。

（1）轧机牌坊。轧机机架通称轧机牌坊，是轧机工作机座的骨架，它承受着经轴承座传递来的全部轧制力，因此要求它具有足够的强度和刚度。从结构上看，还要求机架能便于装卸轧机上的各部分零件，以及具备快速更换工作辊和支撑辊的特性。粗轧机的刚度一般为500～800t/mm。

机架由两片整铸机架、上横梁、下横梁、轨座等组成。

在换辊侧机架的外侧安装了轧辊轴向液压锁紧挡板装置，防止轧制时轧辊轴向窜动。传动侧机架外侧安装了液压接轴抱紧装置。机架的上横梁用于安装压下装置、平衡装置、平台与走梯等。

机架下部由下横梁连接，窗口平面安装抬升装置、阶梯垫下辊标高调整装置等。

轧机主传动接轴设置有抱紧机构，用于换辊时托住接轴。

设置有轧机主传动接轴平衡装置。上下传动接轴各用1个液压缸平衡。

（2）工作辊。工作辊是轧机在工作中直接与轧件接触并使金属产生塑性变形的重要部件，它将直接影响板坯的表面质量。工作辊的特点：工作时承受全部的轧制力和轧制力矩以及铸锭的冲击载荷；必须在高温条件下以及大范围温度变化条件下工作，由于轧件温度较高，与较低温度的冷却乳液相互作用易产生龟裂和裂纹；为了保证板坯表面质量始终优良，粗轧轧辊在工作一周左右要送到轧辊磨床间进行磨削，其使用寿命与工作辊淬火层厚度、工作换辊频率和每次磨削量有关。

工作辊的直径选取主要考虑以下两个方面：一方面，工作辊直径越大，越利于轧件咬入，道次压下量可增大，道次数可以减少；但是随着工作辊直径的变大，在相同压下条件下，变形区越大，致使轧制力越大，就需要更大的轧机机架，投入增大；另一方面，随着工作辊变小，轧制压力变小，可以用更小的轧机机架，但是咬入条件下降，道次最大压下量减小，要增加道次数，单块铸锭轧制时间就要增加，势必影响设备产能。

（3）支撑辊。支撑辊主要用于抵抗由轧制力造成的辊系弯曲变形。由于其主要用于承受较大的轧制压力和弯曲变形，所以支撑辊直径一般是工作辊直径的1.5~2.0倍。

下支撑辊抬升装置主要由液压缸、带滑板的轨道梁、导向键、压块等组成。四个液压缸分别设置在轧机机架操作侧、传动侧的外侧面。四个液压缸共同抬升装有滑板的轨道梁，轨道梁由在机架窗口内侧的导向键导向，使轨道梁上下运动，实现下辊系升降。轨道梁与液压缸的支点处装有调整垫片的垫块，当抬升轨道梁与机架外的支撑辊换辊轨道对齐接平时，液压缸锁定，此时即更换支撑辊状态。轧制时，轧辊抬升装置的轨道梁落到最低位置，与下支撑辊轴承座不接触，因此不承受轧制力。

（4）压下装置。热粗轧通常采用电动压下装置，这种方式在粗轧大压下、长行程时运行速度较快，但电动压下装置控制反应速度慢、控制精度低，不能生产尺寸精度要求高的热轧铝板带材，只能生产厚板和为连轧提供板坯。

压下装置由电动机、蜗轮减速机、压下螺丝、压下螺母、液压AGC装置等组成。

两台压下电动机通过蜗轮减速机带动压下螺丝转动实现辊缝调节。通过电磁离合器可脱开同步轴进行单侧压下调整，以保证辊缝调平。压下减速机为尼曼蜗轮。压下螺丝上部为花键，与压下减速机蜗轮的内花键套啮合；压下螺丝下部装有轧机专用压下止推轴承，通过承压垫与AGC缸相连。安装有压下指示系统，可直接显示压下量。

（5）推上装置。现代化的热粗轧采用电动压下快速预设辊缝值并结合高精度液压AGC推上缸调节系统，大大提高了对板厚的控制速度和精度。

（6）出入口卫板。出入口卫板主要用于在粗轧轧件产生翘头时保护设备和作为乳液喷射的支架。

(7) 出入口对中导板。该设备由推板、推杆装置、液压缸等组成。推板与铝坯的接触面设有导轮。

推板设有两个推杆装置，以保证推板作水平移动；推杆装置由上推杆、下拉杆、箱体、同步齿轮齿条和同步轴组成；在上推杆、下拉杆上均安装有齿条，同步齿轮同时与上下两根齿条相啮合，保证两推杆同步动作，导板安装在上推杆上。同步轴和同步齿轮齿条装置实现推板同步动作。对中液压缸通过同步轴和同步齿轮齿条动作，带动传动侧和非传动侧推板同步并对称轧制中心线靠拢，实现对中。后退液压缸通过同步轴和同步齿轮齿条动作，带动传动侧和非传动侧推板同步并对称轧制中心线打开。推板开口度由液压缸上的位置传感器检测，具有开口度定位控制功能。空气吹扫集管位于导板凸缘，用于吹扫铸锭、铝板表面的乳液。

在推杆下部有托辊及导向辊，上部设有压辊，保持推杆运行稳定。导板、推杆、箱体等采用焊接钢结构件。

带喷嘴的乳化液喷射梁布置在导板上部，乳液由四辊可逆轧机乳液系统提供。

带喷嘴的空气吹扫装置集管布置在导板下部。

(8) 弯辊装置。在现代铝热连轧机列中，由于粗轧机在轧制宽合金料时轧制力较大，而轧制对辊系的挠度比较大，所以，粗轧机一般配备正弯辊装置。由于粗轧轧辊直径较大，且粗轧板坯较厚，弯辊力对板形的影响非常有限。

(9) 换辊装置。换辊装置采用电动换辊小车进行轧辊更换。

换辊小车由车体、电动机、减速机等组成。换辊小车通过电动机、减速机带动齿轮齿条实现行走运动，小车上装有可以与机架固定轨道对齐的换辊轨道与齿条。换辊小车通过齿轮、齿条的啮合，在小车换辊轨道上行走，将辊子从机架中推进、拉出。换辊小车由电缆卷筒进行供电。

在更换支撑辊时，电动机小车首先将下支撑辊从机架中拉出，支撑辊换辊时用支撑辊换辊支架，换辊支架是一种换辊辅助用具，换辊时落在下支撑辊轴承座上，它可使上下支撑辊结合成一体，由换辊小车将上下支撑辊推进、拉出机架。

更换工作辊时，原理同上，工作辊落在下支撑辊上，被换辊小车推进或拉出机架。

（10）传动系统。

主传动：可采用同一电动机经齿轮箱同时传动工作辊，也可采用两个电动机分别传动工作辊。工作辊单独传动的优势是可以在轧辊辊径差较大时保持上下辊有相同的线速度。目前多采用交流变频传动，已取代传统的庞大而复杂的直流电动机传动。

轧机主传动系统安装在主电动机与轧机工作辊之间，用来传递轧制力矩。

上、下万向接轴的中间轴上各设置了一处平衡点，平衡装置使其上、下万向接轴位置变动时处于平衡状态。该平衡装置按单支点平衡设计。万向接轴由一端滑块，一端十字轴组成。

设备组成及结构特点：

主传动装置由万向接轴、平衡装置、准确停车装置、液压配管、干油润滑配管等组成。

上、下万向接轴的中间轴上各设置了一处平衡点。平衡装置使其上、下万向接轴位置变动时处于平衡状态。主传动系统采用两根万向接轴分别直接传动上、下工作辊。万向接轴由辊端滑块式万向节、中间轴、电动机轴端十字轴式万向节三部分组成，传递电动机输出转矩轧制板坯。万向接轴与轧机工作辊采用扁头轴与带有衬板的扁口孔连接，倾斜角变化时的伸缩在此扁头套内完成。万向接轴与电动机输出轴端法兰及中间过渡轴法兰均采用端面键螺栓把合装配、传递转矩。

主动轴端万向节（电动机端）采用SWZ型整体轴承座式十字万向节、从动轴端万向节（轧辊端）采用滑块式万向节，十字包采用专用高强度螺栓与法兰接头预应力装配。

主传动轴中各接头法兰、扁头套等采用合金钢。衬板为耐磨铜材料。

主传动轴平衡装置采用柱塞液压缸单支点平衡，上柱塞缸采用“杠杆原理”，通过一连杆机构实现上接轴的平衡，下柱塞缸直接支撑在剖分式滚动轴承上，实现下接轴的平衡。与上、下接轴的连接采用剖分式滚动轴承，共两件。连杆机构为框架式焊接结构，包括两个柱塞缸、支座、连杆和附件等。

主传动系统中设有准确停车装置，保证扁套停在正确的换辊位置。

d 厚剪和薄剪

一般把厚板剪切机和薄板剪切机简称为厚剪和薄剪（或称重型剪和轻型剪）。在轧制过程中，铝铸锭经多道次轧制后在头尾易产生张嘴，较大的张嘴在咬入后会出现分层现象，剪切机主要是用来剪切铝板坯头尾张嘴。而在厚板生产时，厚剪的主要作用是切头、切尾和中断。中断是把一块较长的厚板坯从中间切断，分成两块轧制或两块及两块以上的成品。

剪切方式：采用浮动剪切方式，它又分为上切式和下切式。前者是上剪刃上升压住板坯，下剪刃往上运动实现剪切的方式；后者是下剪刃上升压住板坯，上剪刃往下运动实现剪切的方式。两者都能减小剪切板坯对辊道的冲击力，下切式还能减小剪切时板坯对辊道压力。

驱动方式：剪刀的驱动方式有液压式和电动式两种，通常把液压驱动的剪切机简称为液压剪；把电动机驱动的剪切机简称为机械剪，它们的主要特点见表3-6。

表3-6 机械剪和液压剪的特点

方式	优点	缺点
机械剪	动作快，可连续剪切，耗能小	设备投资大
液压剪	设备投资少	动作慢，不能连续剪切，耗能大

液压复合剪切机本体主要组成部分：机架装配、压紧装置、上下刀架剪刃间隙调整、托辊、机上配管、润滑及空气吹扫、平台扶梯等。

工作原理：上刀架液压缸通过曲柄连杆机构，带动上刀架运动，下刀架直接由液压缸驱动进行剪切。

剪切机机架为焊接结构，内部安放装有刀座的导向架，通过焊接式的上下横梁连在一起。出口侧下横梁处设废料槽和乳化液收集槽。

上下刀架为焊接或铸钢结构，装在导向架内，用于安装剪刃。导向架安装在剪切机机架内。

上刀架由液压缸带动曲柄连杆机构进行动作，下刀架直接由液压缸驱动。下刀架的上部装有可更换的耐磨衬板（铜质材料）。

剪刃材质为特殊合金钢，剪刃衬板为耐磨铜滑板。剪刃及剪刃衬板通过螺栓把合在刀架上。上下剪刃各有4个可更换的刃口。上剪刃倾斜，下剪刃平直。

压紧装置安装在横梁上，其下部的压头与下工作台的开口度为450mm。待剪铝板进入剪切位置，辊道停止运转后，压紧装置的液压缸动作，使压头将铝板压紧在下刀架的刃台上，以便于剪切。

剪刀机上配管包括液压配管、干油润滑配管和乳化液配管。轴承和导向架为集中干油润滑，剪刃为乳化液润滑。剪刃间隙通过信号输入，由电动机经传动系统带动斜面机构进行调整。空气吹扫装置由集管、喷嘴、阀等组成，用于吹除铝板表面残余的乳化液。

e 热精轧机

热精轧机将热粗轧机提供的坯料制成热轧卷成品。根据粗轧后配置的精轧机机架数量分为单机架精轧和多机架串联精轧（连轧）。多机架精轧主要由3~6个机架轧机、张力辊、切边碎边机、卷取机、传动系统和检测系统等构成。在设置配置方面，单机架精轧与连轧相比，没有机架间张力辊及其控制，多一套卷取系统，因此本节重点介绍热连轧。

（1）轧机。根据生产产品结构和产能，选取机架配置数量，一般为3~6个机架串列，其结构类似于粗轧机。连轧对厚度精度、板形与凸度要求较高，电动压下定值不够精确，同位性差，力学响应低，而液压压下系统可以使上述所有问题得到全面改善，所以连轧采用液压压下方式并采用多种厚度控制方式和多级协调补偿控制手段；连轧机全部配置弯辊系统，并具有正负弯辊功能。

辊系配置：为有效控制板形和板凸度，在现代热连轧机上配置了特殊的轧辊，如日本的TP辊、英国的DSR辊、德国的CVC辊。TP辊和DSR辊是作为支撑辊配置的，CVC辊是作为工作辊配置的（支撑辊也可为CVC辊）。TP辊和DSR辊的结构及工作原理基本相同，通过调整辊身内部各区压力垫的压力来改变轧制压力沿辊身的分布，从而达到控制板形和板凸度的目的。需要特别指出的是，TP 辊和 CVC 辊只在空载状态下调整，在轧制过程中进行动态调整，这就决定了 TP 辊、CVC 辊控制板形和板凸度的局限性。TP 辊、DSR 辊和 CVC 辊的主要特点见表 3-7。

表 3-7 TP 辊、DSR 辊和 CVC 辊的主要特点

TP 辊	DSR 辊	CVC 辊
配合弯辊，凸度控制范围大；工作辊可以使用平辊；换辊次数减少，生产效率提高；控制板形、板凸度效果好；从结构上看，强度比 DSR 辊好；可以和普通支撑辊互换	使辊缝控制范围增大；板形和平直度互不干扰；能减小辊系偏心；减少换辊次数，提高生产效率；作为上支撑辊单根使用效果明显；轧制硬铝时的作用比轧制软铝时大	凸凹度控制范围大；对厚度大于 1mm 的板带材轧制，控制效果比较明显；磨辊困难；窜辊时会影响凸凹度的稳定性；对清刷辊工作时的均匀性有影响

乳液系统：在现代铝热连轧机列上，乳液的配置主要包括轧前预冷却、机架间的冷却和轧机本身的冷却润滑三部分。从目前世界上铝热连轧工厂对热连轧机列的乳液配置情况来看，主要有四种情况：第一种是配置机前预冷却而不配置机架间的冷却；第二种是配置机架间的冷却而不配置机前预冷却；第三种是机前和机架间的冷却都不配置；第四种是机前和机架间都配置冷却。机前预冷却、机架间的冷却和轧机本身冷却的主要作用见表 3-8。

表 3-8 机前预冷却、机架间冷却和轧机本身冷却的主要作用

机前预冷却	机架间冷却	轧机本身冷却
降低带坯温度，提高连轧速度，保证终轧温度	冲洗带坯上的脏物，控制带材温度	对轧辊进行冷却润滑，控制辊型，保证产品表面质量

（2）张力辊。张力辊是由一组带压力传感器的辊系组成。张力辊主要检测机架间的张力，是通过检测带材对张力辊的张紧力并由计算机计算出机架间张力，张力参与轧制过程自动控制。张力辊在连轧中的作用非常重要，除最终机架采用速度控制外，其余各机架均采用张力控制。

（3）切边碎边机。由于冷却高速轧制要求热轧卷端部质量要好，否则易发生断带甚至发生火灾，严重影响产品质量和设备安全。铝及铝合金带材热轧边部易产生边部裂边等缺陷，根据合金边部特性，铝带材需切一定宽度的边，一般切边量在 30~150mm/边。

切边碎边机由圆盘剪和碎边机组成。圆盘剪用于纵向剪切带材边部，而碎边机则是将圆盘剪切成的窄边打断成小段，便于回收。圆盘剪和碎边机有分体式和一体式两种，分体式是将圆盘剪切的窄边经过一个梭槽再用碎边机打断成小段；而一体式圆盘剪和碎边机为一个整体，即几乎在切成窄边的同时打断成小段。切边、碎边机用于切去带材边部不合格的部分，使带材宽度达到成品宽度，并把切边料碎断，便于收集处理。

切边、碎边方式：有同轴式和非同轴式两种。同轴式切边、碎边机，圆盘剪上带有碎边刀，切边和碎边过程同时进行。非同轴式切边、碎边机，切边和碎边过程分别进行，它们各自有独立的装置。同轴式切边、碎边机，速度不能太快，否则会导致碎边料崩到带材的表面上。非同轴式切边、碎边机，可以提高切边速度，而且切边质量好。

（4）卷取机。卷取机位于连轧机的后部，用于将带材卷成热轧卷。热连轧为了提高生产节奏，减少卸卷和助卷器动作的辅助时间，部分配置为双卷取，多在 5~6 机架连轧机中配置；部分连轧机配置为单卷取，多在 3~4 机架连轧机中配置。

卷取机由卷筒、传动、助卷器和辅助设备组成。卷轴胀缩方式有拉杆式胀缩和推杆式胀缩两种。

卷轴胀缩级数：胀缩级数就是胀缩次数，一般分为一级胀缩和二级胀缩两种。二级胀缩的目的主要是为了防止带材打滑和卷层松动。一级胀缩适用于较薄带材的卷取，二级胀缩适用于较厚带材的卷取。

为最后一机架卷取与连轧形成张紧卷取，其卷取速度一般比最后机架的轧制速度大 10% 左右。

（5）传动系统。精轧多采用一个机架使用统一电动机经齿轮箱同步传动上下工作辊。连轧机全部采用交流变频传动。

（6）检测系统。轧线检测仪表是实现自动化控制的基础，是 PLC、计算机、电控装置的可靠耳目。所以，在目前冶金自动化水平及轧制速度越来越快的情况下，如不采用相应的自动化检测仪表和相应控制技术，自动控制将无法实现，而且人工操作也很困难。因此，配置齐全的各种检测仪表，检测生产过程中的各种必要的参数，检测结果传送到自动控制系统中实现自动化轧制。

热轧生产线检测仪表的要求如下：很高的检测精度，较宽的检测范围；实时性强，反应速度快，良好的重复性和可靠性；能够抗击冶金振动、高温、潮湿及金属粉尘和雾气的干扰；对于某些检测仪表在输出时应采取隔离、屏蔽等措施以防干扰。

根据轧线自动化控制的需要，生产线主要检测仪表有以下几种：位移传感器，高温计，编码器，冷、热金属检测器，测厚仪，激光测距仪等。

板形仪：板形仪有接触式和非接触式两种。前者通常就是指板形辊；后者一般是指光学式板形仪。板形仪安装在最后一个机架和卷取机之间。

板形辊通过辊套、压力传感器检测带材张力，由此得到板形曲线。辊套表面有冷却装置。

光学式板形仪不与带材接触，完全利用光学原理检测带材的板形，测量误差比较大。

凸度仪：凸度仪主要用来检测和控制带材的凸度。凸度仪有单点扫描式凸度仪和多点固定式凸度仪两种。由于带材以一定的速度向前运动，所以单点扫描式凸度仪在检测过程中只能检测到带材对角线方向的厚度，而不能检测到带材横断面方向的厚度。多点固定式凸度仪不但能够检测到带材横断面方向的厚度，而且能将带材断面上的厚度分布显示出来。

测厚仪：测厚仪大都使用 X 射线测厚仪。

测温仪：在连轧机列第一机架前和最后机架后配置非接触式测温仪，并参与轧制过程温度自动控制。

（7）自动化控制系统。自动化控制系统是以计算机为核心对轧制生产线进行在线实时控制和监督的自动化系统，系统配置的原则是：先进、可靠、开放、经济、合理。

热连轧过程中要控制的参数很多，如轧制力、厚度、张力、速度和温度等，这些参数的控制均由自动化控制系统来完成。根据自动化控制系统各主要部分所担负的任务不同，通常把自动化控制系统分为四级，即零级、一级、二级和三级。一般把第三级控制系统称为管理自动化；第二级控制系统称为过程自动化；第一级和零级统称为基础自动化。

基础自动化系统主要完成生产线的全线运转控制、逻辑控制、人机界面（HMI）、数控通信等功能。

基础自动化系统硬件包括上位机、PLC 装置、人机界面、设备故障诊断系统、基础自动化系统网络、编程和维护设备、操作台和本地操作箱、继电器柜和端子柜、传动连接柜、电磁阀控制等设备。

基础自动化系统软件包括 PLC 应用程序（带注释）、编程器系统软件、编程软件包、工具软件包和通信软件等。

热轧系统的运行方式以全自动方式为主，在特殊情况下，系统接收 HMI 的设定数据进行半自动轧铝。

f 铝热连轧辅助设备

铝热连轧辅助设备是主体设备有效运行的保障。

（1）液压系统。液压系统是生产线液压元件动作的动力，液压按其压力大小分为高压和低压。

高压系统主要为压下缸、弯辊缸、剪刀主缸和立辊压下缸等需要较高压力的部位提供压力支撑。一般情况下高压系统粗轧和连轧部分为两个独立部分，为了获得稳定的压力，液压系统经液压泵将压力提升后，由伺服系统稳定液压工作压力。

低压系统为导尺、卫板、张力辊升降和卷取机胀缩等需要低压力的部位提供压力支撑。

（2）润滑系统。润滑系统一般配备有稀油润滑、油气润滑和干油润滑。稀油和油气润滑可以实现集中循环润滑，比如整粗轧机或者连轧机或者连轧机组可以共用一套润滑系统；而干油润滑由于其黏度过高，易硬化，容易堵塞管路，很难实现远距离多点同时润滑。

1）稀油润滑。热轧中，稀油润滑系统一般有两种方式：灌入式集中稀油润滑和自动循环式集中稀油润滑。

集中稀油润滑系统是最完善的润滑系统，它具有以下特点：

① 由于采用压力供油，能保证摩擦部件润滑及时和可靠。

② 可以润滑数量多和分布广的润滑点。

③ 对机组连续循环润滑，能将摩擦部件热量带走，进行冷却。

④ 润滑适度，润滑材料消耗少。

⑤ 能使全部润滑工作实行自动控制，大大减少工作人员。

2）油气润滑。油气润滑是一种润滑油与压缩空气混合的高效润滑方式，它主要用在轧辊轴承、压下丝杆、齿轮等各种摩擦部件上。油气润滑具有润滑效果好、耗油量小、工作温度低、润滑能迅速到达润滑部位。

3）干油润滑。干油润滑根据加注方式分为手动干油润滑和自动干油润滑两种。干油润滑目前主要用于开放式的润滑部件中，由于其黏度大，不像稀油和油气易流走，稳定性好。

（3）乳液系统。铝热轧乳液系统分为乳液箱、过滤系统、乳液喷射系统和其他系统四个部分。乳液系统如图 3-25 所示。

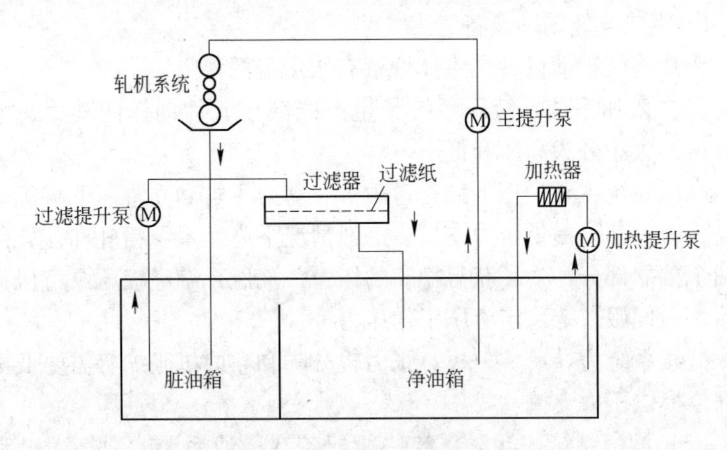

图 3-25　乳液系统

1）乳液箱。乳液箱一般分为脏油箱和净油箱两部分，也有配置中间乳液箱的，用于更换乳液时中转和乳液需要静置时使用。脏油箱容量一般为净油箱的 50% 左右，中间乳液箱一般比脏油箱稍大，各油箱的大小根据轧机需要冷却的能力确定，冷却需求量大，则油箱容量大。脏油箱与净油箱为连体结构，中间用隔板分离，当净油箱液压超过隔板，净油箱乳液溢入脏油箱。以某现代化1+4热连轧机为例，其年产能为35万吨，可生产1×××系、3×××系、5×××系、8×××系铝合金，粗轧机净油箱容量共210m³（分别为140m³和70m³），连轧机净油箱和脏油箱容量共520m³（分别为350m³和170m³）。

2）过滤系统。在轧制过程中，轧辊和板带材之间有滑动摩擦，所以会产生一定的铝粉，以及轧机系统的油漆腐蚀物、残边碎屑和进入轧机乳液循环系统中的异物，它既影响乳液使用寿命，也影响产品表面质量，因此，乳液过滤系统是乳液品质的重要保证。良好的乳液过滤系统，可以延长乳液使用寿命和获得优良的板带材表面质量。

部分乳液过滤系统采用板式过滤器，并采用多层过滤方式，过滤效果好，但结构较复杂，维护不方便；而较为普遍的是采用高效、简单且易维护的霍夫曼型过滤器，其工作原理是让脏油箱中的乳液通过一层极致密的过滤纸，过滤掉乳液中的碎片、部分氧化物和金属皂等3~6μm以上的杂质，清洁的乳液回流到净油箱。

3）乳液喷射系统。通常而言，热粗轧机最大上机乳液喷射量一般为其主电动机功率的1.3~1.5倍，而精轧机最大上机乳液喷射量一般为主电动机功率的1.5~1.8倍。例如，精轧机最大电动机功率是4500kW，那么其上机乳液喷射量通常选择为6800~8000L/min，这是指乳液不间断全喷射下的最大喷射量。其过滤泵压力0.15MPa，热粗轧过滤能力为13000L/min，热连轧过滤能力为26000L/min，过滤能力远大于其乳液喷射能力。

4）其他系统。其他系统包括管路系统、动力提供系统、去离子水箱及加热系统、基础油箱、乳液刮油系统、乳液日常检验系统等，它们是实现乳液控制的必要手段。

① 管路系统是乳液传递媒介，通过管路让各个部分乳液实现流通，以达到其所需功能。

② 动力提供系统是将乳液提升到轧机等部分。

③ 加热循环系统。由于乳液在特定条件下才具有稳定性，所以乳液必须保持在40~60℃温度范围内，并要保持流动，不能长期静置。净油箱配置有循环加热一体化系统，以确保乳液温度根据轧制需

要而保持在设定值。

④ 去离子水箱及加热系统。水箱容量为30 m^3，有自己独立的加热系统，由泵直接加入脏油箱。由于乳液在轧制时处于高温状态，小部分乳液随水蒸气一起蒸发掉，且部分乳液残留在卷材表面，乳液一直处于消耗状态，要加入去离子水（水硬度过高会影响乳液品质）予以补充。

⑤ 基础油箱。乳液浓度或一些性能指标低于轧制要求时，通过基础油箱向乳液系统中添加乳液基础油或添加剂。

⑥ 乳液刮油系统。机械系统中的机械油和乳液中析出的基础油会漂浮在脏油箱乳液表面，形成一层带有铝粉等杂质的油混合物，需要刮油系统将其清除。

⑦ 乳液日常检验系统。乳液性能指标要稳定在一定范围之内才能实现稳定轧制，且乳液易受外界因素影响，所以就要建立一套乳液日常检验系统，检验乳液浓度、温度和pH值等性能指标。

（4）传动系统。传动系统是设备运转的动力保障，传动按其动力提供方式可分为电动机传动、液压传动、蜗轮传动、齿轮传动等。在热轧生产中，电动机传动主要用于传动系统，分为轧机主传动、立辊传动、辊道传动、张力辊传动、切边碎边机传动、卷取机传动等；液压传动主要用于清刷辊窜动等液压缸动作；蜗轮传动主要用于电动机传动与压下丝杆转向实现；齿轮传动主要用于辊道改变速度比和连轧同一电动机传动两工作辊的实现等。

B　国内外典型热轧设备主要技术参数及生产线水平介绍

（1）几种类型热轧机的主要技术参数及示意图见表3-9～表3-12及图3-26、图3-27。

表3-9　单机架双卷取热轧机组主要技术参数

制造单位	中色科技股份有限公司	
使用单位	常熟铝箔厂	
工作辊/mm×mm	ϕ(700～660)×1700	ϕ(860～810)×2000
支撑辊/mm×mm	ϕ(1250～1180)×1650	ϕ(1500～1400)×2000
主传动电动机/kW	2×1500(DC)	2×3500(DC)

续表 3-9

轧制力/kN	16000	35000
二辊总轧制力矩/kN·m	1200	1500
轧制速度/m·min^{-1}	245	0～120～260
辊缝调节	电动压下： 开口度 500mm	电动压下： 开口度 500mm
前后辊道/m	180+75	165+105
立辊轧机		φ965mm×760mm 最大轧制力矩 7000kN·m 额定轧制力矩 410kN·m 传动电动机 1400kW
重型剪	液压浮动剪： 最大规格 100mm×1600mm 最大剪切力 2500kN	液压浮动剪： 最大规格 120mm×1780mm 最大剪切力 8000kN
轻型剪	液压浮动剪： 最大规格 32mm×1500mm 最大剪切力 800kN	液压浮动剪： 最大规格 45mm×1780mm 最大剪切力 600kN
切边机及碎边机	切边厚度 3.5～8mm 星形圆盘刀：速度 150m/min 主电动机 110kW	切边厚度 3.0～10mm 星形圆盘刀：速度 295m/min 主电动机 160kW
卷取机	卷取张力 20～200kN 卷取速度 270m/min 电动机 2×500kW	卷取张力 22～220kN 卷取速度 290m/min 电动机 1400kW
带式助卷器	皮带宽度 800mm	皮带宽度 1000mm
乳液流量		14000L/min 主乳液箱：净 150m^3 + 污 150m^3
铸锭规格	(300～450)mm×(700～1300)mm×(4000～5500)mm 锭重 8.7t	(400～600)mm×(800～1740)mm×(4000～5500)mm 锭重 13t(将来 20t)
热轧卷规格	4.0mm×(700～1300)mm 内外径 φ510/1850mm 卷重 8.5t(6.5kg/mm)	(3.0～10)mm×(800～1720)mm 内外径 φ610/2100mm 卷重 13t(7.4kg/mm)

表 3-10 西南铝业（集团）有限责任公司现有的热粗轧 + 热精轧机组主要技术参数

项　目	2800mm 四重可逆式热粗轧机	2800mm 四重可逆式热精轧机
制造单位	一重制造,IHI 改造	一重制造,IHI 改造
工作辊	ϕ(750 ~ 700) mm/ 1400mm × 2800mm	ϕ(650 ~ 610) mm/ 1400mm × 2800mm
支撑辊/mm × mm	ϕ(1400 ~ 1300) × 2800	ϕ(1400 ~ 1300) × 2800
主传动电动机/kW	2 × 3200	1 × 4600
轧制力/MN	30	29
轧制速度/$m \cdot min^{-1}$	240	240
轧制力矩/N · m	$156 \times 9.8 \times 10^3$	
辊缝调节	开口度 500mm,电动压下初调,液压缸精调	电动压下初调,液压缸精调
工作辊清刷辊	2 个钢丝绳 ϕ305mm × 2650mm	2 个钢丝绳 ϕ305mm × 2800mm
辊型控制形式		正负弯辊
乳液流量/$L \cdot min^{-1}$	8300	8000(主乳液箱 $120m^3$)
立辊尺寸	829mm/810mm × 550mm	
立辊轧制速度/$m \cdot s^{-1}$	1.5	
立辊移动速度/$mm \cdot s^{-1}$	(0 ~ 2) × 50	
立辊开口度/mm	900 ~ 2800	
立辊最大压下量/mm	20/30	
导尺每侧最大推力/kN	13 × 9.8	
提升铸块质量/t	7	
提升铸块并旋转 90°/s	6.05	
辅助设备 Ⅰ	重型剪: 剪切厚度 80mm/100mm 剪切力 7500kN 电动机 630kW	切边机:切边厚度 2.0 ~ 9.6mm 星形圆盘刀:速度 270m/min
辅助设备 Ⅱ	轻型剪: 剪切厚度 40mm 剪切力 2500kN 电动机 200kW	卷取机: 卷取张力 40t 卷取速度 30 ~ 252m/min 电动机 2 × 850kW
带式助卷器		出入口各 1 个,2 根皮带

续表 3-10

项　目	2800mm 四重可逆式热粗轧机	2800mm 四重可逆式热精轧机
铸锭规格	软合金:(340～480)mm×(950～1700)mm×(2500～5000)mm,最大锭重 11.1t 硬合金:(340～430)mm×(1040～2040)mm×(2000～5000)mm,最大锭重 11.9t	
热粗轧后 /mm×mm×mm	(6～80)×(950～2620)×(4000～23500)	
热轧卷规格	软合金:热轧卷厚度 2.5～7.0mm,热轧卷宽度 950～2560mm,热轧卷外径 ϕ900～1920mm,热轧卷内径 ϕ610mm,最大卷卷重 11.0t 硬合金:热轧卷厚度 2.5～7.0mm,热轧卷宽度 950～2560mm,热轧卷外径 ϕ900～1600mm,热轧卷内径 ϕ610mm,热轧卷卷重 7.0t	

表 3-11　南非 Hulett 热粗轧机 + 热精轧机组主要技术参数

项　目	热 粗 轧 机	热 精 轧 机
制造单位	SMS	SMS
工作辊/mm×mm	ϕ(870～930)×2450	ϕ(660～710)×3000
支撑辊/mm×mm	ϕ(1400～1500)×2350	ϕ(1400～1500)×2350
主传动电动机/kW	2×3700(AC)	1×6000(AC)
轧制力/kN	45000	40000
轧制速度/m·min^{-1}	(0～90)/180	(0～120)/330
辊缝调节	电动压下初调 液压缸精调	电动压下初调 液压缸精调
重型剪及切边机	重型剪: 剪切厚度 135mm 剪切力 7500kN 电动机 630kW	切边机:切边厚度 2.0～9.6mm 星形圆盘刀:速度 400m/min
轻型剪及卷取机	轻型剪: 剪切厚度 40mm 剪切力 2500kN 电动机 200kW	卷取机: 卷取速度 400m/min 电动机 1×1550kW

续表 3-11

项目	热粗轧机	热精轧机
铸锭规格	(450~600)mm×(900~2200)mm×(2700~5700)mm 最大锭重 20.4t	
热轧板规格 /mm×mm×mm	(4.5~135)×(900~2250)×(4000~15000)	
热轧卷规格	热轧卷厚度 2~18mm 热轧卷宽度 850~2200mm 热轧卷外径 2150mm 热轧卷卷重 20.2t	
自动化控制	APFC－凸度和板形的自动控制 AGC－厚度自动控制 AFC－温度自动控制	

表 3-12 典型的热粗轧＋热连轧机组的主要技术参数

项目	热粗轧机	热连轧机
工作辊/mm×mm	ϕ(950~900)×2400	ϕ(710~780)×2400
支撑辊/mm×mm	ϕ(1600~1500)×2400	ϕ(1600~1500)×2400
开口度/mm	700	80
主传动电动机/kW	2×4000(AC)	每个机架 1×5000(AC)
轧制力/kN	45000	40000
轧制速度/m·min^{-1}	240	F4－600
辊缝调节	电动压下初调 液压缸精调	电动压下初调 液压缸精调
重型剪及切边机	重型剪: 剪切厚度 150mm 剪切力 7500kN	切边机:切边厚度 1.8~8mm 星形圆盘刀:速度 700m/min
立辊	立辊直径:ϕ1000mm 辊身长度:750mm 轧制力:8000kN 轧制速度:240m/min	
轻型剪及卷取机	轻型剪: 剪切厚度 60mm 剪切力 3000kN	卷取机: 卷取速度 680m/min

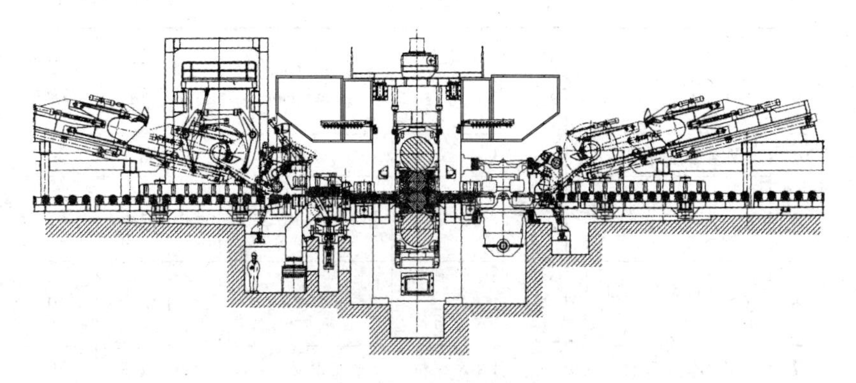

图 3-26 单机架双卷取热轧机组示意图

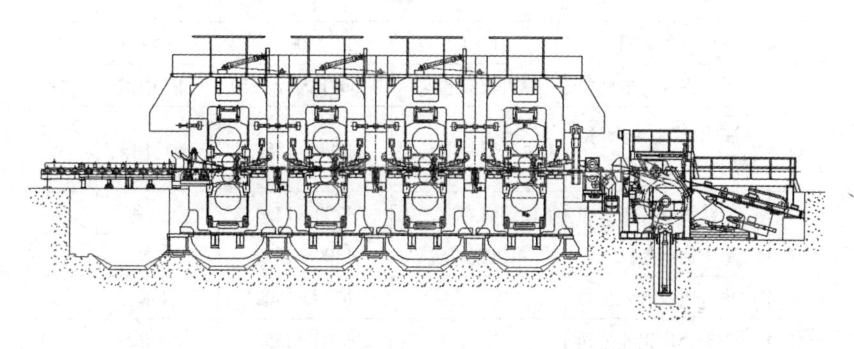

图 3-27 热连轧机组示意图

(2) 国内现有主要的铝及铝合金热轧生产线见表 3-13。

表 3-13 国内现有主要的铝及铝合金热轧生产线（2009 年）

序号	企业名称	形 式	规格/mm 或 mm × mm	制造国或公司	年产能/万吨
1	东北轻合金有限责任公司	单机架四辊	ϕ700/1250 × 2000	前苏联	8
2	西南铝业（集团）有限责任公司	1 + 1	2800	中国一重	28
3	中铝西南铝板带有限公司	1 + 4	2000	VAI	40

续表 3-13

序号	企业名称	形　式	规格/mm 或 mm × mm	制造国或公司	年产能/万吨
4	明泰铝业有限公司	1 +4	2000	中国	30
5	美铝渤海铝业有限公司	1 +3	粗 3900，精 2300	美国(二手)	35
6	南山集团铝加工总厂	1 +4	2350	IHI	70
7	亚洲铝业集团	1 +5	2540	SMS 改造	70
8	中色万基铝加工有限公司	单机架双卷取	ϕ965/1500 ×2400	中色科技	20
9	伊川电务集团	1 +1	2400	中色科技	25
10	巨科铝业有限公司	单机架双卷取	ϕ750/1450 ×1850	天重(中国)	18
11	富邦精业集团铝材厂	单机架双卷取二辊	ϕ800 ×1550	一重(中国)	6
12	万江铝业有限公司	单机架双卷取二辊	ϕ700 ×1350	意大利	4
13	重庆铝制品厂	单机架二辊	ϕ700 ×1550	日本	3
14	华益铝业有限公司	二辊（二手）	ϕ700 ×1500	日本	3
15	华瑞合作铝业公司	二辊	ϕ500 ×1550	一重	3
16	哈尔滨铝加工厂	二辊	ϕ500 ×1300	陕压	2
17	新疆众和股份有限公司	单机架双卷取二辊	ϕ900 ×1300	陕压	4
18	青海本部铝业发展公司	单机架双卷取二辊	ϕ800 ×1500	洛阳院	4
19	银邦铝业有限公司	单机架双卷取二辊	ϕ800 ×1500	陕压	4
20	北京伟豪铝业有限公司	二辊	ϕ720 ×1500	一重	2
21	广州锌片厂	二辊	ϕ700 ×1200		2
22	广州铝加工厂	二辊	ϕ700 ×1300		2
23	方圆铝业有限公司	二辊	ϕ700 ×1300		3

续表 3-13

序号	企业名称	形 式	规格/mm 或 mm × mm	制造国或公司	年产能/万吨
24	萨帕铝热传输（上海）有限公司	单机架双卷取二辊	ϕ650 × 1500	英国(二手)	3
25	关铝股份有限公司	单机架双卷取四辊	ϕ630/1100 × 1300	中色科技	4
26	东阳光精箔有限公司	单机架双卷取四辊	ϕ700/1250 × 1650	中色科技	6
27	常铝铝业有限公司	单机架双卷取四辊	ϕ700/1250 × 1850	中色科技	8
28	运城铝业（昆山）有限公司	单机架双卷取四辊	ϕ700/1250 × 1650	中色科技	6
29	三源铝业有限公司	单机架双卷取二辊	ϕ780/ × 1500	涿神公司	3
30	南方铝业（中国）有限公司	单机架双卷取二辊	ϕ914 × 2134	美国(二手)	4
31	威尔金属有限公司	二辊			2.5
32	温州铝制品有限公司	二辊			2.5
33	其他约150家二辊块片或小带轧机企业				35
34	合 计				460

（3）世界10大铝及铝合金板带热连轧生产线见表3-14。

表 3-14 世界 10 大铝板带热连轧生产线

企 业 名 称	粗轧机辊宽/mm	精轧机列
美国铝业公司达文波特厂	5588	5 机架，2640mm
美国铝业公司田纳西厂	3048	5 机架，2248mm
美国铝业公司沃里克厂	2676	6 机架，1828mm
美国凯撒及化学公司特伦特伍德厂	3315	5 机架，2032mm
法国联合铝业公司诺伊斯轧制厂	3300	3 机架，3050mm
法国普基铝业公司努布利扎克轧制厂	2840	4 机架，2300mm
法国普基铝业公司伊苏瓦尔轧制厂	3400	3 机架，2815mm

续表 3-14

企业名称	粗轧机辊宽/mm	精轧机列
日本住友轻金属公司名古屋厂	3300	4 机架，2286mm
日本神户钢铁公司真冈轧制厂	4000	4 机架，2900mm
日本古河电气工业公司福井轧制厂	4300	4 机架，2850mm

（4）四台世界大型热连轧主机设备技术参数简介。

1）德国阿卢诺夫铝业公司 1 +4 式热连轧机。德国阿卢诺夫铝业公司（Alunorf-Aluminium NorfGmbH），位于诺伊斯市（Neuss），是德国联合铝业公司（VAW）与加拿大铝业公司德国公司（Alunorf - Aluminium NorfGmbH）的合作企业。公司现有两条热轧生产线，一条为 1 +3 式，另一条为 1 +4 式，前者的生产能力为 50 万吨/a，后者的生产能力超过 100 万吨/a，成为全球铝板带热轧生产能力之最。其 1 +4 式热轧生产线于 1994 年中期投产，由德国西马克公司（SMS）建设，是一次性建成的先进 1 +4 式热连轧生产线，综合能力在全世界的多机架铝板带热连轧生产线中独占鳌头。德国阿卢诺夫 1 +4 式热连轧主机技术参数见表 3-15。

表 3-15 德国阿卢诺夫 1 +4 式热连轧主机技术参数

<table>
<tr><th colspan="3">技术参数</th><th>数值</th></tr>
<tr><td rowspan="12">粗轧机</td><td colspan="2">工作辊直径/mm</td><td>1050</td></tr>
<tr><td colspan="2">工作辊辊面宽度/mm</td><td>2500</td></tr>
<tr><td colspan="2">支撑辊直径/mm</td><td>1524</td></tr>
<tr><td colspan="2">支撑辊辊面宽度/mm</td><td>2400</td></tr>
<tr><td colspan="2">主电动机功率/kW</td><td>2 ×5000</td></tr>
<tr><td colspan="2">最大轧制力/MN</td><td>49</td></tr>
<tr><td colspan="2">最大轧制速度/m · min⁻¹</td><td>230</td></tr>
<tr><td colspan="2">锭坯质量/t</td><td>4. 8 ~30</td></tr>
<tr><td rowspan="3">锭坯尺寸
/mm</td><td>厚</td><td>540 ~610</td></tr>
<tr><td>宽</td><td>950 ~2200</td></tr>
<tr><td>长</td><td>3500 ~8650</td></tr>
<tr><td colspan="2">产品厚度/mm</td><td>10 ~100</td></tr>
</table>

续表 3-15

技术参数		数值
4 机架热精轧机	工作辊直径/mm	780
	工作辊辊面宽度/mm	2700
	支撑辊直径/mm	1450
	支撑辊辊面宽度/mm	2400
	主电动机功率/kW	均为 5000
	最大轧制力/MN	44.1
	最大轧制速度/$m \cdot min^{-1}$	522
	带材厚度/mm	2~6
	带材宽度/mm	760~2300
	带材外径/mm	1500~2700
	卷材质量/t	29.9

该 1+4 热连轧机控制系统采用计算机控制，精轧采用液压压下、AGC 厚度控制、液压正负弯辊、X 射线多通道测厚、CVC 辊、温度控制、乳液分段控制等；卷材厚度公差 ±1%，平直度 30~50 I，板凸度率 0.2%~0.8%，终轧温度 250~360℃，温度偏差 ±10℃。其典型产品：高档 3104 罐料、PS1050、1235 铝箔毛料。

2）洛根轧制厂 1+3 式热连轧机。洛根轧制厂的全称为洛根铝业公司（Logan Aluminium，Inc.），是加拿大铝业公司与大西洋里奇菲尔德公司（Atlantic RichfieldCorp－AR－CO）的一个合资企业，位于美国肯塔基州（Kentucky）卢塞尔维尔（Ruselville）市威特兰兹镇（Wetlands）。洛根轧制厂仅罐料年产能就达到 30 万吨左右，该厂可生产 1×××系、3×××系、5×××系、8×××系等合金，其主要产品为罐料。

该轧制厂配备有一条 1+3 式热连轧生产线，由布劳－诺克斯公司（Blow Knox）设计制造，其主机技术参数见表 3-16。

表3-16　洛根轧制厂1+3式热连轧主机技术参数

技术参数		数值
粗轧机（四辊可逆式）	工作辊直径/mm	965
	工作辊辊面宽度/mm	2290
	主电动机功率/kW	8952
	最大轧制速度/m·min^{-1}	155
	最大锭质量/t	30
3机架热精轧机列	工作辊辊面宽度/mm	2290
	产品最薄厚度/mm	2
	最大轧制速度/m·min^{-1}	381
	产品最大宽度/mm	2134
	最大卷径/mm	2743
	主电动机功率/kW	3×4478

3）日本神户钢铁公司真冈铝板带轧制厂1+3式热连轧机。日本神户钢铁公司真冈轧制厂隶属公司的铝-铜事业部管理，位于枥木县真冈市。该厂的1+3式热连轧机于1974年4月投产，年生产能力40万吨。真冈轧制厂热连轧主要为其冷轧提供罐料、计算机硬磁盘基片、小轿车板材等用热轧卷。其热轧主机技术参数见表3-17。

表3-17　日本神户钢铁公司真冈铝板带轧制厂1+3式热连轧主机技术参数

技术参数		数值
粗轧机（四辊可逆式）	工作辊直径/mm	965
	支撑辊直径/mm	1530
	工作辊辊面宽度/mm	3900
	主电动机功率/kW	2×3600
	最大轧制速度/m·min^{-1}	180
	最大开口度/mm	650
	压下方式	电动机
	最大轧制力/MN	34.3
	最大锭质量/t	29

续表 3-17

技术参数		数值
3 机架热精轧机列	工作辊直径/mm	725
	支撑辊直径/mm	1530
	工作辊辊面宽度/mm	2900
	主电动机功率/kW	3×3000
	来料最大厚度/mm	60
	产品最大宽度/mm	2600
	最大卷径/ mm	2300
	产品最薄厚度/mm	2
	压下方式	液压
	最大轧制力/MN	29.4
	最大卷重/t	26

4）美国铝业公司达文波特厂。美国铝业公司（Alcoa）达文波特（Davenport）轧制厂位于美国依阿华州（Lowa）达文波特市。该公司于 1972 年建成投产，拥有世界上最大的铝板带热轧生产线，其轧机共有 8 台；1 台 5588mm 四辊可逆式粗轧机，2 台中轧机（1 台 4064mm 四辊可逆式、1 台 3658mm 四辊可逆式），5 台 2540mm 5 机架精轧机列。该公司配备的世界上最大的热粗轧机为 ϕ1150/ϕ2134mm×5588mm 四辊可逆式轧机，粗轧产品最大宽度为 5334mm，最大开口度为 660mm，可生产厚度达 220mm 的特厚板，产品最薄厚度为 95mm，最大轧制速度为 120m/min；第一台中轧机为 ϕ950/ϕ1524mm×4064mm 四辊可逆式轧机，其产品厚度为 20～200mm，最大轧制速度 180m/min；第二台中轧机为 ϕ880/ϕ1499mm×3658mm 四辊可逆式轧机，其产品厚度为 20～200mm，最大轧制速度 180m/min；精轧机机架连轧机为 ϕ533/ϕ1422mm×2540mm 四辊轧机，其产品厚度为 2～6mm，最大轧制速度为 420m/min。

该公司可生产各种用途的所有变形铝箔板带材。目前，全世界所需的特厚特宽热轧铝合金板大部分由该厂供给，例如韩国造船用远洋液化天然气海轮上的巨型贮罐就是用该厂的厚板焊接的，美欧航空航天用厚板也大部分由该厂生产。

3.3.2 铝及铝合金连续铸轧的主要工装设备

3.3.2.1 连续铸轧机

铸轧机依靠两个内部通水冷却的铸轧辊使进入辊缝之间的铝液冷却凝固，并且对凝固后的铝带坯施加轧制力，使其产生15%以上的变形。

第一代铸轧机称为标准型铸轧机，辊径在ϕ600mm左右，生产能力为1t/(h·m）宽左右；第二代铸轧机称为超型铸轧机，辊径为ϕ900mm左右，辊径的增加相应增加了铸轧辊的刚度和凝固区长度，可生产的产品宽度增加，生产能力有所提高；第三代铸轧机称为超薄高速型铸轧机，产品已经研制出来正处于推广阶段。辊径加大到ϕ1100mm左右。目前，除了传统的双辊式铸轧机外还出现了四辊式铸轧机，生产能力可以得到进一步提高。

按照铝液进入铸轧辊的方向，铸轧机可分为水平式、倾斜式、下铸式，目前广泛使用的是水平式和倾斜式。标准型和超型铸轧机主要生产6~10mm厚带材坯料，供冷轧机进一步加工成各种厚度的板带箔材。超薄高速型铸轧机可生产最薄1mm厚带材坯料，减少了冷轧机进一步加工成各种厚度板带箔材的轧制道次。

A 标准型铸轧机

表3-18和图3-28分别示出了典型标准型铸轧机的主要技术参数和设备组成。

表3-18 标准型铸轧机主要技术参数

使用单位	华北铝业有限公司	太原铝材厂
制造单位	涿神公司(中国)	法国普基(Pechiney)公司
铸轧方式	倾斜式(后倾15°)	水平式
生产合金牌号	1×××系、3×××系	1×××系、3×××系、5×××系
铸轧辊径/mm	ϕ650	ϕ620
铸轧辊面宽度/mm	1600	1810
最大轧制力/MN	4.8	12.5

续表 3-18

最大轧制速度/mm·min^{-1}	2500	1600
可生产带坯厚度/mm	6.5~10	6~10
可生产带坯最大宽度/mm	1400	1670
最大卷重/t	6	10

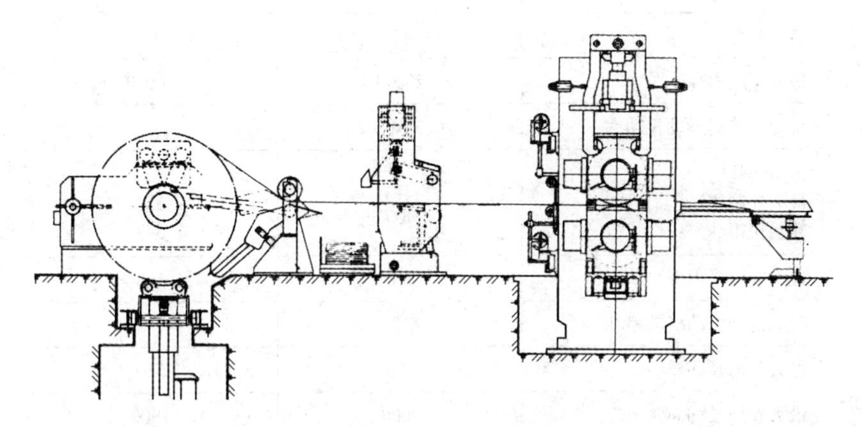

图 3-28 法国普基(Pechiney)公司标准型铸轧机组成示意图

B 超型铸轧机

表 3-19 和图 3-29 分别示出了典型超型铸轧机的主要技术参数和设备组成。

表 3-19 超型铸轧机主要技术参数

使用单位	兰州铝业股份有限公司西北铝业分公司	成都铝箔厂
制造单位	中色科技股份有限公司(中国)	意大利法塔·亨特(Fata Hunter)公司
铸轧方式	水平式	倾斜式(后倾 15°)
生产合金牌号	1×××系、3×××系、5×××系	1×××系、3×××系、5×××系
铸轧辊径/mm	ϕ960	ϕ1003

续表 3-19

铸轧辊宽度/mm	1800	1828
铸轧辊传动电动机功率/转速	37.5kW×2	43kW×2/(0~500)r/min
最大轧制速度/mm·min^{-1}	3000	2268
可生产带坯厚度/mm	5~12	6~10
可生产带坯最大宽度/mm	1600	1676
最大卷重/t	12	10
最大预应力/kN	20000	20040
铣边机传动电动机功率	6.5kW×2	
每个铸轧辊： 最大轧制扭矩(额定)/kN·m 轧制扭矩/kN·m	400	520 373
最大卷取张力/kN	160	165
卷取传动电动机功率/kW	10	7.5
最大卷内径/mm	500	510
最大卷外径/mm	2000	1900
电动机总安装功率/kW	178	140

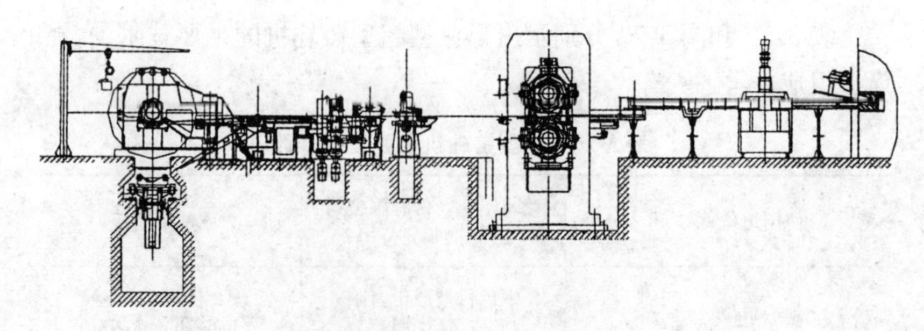

图 3-29 中色科技股份有限公司超型铸轧机组成示意图

C 超薄高速型铸轧机

表 3-20、表 3-21 和图 3-30 分别示出了超薄高速型铸轧机的主要技术参数和设备组成。

表 3-20 超薄高速型铸轧机主要技术参数

<table>
<tr><td>使用单位</td><td>美国田纳西州Norandal 工厂</td><td>生产能力/t·(h·m)$^{-1}$</td><td>最大3</td></tr>
<tr><td>制造单位</td><td>意大利 Fata Hunter公司</td><td>最大轧制速度/mm·min^{-1}</td><td>38000</td></tr>
<tr><td>铸轧机型号</td><td>Speedcaster TM</td><td rowspan="2">铸轧辊驱动方式</td><td rowspan="2">300kW×2 直流电动机－行星减速器</td></tr>
<tr><td>铸轧方式</td><td>倾斜式</td></tr>
<tr><td>生产合金牌号</td><td>1×××系、3×××系、5×××系</td><td>1号夹送辊驱动方式</td><td>恒扭矩液压驱动</td></tr>
<tr><td>铸轧辊径/mm</td><td>φ1118</td><td>2号夹送辊驱动方式</td><td>60kW 直流电动机</td></tr>
<tr><td>最大轧制力/MN</td><td>29.4</td><td>2号夹送辊辊径/mm</td><td>305</td></tr>
<tr><td>可生产带坯厚度/mm</td><td>1（最小0.635）</td><td>高速飞剪最大剪切厚度/mm</td><td>6.3</td></tr>
<tr><td>铸轧带坯最大宽度/mm</td><td>2184</td><td>高速飞剪最大剪切频率/次·min^{-1}</td><td>70</td></tr>
<tr><td>切边后带坯最大宽度/mm</td><td>2134</td><td rowspan="2">带坯厚度控制</td><td rowspan="2">X射线测厚仪，液压伺服辊道缝自动调节装置</td></tr>
<tr><td>最大卷重/t</td><td>19</td></tr>
</table>

表 3-21 中国超薄高速型铸轧机主要技术参数

使用单位	华北铝业公司	最大卷重/t	10
制造单位	涿神公司（中国）	生产能力/kt·a^{-1}	28
铸轧方式	倾斜式	最大轧制速度/mm·min^{-1}	12000
生产合金牌号	1×××系、3×××系、5×××系、8×××系	铸轧辊转速控制精度/%	5
铸轧宽度/mm	1600	张力控制精度/%	3
可生产带坯厚度/mm	最小2	液位控制精度/mm	0.5
可生产带坯最大宽度/mm	1400	铸轧带坯厚度公差/%	<5
最大卷内径/mm	500	铸轧带坯凸度/%	1~1.5
最大卷外径/mm	2000	铸轧带坯板形	<20I

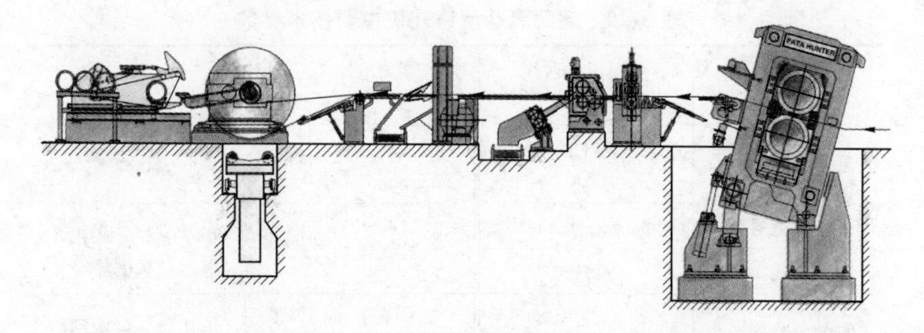

图 3-30 意大利法塔·亨特(Fata Hunter)公司超薄高速型铸轧机组成示意图

D 无机架二辊铸轧机

我国岳阳大学洪伟教授发明了一种获得国家专利的无机架二辊铸轧机，这种铸轧机的结构特点是轴承座承担了机架的功能，承受了轧制力；采用滑动轴承而不是传统的滚动轴承；轴承外套偏心环可保持磨辊后轧制线高度不变；磨削铸轧辊时利用一副专用的液压支架把轴承座和铸轧辊支起来后拆卸铸轧辊，见图 3-31。典型的技术性能参数为：铸轧辊规格 ϕ450mm × 600mm，铸轧速度 1m/min，带坯厚度 3.5 ~ 10mm，最大卷重 100kg。

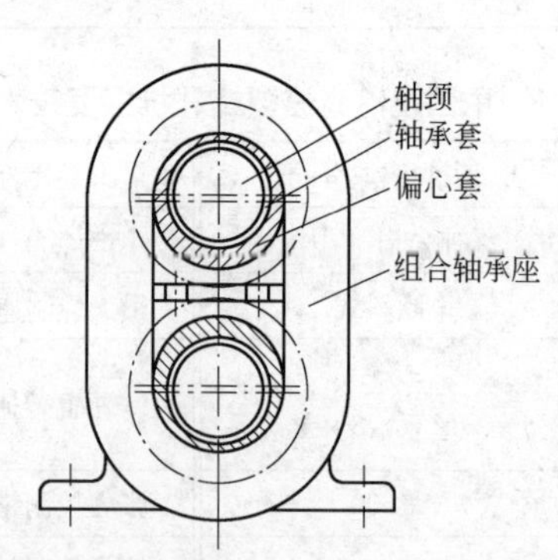

图 3-31 无机架二辊铸轧机结构原理图

一般来说，在铸轧机列后面都配有冷轧机。目前，现代化冷轧机以单机架和多机架四辊轧机为主，也有采用六辊系形式的冷轧机。其主要结构形式如图 3-32 所示。

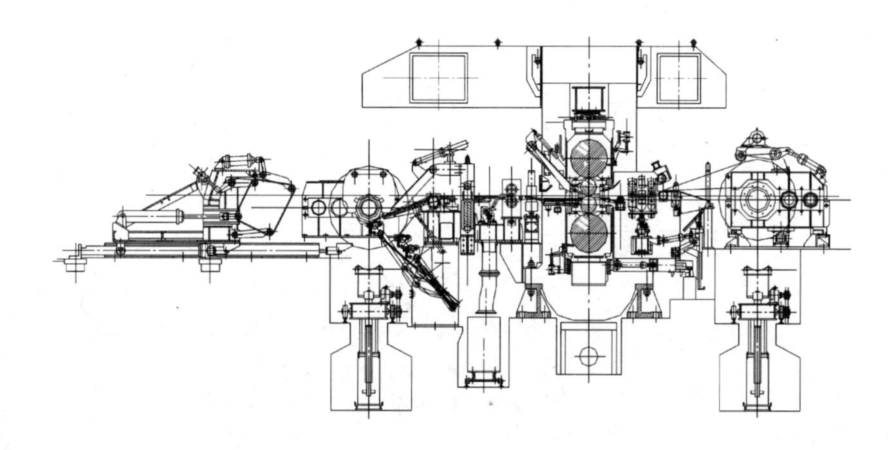

图 3-32 四辊冷轧机结构示意图

3.3.2.2 铝融体液面控制系统

液面控制系统的作用是保证前箱中的铝液有一相对稳定的高度，即控制由供料嘴流入铸轧辊铝液的相对恒定的静压力，保证铸轧过程中，铝液供给充足、平稳、连续。目前，生产中使用的主要有三种：杠杆式控流器、浮标式控流器、非接触式液位控制器。

A 杠杆式控流器

杠杆式控流器如图 3-33 所示，是利用杠杆的工作原理制作的。杠杆的一侧是浮标，由铝液的浮力托着浮标可以上下移动，另一侧是用石墨或轻质耐火材料制作的塞头，塞头端部为圆锥形，正好对着套管管口。当铝液面下降时，浮标下降，通过杠杆塞头上升或前后移动，更多的铝液从管口流入前箱；当前箱的液面上升时，托起浮标，使塞头逐渐下降，流经管口的金属流量逐渐减少，使前箱的液面高度恢复正常。

图 3-33*a* 为流槽与前箱不在同一水平面上的前箱液面控制方式，适用于供流流槽和前箱流槽有落差的供流方式。图 3-33*b* 为流槽和前箱在同一水平面上的前箱液面控制方式。其原理都是通过前箱流槽液面的升降带动浮标的升降，再通过连杆作用于塞头实现铝液的平稳供应。

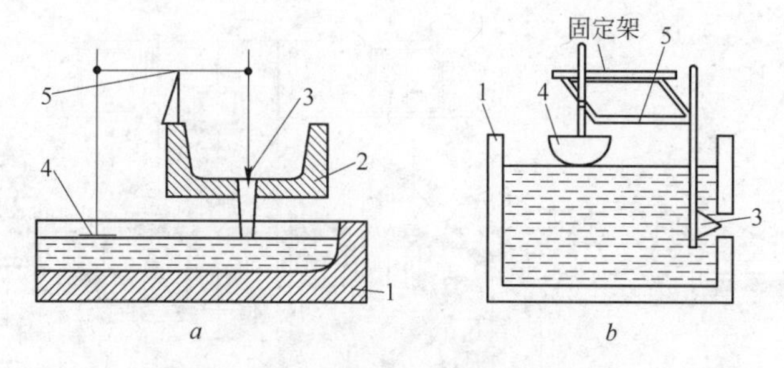

图 3-33　杠杆式控流器示意图

a—流槽与前箱不在同一水平面；*b*—流槽与前箱在同一水平面

1—前箱；2—供流流槽；3—塞头；4—浮标；5—杠杆

B　浮标式控流器

浮标式控流器如图 3-34 所示。根据液态浮力的原理，当前箱流槽内铝液面过高时，浮标上升，使流管和浮标之间的间隙减小，由流槽进入前箱的铝液减少，这时前箱内铝液液面高度就会下降。浮动式控流器始终处于动平衡过程中。制作浮标的材料最好采用密度较低的耐火材料，以提高其灵敏度。

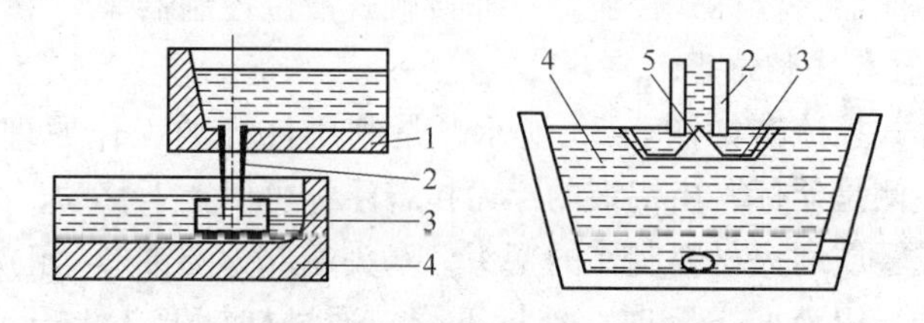

图 3-34　浮标式控流器示意图

1—流槽；2—流管；3—浮标；4—前箱；5—塞头

C　非接触式液位控制器

非接触式液位控制器如图 3-35 所示。在前箱流槽的熔体上方安装一非接触式的电容熔体水平测量传感器，传感器探头不与铝液接触，参照系是铝熔体的上表面。通过传感器时发出与熔体水平成比例的电信号，信号传到控制计算机后，与设定值进行比较，一旦出现偏差，就通过挂靠机构使塞棒上下移动，控制熔体水平，使其迅速恢复到设定值。该控制器可使熔体水平控制精度约小于0.5mm，这是当前该类控制装置中能达到的最高精度。

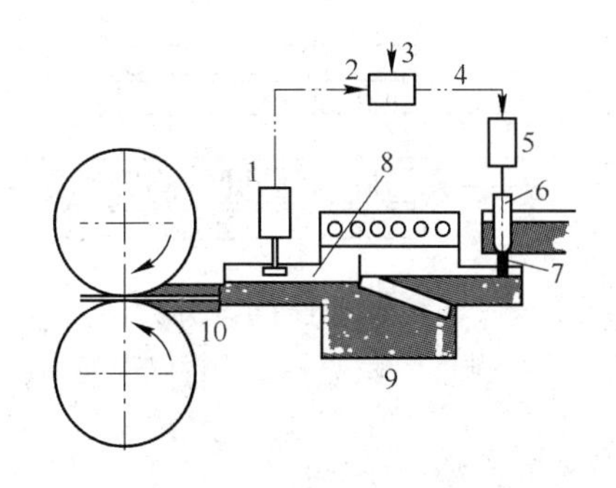

图3-35 非接触式液位控制器

1—电容非接触式传感器；2—测量值输入；3—计算机；4—信号输出；5—执行机构；6—塞棒；7—下注口；8—熔体水平；9—过滤系统；10—铸嘴

3.3.2.3 铸轧辊

A 铸轧辊的要求

双辊式铸轧机的铸轧辊不完全等同于热轧机上的轧辊，它不仅起到像普通热轧机轧辊的变形作用，而且还起到铸轧过程中水冷结晶器的作用，液态金属在铸轧辊的作用下，完成冷却、结晶、变形，直至成为铸轧带坯。工作时，铸轧辊的辊套外表面与炙热的铝液接触，辊套内部又有强力冷却水的冲刷，它们之间进行着强烈的热交换，大量的热被迅速带走。铸轧辊既承受对凝固的带坯施加一定的压下时所引起的金属变形抗力的影响，又承受熔体凝固造成的辊面温度变化应力的影响，因而对铸轧辊的辊套材料和铸轧辊结构提出了特殊的要求。铸轧辊典型的工艺性能指标：铸轧辊硬度为HB380～230，室温抗拉强度 R_m 为950～1400MPa，600℃抗拉强度 R_m 为550～750MPa。

B 铸轧辊的组成

铸轧辊在铝液浇入后，既要承受金属凝固而产生于辊面的温度变化应力，又要承受对凝固坯热加工所引起的金属变形抗力。为了使轧辊与铝液接触后热交换的热量迅速散去，辊内需要通冷却水，因而铸轧辊由辊套、通水槽的辊芯组成，见图3-36。在设计和装配铸轧辊时，辊套和辊芯应配合良好，无论纵向和圆周方向都不能活动。

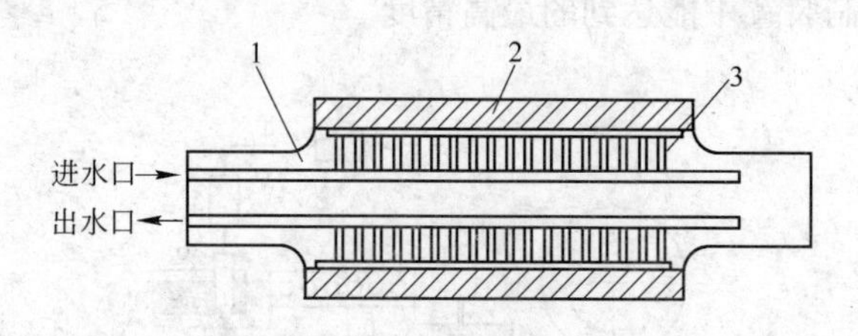

图 3-36 铸轧辊组成示意图

1—辊芯；2—辊套；3—冷却水通道

C 铸轧辊的使用方法

经过分析研究发现，铸轧辊破坏的原因有以下几种：

（1）装配应力。铸轧辊辊套和辊芯通常采用过盈热装，因此在铸轧辊辊套和辊芯之间形成装配应力。装配应力的大小取决于过盈量的大小。

（2）铸轧应力。在铸轧过程中，铸轧辊不仅是结晶器，而且起到变形工具的双重作用。铸轧力对铸轧辊整个辊身产生铸轧应力，可以分为轴向应力、纵向应力、切向应力。

（3）热应力。铸轧辊在铸轧过程中沿周向温度的差别很大。从铝液与铸轧辊开始接触到下一次铝液接触开始之前的一个循环，温差达到 365～380℃，这必然会产生很大的热效应。

根据国内外相关资料提供的数据，铸轧辊辊套在铸轧区内表面温度不低于 400℃，辊套的表面温度为 40℃左右，这时引起的热应力为 1500MPa。该值已超过辊套的屈服强度，很容易产生裂纹，甚至发生塑性变形，因此，提出以下措施延长轧辊的寿命：

（1）减小装配应力。通过辊芯和辊套的大过盈量来传递扭矩会产生两种不利结果：一是热装比较困难，过盈量不合适易撑裂辊套；二是在辊套上产生较大的装配应力。一种较为合适的做法是用小过盈量，既要保证在铸轧过程中不会发生由于辊芯和辊套配合面上存在的温差、热膨胀量不同而产生的缝隙，造成水槽间窜水现象，又使辊芯和辊套能传递力矩。

（2）加强维护与保养：

1）新辊或刚磨削的铸轧辊开始使用时，在去掉保护纸后，应用棉纱蘸汽油或四氯化碳等溶剂擦去表面的油脂；

2）铸轧辊使用前，应转动轧辊，用喷枪均匀加热轧辊辊面2～4h，消除车磨应力，减轻急冷急热对辊套的冲击，同时可以减轻立板时粘辊；

3）温辊立板是指辊面温度在50～60℃的情况下立板，主要是为了减少急冷急热对辊套的冲击，延长辊套寿命，避免辊套爆裂；

4）出板达辊面一周长后缓慢供给冷却水；

5）在铸轧停止或重新立板前，要认真检查辊面，把粘辊异物清理干净，辊面粘辊较严重的地方，用刮刀小心清理，必要时用细砂纸周向打磨；

6）采用石墨喷涂或是烟炭涂润滑辊面时，在原铸轧宽度之外的辊面会有较厚的石墨层或炭焦，若要变宽的铸轧卷时，停机前关闭冷却水；

7）为提高工作效率，避免不必要的辊面清理，生产安排上应遵循先宽料后窄料的原则；

8）短期停机，因换规格、合金等需停机重新立板时，停机前关闭冷却水；

9）长期停机，因停机时间较长需重新立板时，需用火焰烘烤辊面1～2h后立板；

10）轧辊搬运过程中要小心轻放，避免撞伤或划伤辊面；

11）应该掌握好铸轧辊的磨辊时间、重磨量和重磨后的表面粗糙度。铸轧辊重磨时间一般应在辊套表面裂纹发展的第二阶段，这时裂纹经过3000个热循环后，测得的裂纹深度增加了4倍。如果等到辊套表面裂纹发展到第三阶段才进行重磨，将会加大重磨量。采用合适的磨辊时间和磨辊量，辊套寿命可提高20%～40%。

（3）选择合适的材料。辊套失效的主要原因是热疲劳裂纹，因此在正常情况下，辊套材料的抗热疲劳性能是主要选择因素。热疲劳与材料的高温强度有关，还与材料的导热系数和线膨胀系数有关。

（4）控制合适的工艺参数：

1）适当减小铸轧区长度。绝对压下量随着铸轧区长度的减小而减小，且变形率随之下降，轧制过程中所需要的轧制力随之降低，辊套磨损情况减轻。

2）适当降低预应力。在给定的预应力范围取中、下限值，可减轻辊套“辗皮效应”的磨损程度，提高其使用寿命。

3）增大循环水冷却流量。在铸嘴出口，辊面温度接近铝液温度，尽快使之降温是减小辊套热疲劳的有效办法，为此，加大循环冷却水流量，降低进出口温差，可以迅速带走热量，降低辊面温度。

4）改进立板方式。需跑渣的立板方式中，轧辊转速由高降低，对辊面有一定的损伤；而无需跑渣的一次出板方式，铝液温度由715℃左右降至正常温度，轧辊转带由低升高，立板稳态过程瞬间建立起来，对辊面有一定的保护作用。

5）适当降低铝液温度，可使辊面受到的热冲击应力适当减小，有利于保护辊面。

6）辊面两端微火烘烤。在某一宽度的铸轧板生产过程中，边界区辊面两侧温差大，极易造成辊面热应力损伤。为减小两侧温度，可在板坯宽度以外设置一排煤气炉微火烘烤辊面，使辊面各处温度一致，有利于辊面各处受热均匀并保护辊面。

7）禁止使用粗砂纸和刮刀，以免擦刮伤辊面，使辊面产生微小划伤，成为应力集中源。

D 铸轧辊套的车磨

铸轧辊套车磨的目的是将辊套上已经存在的裂纹彻底去掉，若没彻底去掉，其残存裂纹会扩展得更快，从而影响辊套的使用寿命。因此检查裂纹是否全部车磨干净是关键。首先以辊身中心为基点，以100mm 为间隔，分别从 0°、90°方向检测轧辊凸度曲线是否符合要求，保证同轴度小于 0.02mm；圆柱度小于 0.03mm；两辊直径差小于 0.8mm；表面粗糙度小于 0.8μm。

3.3.2.4 铸轧供料嘴

A 供料嘴装置的要求及材料选择

供料嘴的作用是将铝熔体注入轧辊辊缝之间，因此，供料嘴是连续铸轧过程中直接分布和输送铝熔体到辊缝的关键部件，也是浇铸系统的咽喉，它的结构是否合理直接影响到产品质量和产量。供料嘴由嘴扇、垫片、边部耳子组成。

对供料嘴装置的要求有：

（1）结构应牢固可靠，能保证连续性生产；

（2）结构应简单，便于操作与更换；

（3）供料嘴的耐热性能要好，并有良好的保温性。

供料嘴材料为硅酸铝纤维和氮化硼压制而成。它具有保温性能好、抗高温性能好、线膨胀系数小、不与液体金属发生化学反应，不产生气泡和氧化渣等特点。经过加热焙烧处理，内衬具有良好的保温性，有足够的强度和刚度，便于机械加工；化学稳定性好，不污染金属；抗温变性能好，不因温度急剧变化而破裂；线膨胀系数小，不会发生变形和开裂。

目前，常用的供料嘴材料有美国生产的MARINITE（马尔耐物）、法国生产的STYRITE（斯行瑞特）以及国内仿制的中耐1号、中耐2号等。美国MARINITE（马尔耐特）能够满足铸轧生产的要求，但吸湿能力较强，使用前必须进行加热处理，一般的热处理工艺为在250～300℃的炉温中进行4h以上的预热，如果预热时间不充分，直接影响铸轧带坯的质量和成材率。

现在使用一种新型的STYRITE及与其性能相近的材料，是一种用陶瓷纤维、硅酸铝纤维通过真空压制的耐火板，是一种轻质的耐火产品，这种材料具有耐高温、耐腐蚀、易加工、吸潮性小、寿命长、使用前不需要预热等特点。

B 供料嘴结构

对供料嘴结构的要求是：铝液通过供料嘴时流线要合理、无死角，铝液应均匀分布于辊缝，保证供料嘴出口沿横截面温度均匀一致，保证供料嘴出口处金属的流速一致。

供料嘴由上、下两块嘴片组合而成，嘴片间设有一定形状的分流块，以保证由入口处进入的铝熔体能均匀分布到整个供料嘴内腔，供料嘴内熔体的流动一般受分流块的相对位置、结构尺寸、分流块数目及大小的影响，可结合各自的工艺装备状况进行选择。分流块的形状、尺寸可承受板宽的变化。在供料嘴上组装分流片时，以保证流道通畅、温度均布为原则。组装时，可用大头针把分流块固定在嘴扇上。

从理想条件来讲，在整个供料嘴长度上出口处所流出金属的温度都一致为最好，这样，在金属熔体和铸轧辊表面接触以后，能均匀凝固。为了避免整个横截面上凝固不均匀，采用阻流措施，使中间金属流动减缓，温度适当降低；距出口较远的两端的金属流动加大，温度提高，从而使整个横截面金属温度均匀，金属能够同时从嘴腔内流出。

供料嘴的结构按照铝熔体的分配级别可分为一级分配、二级分配、三级分配，如图3-37所示。

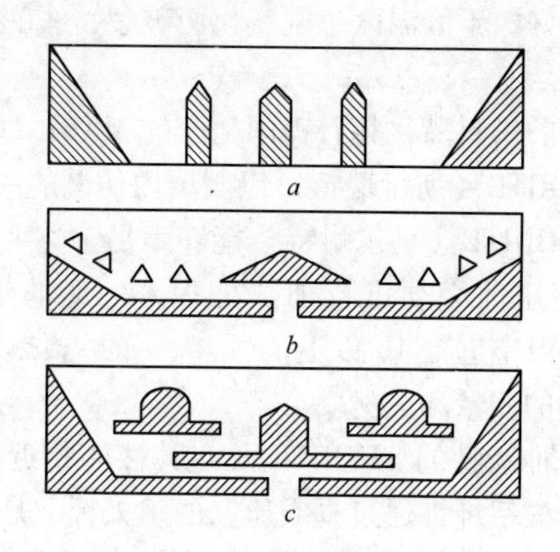

图3-37 三种分配供料嘴示意图

a—一级分配供料嘴；*b*—二级分配供料嘴；*c*—三级分配供料嘴

C 新型供料嘴的特点

目前，新开发的系列供料嘴系统，均为模块式。新型供料嘴能合理、有效地向铸轧机提供铝熔体。第一套系统为优化熔体供料嘴（optiflow tip nozzle），其尺寸稳定性与抗高温铝熔体热冲击的能力有很大提高，因而其使用期限比常规供料嘴长得多。第二套系统为供料嘴宽度可调系统（tip width adjustment system），该供料嘴的宽度在铸轧过程中可根据生产需要任意调节，因而可不停止铸轧，产量可得到大幅度的提高。第三套系统为可变最佳供料系统（optiflow variable nozzle system），该系统在铸轧期间可控制与改变供料嘴的供流情况，因而提高了铸轧机的适应能力，如嘴子划伤问题可得以避免。

3.3.2.5 辊面润滑装置

在一般情况下，轧辊和铸轧带材被一层氧化膜和其他吸附膜覆盖着。当负荷较低时，摩擦系数较小，摩擦基本上在氧化膜之间进行，摩擦轨道是较平滑的沟槽，板面几乎和润滑条件下的外观相似。随着负荷的增大，摩擦轨道显现出越来越多的撕伤和刨削。氧化膜逐渐被穿透，并发生越来越多的黏着，这就是轧制时产生粘板的原因。为了防止铸轧辊与板面粘连，要采用辊面润滑装置。目前，常用的辊面润滑装置有三种，即毛毡清辊器、水基润滑喷涂系统和烟炭喷涂装置。

A 毛毡清辊器

毛毡清辊器是铸轧机常用的一种装置，如图 3-38 所示。它置于铸轧机的入口侧，清洁辊面由毛毡实现。毛毡清辊器虽能起防止粘辊的作用，但更换次数频繁；噪声大；毛毡长期拍打辊面，加速辊面裂纹、微裂纹的扩展，影响轧辊寿命；毛毡在转动、擦拭过程中，其所掉下的毛纤维会随轧辊的转动聚集于供料嘴和辊缝间隙处，在高温下烧结，一方面可能被铸轧带坯带出，在铸轧带坯面形成黑色的非金属压入物；另一方面挂在铸嘴前沿，会形成铸轧的通条、纵向条纹及造成铸轧带坯表面偏析。

B 水基润滑喷涂系统

水基润滑喷涂系统安装在轧辊的出口侧，见图 3-39。由电动机

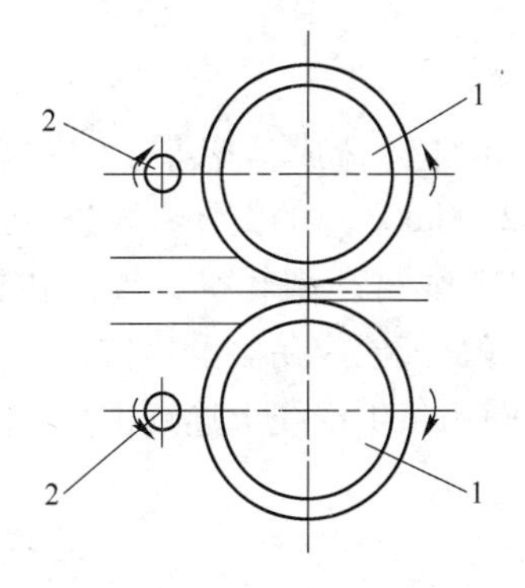

图 3-38 毛毡清辊器示意图
1—轧辊；2—毛毡清辊器

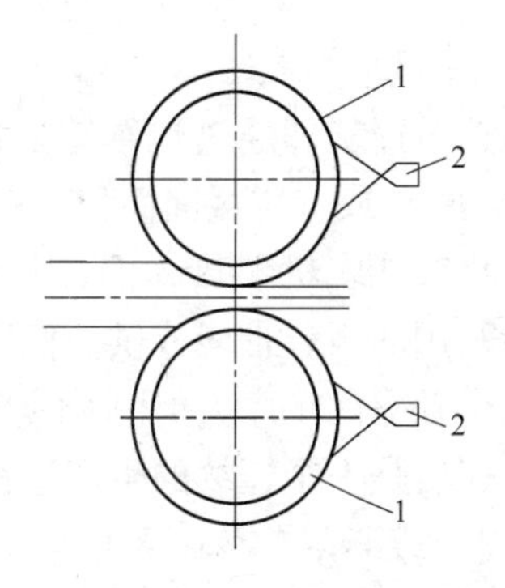

图 3-39 水基润滑喷涂系统示意图
1—轧辊；2—喷枪

驱动喷枪在轧辊轴向移动，将按一定比例混合的水基石墨均匀喷涂在轧辊表面，利用辊面的余热使水分挥发，其喷涂的石墨把铝板与辊面隔离，起润滑、防止粘辊的作用。采用水基润滑剂喷涂法易于调节喷涂浓度和喷涂量，更适合在较高铸轧速度条件下使用，因此水基润滑剂喷涂方式是铸轧机防止铝坯与轧辊黏结的较佳选择。

C 烟炭喷涂装置

烟炭喷涂装置安装在轧辊的出口侧。由电动机驱动喷枪在轧辊轴向做往返移动，喷枪火焰的大小可通过调节高速燃烧介质，如石油液化气或乙炔等与空气的比例进行控制，火焰喷涂在辊面上，使辊面更易形成 Fe_2O_3 膜和均匀的炭层，起润滑和防粘作用。烟炭喷涂装置的特点是设备简单，成本低，喷涂量易于控制，操作简便，辊面易于清理，轧辊的使用寿命延长，润滑、防粘效果好。但烟炭喷涂装置也存在一些缺点，如喷涂量、燃烧比不易控制等；喷涂产生的石墨对铝液有污染作用，使铝带坯的力学性能变差；石墨润滑使系统的导热热阻增大，铝液的凝固速度降低，从而铸轧速度降低。在铸轧速度达到1.3m/min 以上时，其防止粘辊的能力尚有待于进一步提高，尤其在薄规格带材高速铸轧时难以满足提高生产率的需要，因此火焰热喷涂适合于较低铸轧速度条件下使用。

3.3.3 铝及铝合金连铸连轧

3.3.3.1 概述

连铸连轧即通过连续铸造机将铝熔体铸造成一定厚度（一般约20mm 厚）或一定截面面积（一般约 $2000mm^2$）的锭坯，再进入后续的单机架或多机架热（温）板带轧机或线材孔型轧机，直接轧制成供冷轧用的板、带坯或供拉伸用的线坯及其他成品。虽然铸造与轧制是两个独立的工序，但由于其集中在同一条生产线上连续进行，因此连铸连轧是一个连续的生产过程。

A 连铸连轧的主要优点

连铸连轧具有以下优点：

（1）由于连铸连轧板带坯厚度较薄，且可直接带余热轧制，节省了大功率的热轧机和铸锭加热装备、铣面装备；

（2）生产线简单、集中，从熔炼到轧制出板带，产品可在一条生产线连续进行，简化了铸锭锯切、铣面、加热、热轧、运输等许多中间工序，简化了生产工艺流程，缩短了生产周期；

（3）几何废料少，成品率高；

（4）机械化、自动化程度高；

（5）设备投资少，生产成本低。

B 连铸连轧的主要缺点

连铸连轧的主要缺点如下：

（1）可生产的合金少，特别是不能生产结晶温度范围大的合金；

（2）产品品种、规格不易经常改变；

（3）由于不能对铸锭表面进行铣面、修整，对某些需化学处理的及高表面要求的产品会产生不利的影响；

（4）由于性能限制，不能生产某些特殊制品，如易拉罐料；

（5）产品受到限制，如要扩大生产规模，只有增加生产线的数量。

C 连铸连轧分类

a 双带式连铸连轧

液态金属通过两条平行的无端带间组成连续的结晶腔而凝固成坯的装置称为双带式连铸机。带坯离开铸造机后，通过夹送（牵引）辊送入单机架温轧机或多机架连轧机列。夹送辊不对带坯施加轧制力，但有一定量的牵引力。双带式铸造法熔体的冷却速度可高达50～70℃/s，比半连续铸造法（DC）的冷却速度（1～5℃/s）高得多，因而带坯的晶体组织致密细小、枝晶间距小、合金元素固溶度大，产品性能得到一定程度的提高。转换合金时如果铸嘴的使用期限尚未到期，可不必更换，继续使用，但以产生一定量的废料为代价。双带式连铸机分为两类：

（1）双钢带式，即两条钢带构成的连铸机，典型代表是哈兹莱特法（Hazelett）连铸连轧机及凯撒微型（Kaiser）法连铸连轧机；

（2）双履带式，即冷却块连接而成类似坦克履带构成的连铸机，典型代表为双履带式劳纳法 Caster Ⅱ 连铸机、瑞士的阿卢苏斯 Ⅱ 型

(Alusuisse) 连铸机和美国的亨特道格拉斯 (Hunter Duglas) 连铸机。

b 轮带式连铸连轧

由铸轮凹槽和旋转外包的钢带形成的移动式的铸模，把液态金属注入铸轮凹槽和旋转的钢带之间，通过在铸轮内通冷却水带走热量，铸成薄的板带坯，继而进一步轧制可获得较好的带材。轮带式连铸连轧主要有：美国的波特菲尔德-库尔斯法 (Porterfield Coors)、意大利的利加蒙泰法 (Rigamonti)、美国的 RSC 法、英国的曼式法 (Mann) 等。

3.3.3.2 哈兹莱特法连铸连轧机

A 哈兹莱特连铸连轧机的构成和工作原理

哈兹莱特连铸连轧机是美国哈兹莱特带坯铸造公司 (Hazelett Strip-Casting Corporation) 第一代掌门人克拉伦斯·W·哈兹莱特 (R. William Hazelett) 发明的。1947 年开始研究开发双带式铸造机，1963 年第一台 660mm 铸造机在加拿大铝业公司 (Alcan) 的加拿大安大略省阿尔古兹公司 (Algoods inc.) 投产。哈兹莱特连续铸造是在两条可移动的钢带之间进行连续铸造的方法，热轧机与之同步再进行连续热轧，最后卷取成卷。

哈兹莱特连铸连轧机生产铝带坯的生产线由熔炼静置炉组、在线铝熔体净化处理装置、晶粒细化剂进给装置、哈兹莱特双带式连续铸造机、夹送（牵引）辊、单机架或多机架热（温）连轧机列、切边机、剪床、卷取机组成。可生产的带坯宽度为 300 ~ 2300mm，据称正在设计可生产带坯宽度达 2500mm 的铸造机。哈兹莱特连铸连轧生产线示意图见图 3-40。

a 哈兹莱特连铸机的构成

哈兹莱特连铸机的构成如图 3-41 所示，其主要部件为供流系统（熔体槽与密闭熔体供流器）、同步运行的两条无端钢带（上带与下带）、传动系统（张力辊与挡辊、直接传动结构）、水冷与传热系统（喷水嘴、水槽与散热片等）、框架等。铸造是在同步运行的两条钢带之间进行的。钢带套在上、下两框架上，每个框架有 24 个轮支撑钢带。框架间的距离可调整，从而可得到不同厚度的铸坯。下框架带有不锈钢窄带连接起来的金属挡块，钢带与边部挡块构成带坯铸模

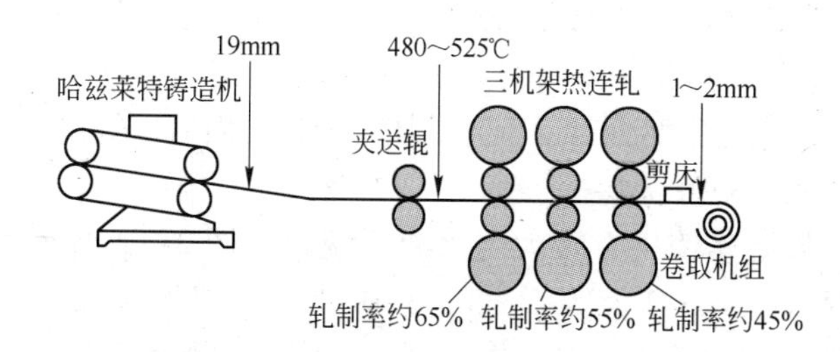

图 3-40 哈兹莱特连铸连轧生产线示意图

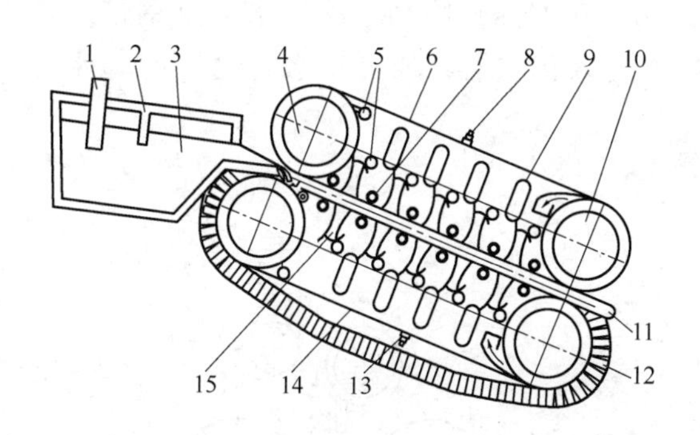

图 3-41 哈兹莱特连铸机示意图

1—浸入式水口；2—中间罐；3—金属液化气；4—压辊；5—高速冷却水喷嘴；6—上钢带；7—支撑辊；8—双层喷嘴；9—集水器；10—张紧辊；11—带坯；12—挡块；13—涂层喷嘴；14—下钢带；15—回水挡板

(结晶器)，它靠钢带的摩擦力与运动的钢带同步移动。调整边块的距离可得到不同宽度的铸坯；框架内有诸多磁性支撑辊，从钢带内侧对应地对其顶紧，张紧度可以调控，以保证钢带保持所要求的平直度偏差。哈兹莱特连铸机型号和铸坯宽度如表 3-22 所示。

表 3-22 哈兹莱特连铸机型号和铸坯宽度

型 号	14 型和 15 型	21 型	23 型	24 型
铸坯宽度/mm	1600	280	915 ~ 1972	1254 ~ 2540

哈兹莱特连铸机的主要消耗材料与备件为钢带、Matrix 喷涂粉、StreamTM 陶瓷铸嘴。钢带是由哈兹莱特公司专制的，1.1 ~ 1.4mm

厚，专门为连铸机生产的冷轧低碳特种合金钢带，采用钨极惰性气体保护电焊，钢带的使用寿命约为8h～14d。铸造前须用Al_2O_3微粒对钢带打毛，打毛深度决定于所铸带坯合金种类而后以等离子或火焰法喷涂一层MatrixTM涂层。

哈兹莱特连铸机有强大的水冷系统，如图3-42所示。对水质有严格要求，其pH值为6～8，水应洁净，不得有油及其他可见的悬浮物，水的消耗量约15t/(m·min)。从喷嘴高速射出的冷却水沿弧形挡块切向喷射到钢带上，均匀而快速地冷却钢带，使铝熔体高速（50～70℃/s）冷却。冷却水经过钢带支撑辊上的环形槽沿弧形挡块流入集水器，通过排水管返回冷却水槽，如此循环冷却。

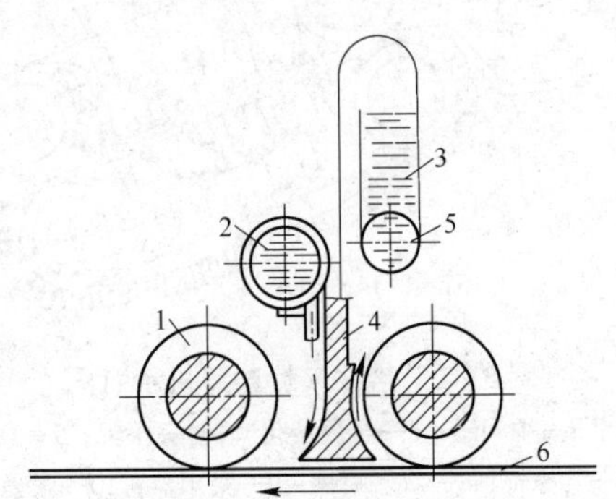

图3-42 哈兹莱特连铸机冷却系统示意图
1—钢带支撑辊；2—进水管；3—集水管；4—弧形挡块；
5—出水管；6—钢带

在铸造过程中，钢带不对凝固着的带坯施加压力，铸造前需将钢带预热到130℃左右，铸造时向钢带与熔体之间吹送保护气体氦，它有高的热导率。

b 哈兹莱特连铸机的工作原理

哈兹莱特铸造机的工作原理示意图见图3-43，铸机采用完全运动的铸模，用一副完全紧张的低碳特种合金钢带作为上、下表面。两条矩形金属块链随着钢带运行，根据可需铸造宽度隔开以构成模腔的边壁，钢带采用一种特殊的高效快速水膜进行冷却，这是哈兹莱特的特有技术。

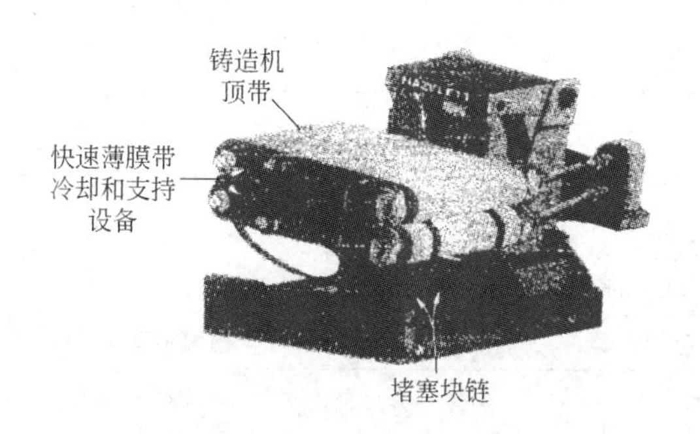

图 3-43 哈兹莱特铸造机的工作原理示意图

铸造的横截面是矩形的，目前典型的铸造宽度为 1930mm。根据最终产品的需要，带坯的厚度范围为 14 ~ 25mm，铸铝坯典型厚度为 18 ~ 19mm。

前箱被准确地安放在铸模的进口外，铝液通过前箱进入铸造机。在钢带的铸造表面敷上不同涂层以获取铸模特定的界面特性。设定特定铸模时，所取的铸模长度取决于所铸合金及生产速度。带坯铸模的标准长度（铸坯宽度）为 1900mm，近来，高速坯铸模的长度为 2300mm。

B 哈兹莱特连铸连轧机组

铝板坯出铸机之后，板坯的温度仍在 450℃以上，符合铝合金的热轧温度范围，即在出坯温度条件下对铸坯进行在线热轧。铸坯将以近 10m/min 的速度进入轧机。道次压下量为 60% 或以上，可获得优异的热轧组织结构。哈兹莱特连铸连轧机组作业流水线如图 3-44 所示，哈兹莱特连铸连轧机组典型的技术参数见表 3-23。

图 3-44 哈兹莱特连铸连轧机组作业流水线

表 3-23　哈兹莱特连铸连轧机组典型的技术参数

使用单位	加拿大铝业公司 Saguenay 工厂
双带式铸造机 1 台	美国 Hazelett 公司制造
铸造带坯厚度/mm 铸造带坯宽度/mm 铸造速度/mm·min^{-1} 铸造能力/kg·(h·mm)$^{-1}$	12.7～38.1 760～1600（2030） 1.2～18.3 35.4
二辊热轧机 1 台	德国 MDS 公司制造
辊径/mm×mm 轧制力/kN 轧制电动机输出功率/转速 轧制速度/m·min^{-1} 轧制力矩/kN·m	ϕ825×2220 9000（最大） 150kW/0/300/900r/min 0/6.63/19.9 457/152
切头飞剪 1 台	德国 MDS 公司制造
剪切力/kN 移动速度/m·min^{-1} 剪切次数/次·min^{-1} 剪切废料长度/mm	1000（最大） 与铸造速度同步 20（最大） 915（最大）
No.1 四辊轧机 1 台	德国 MDS 公司制造
轧辊规格/mm×mm×mm 轧制力/kN 轧制电动机输出功率/转速 轧制速度/m·min^{-1} 轧制力矩/kN·m	ϕ610×1270×2300/2150 18000（最大） 750kW/0/300/900r/min 0/14.65/43.98 811.7/270
No.2 四辊轧机 1 台	德国 MDS 公司制造
轧辊规格/mm×mm×mm 轧制力/kN 轧制电动机输出功率/转速 轧制速度/m·min^{-1} 轧制力矩/kN·m	ϕ610×1270×2300/2150 18000（最大） 1500kW/0/300/900r/min 0/36.6/109.8 650/217

续表 3-23

圆盘切边剪 1 台	德国 MDS 公司制造
刀盘直径/mm	ϕ500
使用单位	加拿大铝业公司 Saguenay 工厂
切边宽度/mm	100（最大）
碎边长度/mm	390
刀盘传动电动机功率/速度	56kW/0/550/1000r/min
切边剪 1 台	德国 MDS 公司制造
刀盘直径/mm	ϕ600
刀盘传动电动机功率/速度	56kW/0/550/1000r/min
横切飞剪 1 台	德国 MDS 公司制造
剪刀行程/mm	140
剪刀传动电动机功率/速度	165kW/0/1000/1200r/min
移动速度/ $m \cdot min^{-1}$	120（最大）
剪切次数/次 · min^{-1}	40（最大）
剪切废料长度/mm	3000（最大）
卷取机 2 台	德国 MDS 公司制造地下卷取机
卷筒形式	液压涨缩四楔块套筒式
卷筒直径/mm	ϕ510
带卷直径/mm	ϕ2030（最大）
带卷质量/kg	16600（最大）
带材张力/N	18000 ~ 180000
卷取机传动电动机功率/速度	375kW/0/300/1200r/min
额定卷取周期/min	14

C 哈兹莱特生产线分布

目前，全球铝带坯哈兹莱特连铸连轧生产线近十余条，如表 3-24 所示，大部分配以 2 机架或 3 机架热连轧，其生产能力因合金不同而异，一般为 15 ~25kg/(h · mm)。该方法还广泛用于铜、锌等有色金属轧制。

表 3-24 全球投产的哈兹莱特（Hazellett）连铸连轧机列

年份	公 司	国家	宽度 /mm	年产量 /kt	合 金
1963	Tower	加拿大	660	25	3003、5052、6005、6061
1970	Nihon atsuen	日本	300	10	1100、3003、5052、6061
1979	Commonwealth	美国	711	40	3004、3105、5757
1984	Nihon atsuen	日本	450	10	1070、3105、5052、6063
1985	Jupiter	美国	762	100	3004、3105、5052
1986	Commonwealth	美国	1320	210	3004、3105、5052、5754
1987	Vulcan	美国	1320	15	5052
1991	Nichols	美国	1320	200	3004、3105、5052
1997	Neuman	加拿大	380	15	1060、1100、3003、3005
2001	CVA	西班牙	1320	30	1050、1200、3003、3005、5005、5049、8011、8079
2002	Alcoa	美国	1930	100	1100、3105、5349、7072
2011	伊川铝业	中国	1960	500	1060、1200、3003、5052、6063

在双带式哈兹莱特铸造机之后可布置1台或多台温（热）轧机，可以是两辊的，也可以是四辊的或混合型的，组成连铸连轧生产线。在目前运转的14条连铸连轧生产线中，后置单机架四辊轧机的有2条，后置双机架四辊轧机的有5条，还有6条各有3台四辊轧机。加拿大铝业公司萨古赖（Saguenay）轧制厂的生产线为混合型，第一台为两辊的，第二、三台为四辊的。自20世纪90年代以来建设的生产线都是3机架的。

2300哈兹莱特连铸连轧生产线主要机组的技术参数如下：

双带式连续铸造机：

带坯厚度/mm	14 ~ 22
带坯宽度/mm	1100 ~ 2300
铸造速度/m · min^{-1}	6 ~ 9
生产率/t ·（m · h）$^{-1}$	27

热连轧机列：

机架数：	2～3
轧机规格/mm×mm	ϕ730/1600×2500
轧制力/kN	最大55000
轧制速度/m·min^{-1}	170
主电动机功率/kW	各3000
带材宽度/mm	最大2300
来料厚度/mm	19
出口厚度/mm	1
带卷质量/t	最大8

现在，哈兹莱特铸造机正在朝着自动化、工艺参数调控计算机化的方向发展，进一步减薄带坯厚度，提高产品质量，降低生产成本，使操作更简易，生产更稳定。

D 哈兹莱特生产线的改进

据有关资料介绍，1985～2000年，哈兹莱特连铸机进行了大量的技术创新（图3-45）。

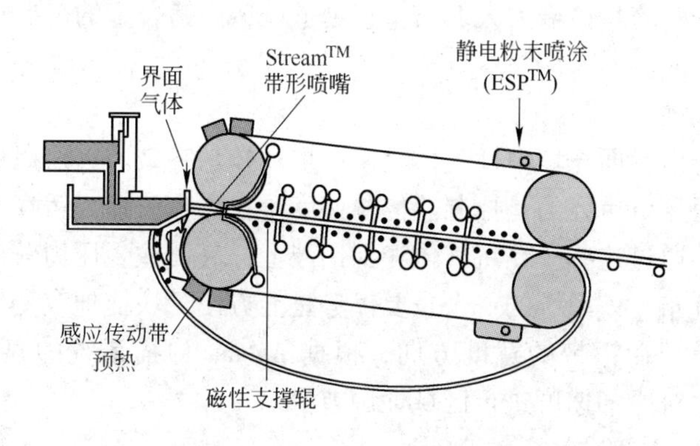

图3-45 哈兹莱特连铸机改进示意图

a 钢带的感应预加热技术

为了防止钢带在进入模腔时发生的“冷箍”及弯曲和热变形，曾考虑过各种技术。哈兹莱特公司和阿贾克斯公司共同研制了一种非常强大的感应加热系统，能把进入模腔的钢带的温度瞬时提高到150℃。在此温度下，钢带平衡过渡到热金属区，不会出现弯曲和变形。

该系统的另一个功效是控制钢带表面的水汽。模腔表面若有水将立即造成热传输局部中断，生成微细的难以觉察的表面液化区。早先采用的石墨涂层，尽管也具备吸湿功能，但不能用于高温环境。采用感应预热系统，就可去除夹在钢带永久性涂层中的水汽。钢带加热到150℃，任何水汽均可被去除。

b 磁性支撑辊

尽管钢带预热可防止其进入模腔时的热变形，但在其与铝液大面积接触后还会产生另一种热变形，这时钢带呈球面状变形并瞬时扩展，直至在钢带厚度方向上达到热平衡为止。钢带变形的量与其厚度方向上瞬时热差有直接关系。过去用石墨作为涂层来控制这种变形，其结果是冷却速率的适用范围比较有限，后来，在钢带背面的支撑辊中装入永磁体，这种磁体具有“伸出”性吸力，也就是说，这种磁体不必与被吸物体紧密贴合，只要将两块这样的小磁体放在手掌的正、反面，就会发现它们不易分开，这一技术的效果是巨大的，使透过钢带厚度的热传输大大加快，满足了铸造高镁合金的需要，而且钢带不会变形。

c 惰性气体保护

在铸模界面充填惰性气体是一项重大技术突破。它可以用于控制氧化，而且更重要的是控制热传输速度。在陶瓷铸嘴或铸嘴支座里钻些小孔，通过这些小孔将气体注到铝液上。气体注入压力较低，可使其均匀分布。该系统的一个重要优势是能方便、快捷地改变气体的配方或用量，在钢带的宽度方向，根据 Agema 扫描系统的显示结果，有选择地对冷却速度进行区域性调节。

d ESP™涂层

哈兹莱特铸铝工艺采用永久性 Matrix 型涂层。该涂层基本采用陶瓷物质，用火焰或等离子喷涂在钢带表面。钢带先经过喷丸打毛，然后用氧化物涂覆。氧化物与打毛钢带表面相结合。用该涂层根据不同合金固化条件的需要来控制热传输。通过改变涂层厚度、粗糙度、多孔性及化学组分可获得所需的公称固化速率，这对获取合金坯最佳表面质量至关重要。涂层的使用寿命与钢带本身相同。

e 先进的监测和控制技术

配有计算机及先进软件的探测器，可以监测铸模钢带温度、铸带偏移度、铸造机和引出端夹送辊的驱动力及炉内熔体金属温度和中间罐温度以及凝固带的温度等。

3.3.3.3 凯撒微型双钢带连铸连轧方法

该方法由凯撒铝及化学公司开发，最初拟采用此工艺专门轧制易拉罐料，装备简单，生产规模较小（3.5 万吨/a），以低的投资来降低制罐成本。

其生产线由熔炼静置炉、供流系统、连铸机、牵引机、双机架热轧机、热处理炉、冷却系统、冷轧机、卷取机组成，工艺配置如图 3-46 所示，连铸机示意图如图 3-47 所示。

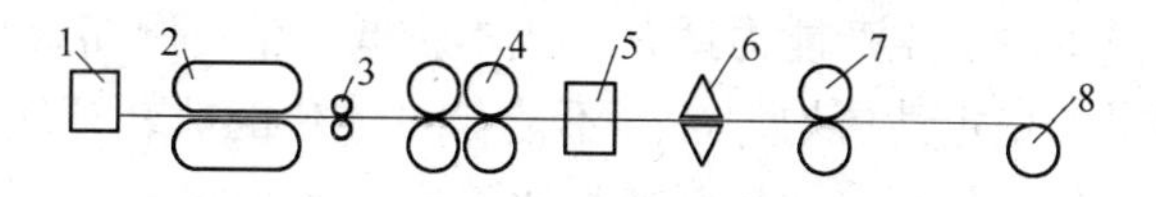

图 3-46 凯撒微型连铸连轧生产线示意图

1—供流系统；2—连铸机；3—牵引机；4—热轧机；5—热处理装置；6—冷却装置；7—冷轧机；8—卷取机

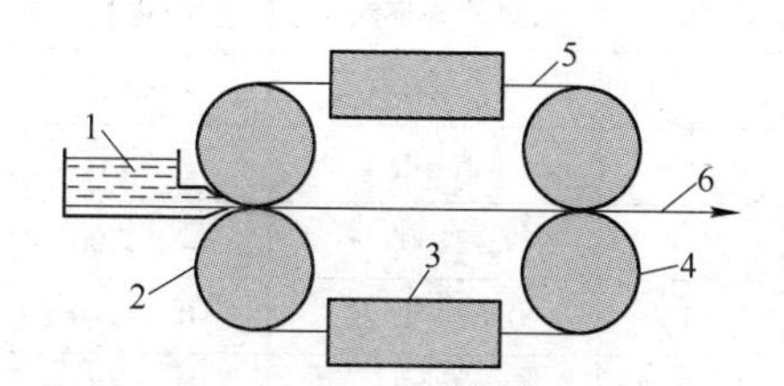

图 3-47 凯撒微型连铸机示意图

1—供流装置；2—水冷却辊；3—快冷装置；4—牵引（支撑辊）；5—带坯；6—钢带

该连铸机同样有两条无端钢带，钢带厚度 3 ~ 6mm，结晶腔入口两个辊内部通水冷却。此外，上、下钢带还配置快冷装置，出口辊起牵引及支撑作用。

当熔体通过时，立即凝固成薄坯，厚度一般较小，约 3.5mm，这与哈兹莱特法不同，后者由于较厚（20mm 以上），铝熔体刚接触钢带时，仅上、下表面形成一层凝固壳，液穴较深，大部分在钢带之间凝固，如图 3-48 所示。因此，采用凯撒微型双钢带连铸连轧法连铸坯料比其他方法带坯质量好。

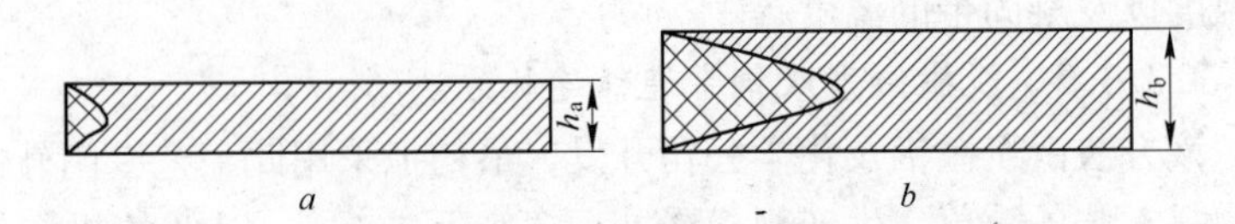

图 3-48　不同方法连铸铸坯结晶液穴示意图

a—凯撒微型双钢带连铸，h_a 一般为 3.5mm；

b—哈兹莱特双钢带连铸，h_b 一般不小于 20mm

凯撒微型连铸连轧产品宽度为 270 ~ 400mm，虽然具有产品冶金质量高、投资少、生产能力适宜、成本较低、生产周期短等优点，但因罐料质量的稳定性、均匀性等不能与一体化的热轧开坯法相竞争，其应用也受到了限制。同热开坯相比，连铸连轧方法生产易拉罐的相关指标如表 3-25 所示。

表 3-25　不同生产方法生产易拉罐的相关指标比较

项　　目	热轧开坯法	哈兹莱特法	凯撒微型法
建厂投资/百万美元	300 ~ 1000	180	30
产量/$kt \cdot a^{-1}$	136 ~ 454	90	35
产量成本/美元 · t^{-1}	2200	2200	860
制造成本（平均成本为 1）	0.67 ~ 1.25	0.67 ~ 0.83	0.45 ~ 0.5
生产周期/d	55	37	17

3.3.3.4　双履带式劳纳法（Caster Ⅱ）

以劳纳法（Caster Ⅱ）为例，其生产线示意图如图 3-49 所示，它是将熔体注入两条可动的水冷式履带之间凝固成型的方法，可铸出厚度为 25.4mm 左右的薄板坯，再直接进行连续热轧。据介绍，该方法适用于铸造品种少、批量大的板坯和可以循环作业的单一合金饮料罐材用的板坯。采用劳纳法时，为保证罐用板材的性能，可通过激冷板块的选择，将冷却速度控制为与 DC 法相同。

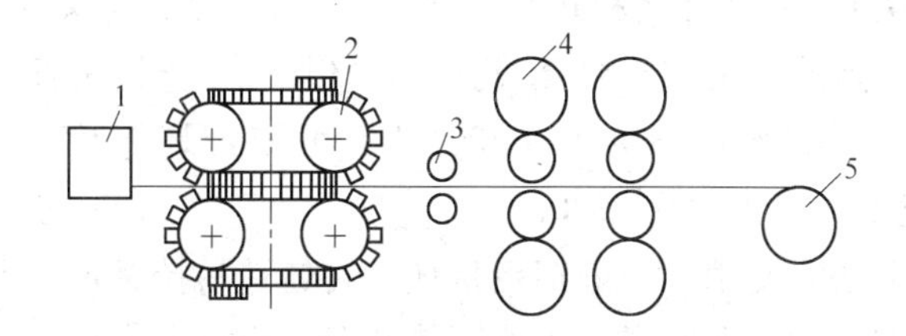

图 3-49 劳纳法（Caster Ⅱ）连铸连轧生产线示意图

1—供流系统；2—连铸机；3—牵引机；4—热轧机；5—卷取机

该连铸机的工作原理与哈兹莱特法基本相同，主要的区别在于构成结晶腔的上、下两个面不是薄钢带，而是两组做同一方向运动的激冷块，如图 3-50 所示。

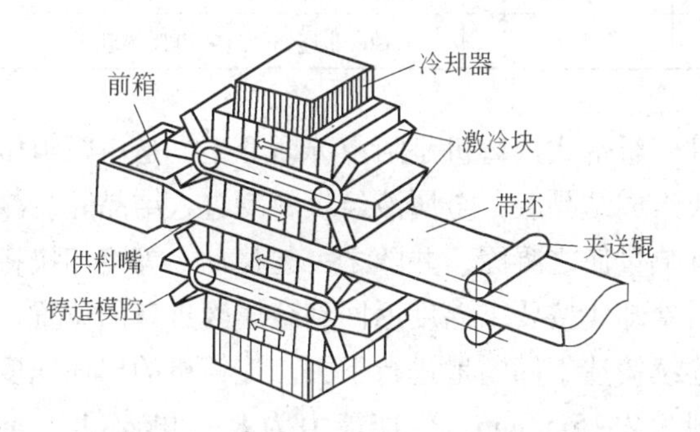

图 3-50 劳纳法 Caster Ⅱ连铸机示意图

激冷块一个个安装于传动链上，在传动链与激冷块之间有隔热垫，以保证其受热后不产生较大的膨胀变形。由于激冷块在工作过程中不承受机械应力，不存在较大的变形，可以采用铸铁、钢、铜等材料制作。

当铝熔体通过供料嘴进入结晶腔入口时，与上、下激冷块一起向出口移动，在达到出口并完全凝固后，激冷块与带坯分离。铸坯通过牵引辊进入热轧机（单机架、多机架）接受进一步轧制，加工成板带坯。激冷块则随着传动链传动返回，返回过程中，激冷块受到冷却系统的冷却，温度降低，达到重新组成结晶腔的需要，从而使连铸过程持续进行。

劳纳法 CasterⅡ连铸机可生产1×××系、3×××系、5×××系合金，铸造速度决定于合金成分、带坯厚度及连铸机长度，一般为2～5m/min，生产效率为8～20kg/h，可铸带坯厚度一般为15～40mm，宽度一般为600～1700mm。

该铸造法主要用于一般铝箔带坯。在铸造易拉罐带坯上，同样由于质量及综合效益等因素，无法同热轧开坯生产方式竞争。全球仅有三四条生产线，主要生产线如表3-26所示。

表3-26 劳纳法（CasterⅡ）连铸连轧主要生产线情况

拥有企业	生产线数量	生产配置	产品宽度/mm
美国戈登铝业公司	1	CasterⅡ连铸机+2机架热轧	813
	1	CasterⅡ连铸机+2机架热轧	1750
德国	1	CasterⅡ连铸机+2机架热轧	1750

另一种双履带式连铸机是阿卢苏斯Ⅱ型，是由两组做同一方向移动的冷却块组成结晶腔，金属液经供料嘴进入结晶腔。冷却块接触熔体后吸收其热量使之凝固，并随之一起移动。等冷却块将吸收的热量带走，然后冷却块按要求温度返回到金属液进口的位置，重新组成结晶腔，使连续铸造不间断地进行下去。连铸机的出坯速度取决于合金成分，一般为2～5m/min，生产能力为8～20kg/(h·mm)，可铸带坯厚度一般为15～40mm，宽度一般为600～1700mm。

3.3.3.5 英国曼式连铸机

轮带式连铸机主要是由一旋转的铸轮和与该铸轮相互包络的钢带组成。由于钢带与铸轮的包络方式不同，组成了种类众多的连铸机，它们往往与连轧机或其他形式轧机组成连铸轧机列，实现液态金属一次加工成材的工艺过程。轮带式连铸连轧生产线主要由供流系统、连铸机、牵引机、剪切机、一台或多台轧机、卷取机等组成，以英国曼式连铸机为例，其生产线配置示意图如图3-51所示。

其工作原理是，铝熔体通过中间罐进入供料嘴，再进入由钢带及装配于结晶轮上的结晶槽环构成的结晶腔入口，通过钢带及结晶槽环把热量带走，从而凝固，并随着结晶轮的旋转，从出口导出，进入粗

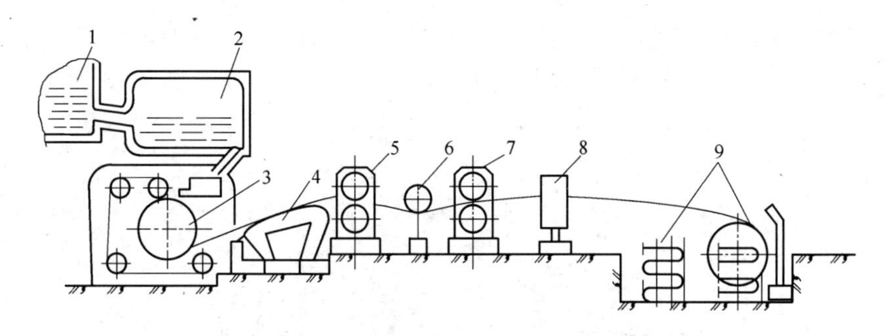

图 3-51 曼式连铸连轧生产线示意图

1—熔炼炉；2—静置炉；3—连铸机；4，6—同步装置；
5—粗轧机；7—精轧机；8—液压剪；9—卷取装置

轧机或精轧机，实现连铸连轧过程。也可不经轧制直接铸造薄带坯(0.5mm)。

由于工艺及装备条件的限制，轮带式带坯连铸机一般用于生产宽度不大于500mm的带坯，厚度在20mm左右。经过热（温）连轧机组，可轧制生产厚度为2.5mm左右的冷轧卷坯。

3.3.4 铝及铝合金冷轧设备

3.3.4.1 冷轧机

A 二辊冷轧机

二辊冷轧机（图3-52）多以片材轧制为主，后发展为卷材轧制，主要用于轧制窄规格的板带材。二辊冷轧机结构简单，没有现代意义的自动控制技术，在生产效率、尺寸精度、表面质量及板形控制等方面远远低于四辊冷轧机和六辊冷轧机。目前，二辊冷轧机已基本从主流铝加工企业淘汰，现在主要在一些小型铝轧制加工厂和实验室中使用。

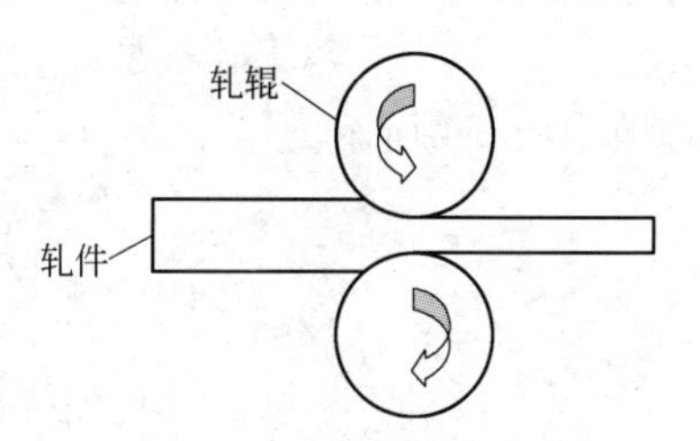

图 3-52 二辊冷轧机示意图

B 四辊冷轧机

四辊冷轧机是铝合金冷轧加工中应用最广泛的轧机，在国内外都有大量应用，它在生产效率、尺寸精度、表面质量及板形控制等方面均明显优于二辊冷轧机，其轧机主体设备组成示意图如图 3-53 所示。

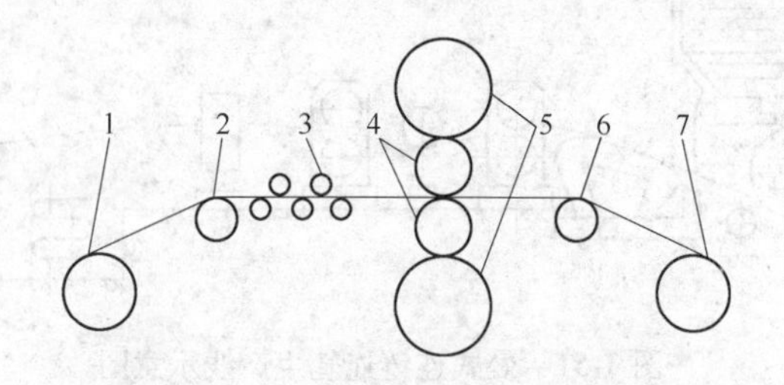

图 3-53　四辊冷轧机主体设备组成示意图

1—开卷机；2—入口导向辊；3—张紧辊组；4—工作辊；5—支撑辊；6—出口导向辊（或板形辊）；7—卷取机

四辊冷轧机根据轧机的配置情况可分为老式、普通和现代三种。

老式轧机如西南铝业（集团）有限责任公司的 1400mm 四辊不可逆冷轧机和 2800mm 四辊不可逆冷轧机，主要参数如表 3-29 所示。

C　六辊冷轧机

六辊冷轧机是为了轧出更薄及精度要求更高的产品，在四辊冷轧机基础上增加了中间辊，进一步增加了轧机的刚度，并使得工作辊直径进一步减小。六辊轧机是冷轧机的发展趋势，其主体设备组成示意图如图 3 54 所示。

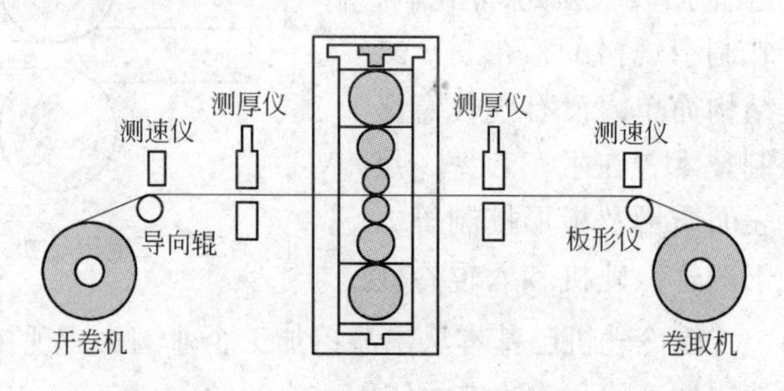

图 3-54　六辊冷轧机主体设备组成示意图

目前，国内已经建成投产的六辊冷轧机主要有：中铝瑞闽铝板带有限公司 1996 年投产的六辊 1850mmCVC 冷轧机；南山轻合金有限公司 2007 年投产的两台 2100mmCVC 冷轧机，其中南山轻合金有限公司的两台冷轧机是中国迄今引进的装机水平最高的铝合金单机架六辊冷轧机，其主要参数如下：

带材最大宽度：2100mm；

最大卷重：30t；

入口厚度：分别为 10mm 和 3.5mm；

出口厚度：最薄分别为 0.2mm 和 0.1mm；

最大轧制速度：分别为 1500m/min 和 1800m/min；

轧机的技术特点：CVCpluss 技术；中间辊窜动；装有工作辊水平稳定系统；有带材边部热油喷射装置；配备有 SMSDemag 公司开发的烟气净化与油回收系统，总净化能力为 240000m^3/h，净化处理后排放的气体能满足当前最严格的环保标准要求，回收的轧制油可进入循环系统两次使用。

D 冷连轧机

冷连轧机代表目前铝合金冷轧机设备的最高水平，其主体设备组成示意图如图 3-55 所示。目前，国外的主要冷连轧机有：俄罗斯萨马拉冶金厂的 5 机架冷连轧生产线；美国铝业公司田纳西轧制厂的全连续 3 机架冷轧生产线；加拿大铝业公司肯塔基州洛根卢塞尔轧制厂于 1993 年投产的 3 机架 CVC 冷连轧机；德国阿尔诺夫铝加工厂于 1995 年初建成投产的一条冷轧双机架四辊 CVC 冷连轧生产线。我国中铝西南铝于 2009 年建成一条双机架六辊 CVC 冷连轧生产线，是国

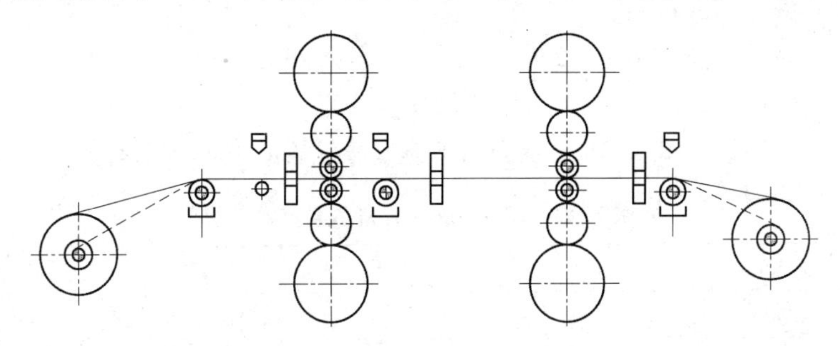

图 3-55 双机架冷连轧机主体设备组成示意图

内第一条也是目前唯一一条具有世界先进水平的高精铝及铝合金板带冷连轧生产线。

中铝西南铝公司双机架六辊 CVC 冷连轧机生产线主要参数如下：

带材最大宽度：1800mm；

最大卷重：25t；

入口厚度：不大于 3.5mm；

出口厚度：最薄分别为 0.15mm 和 0.1mm；

出口最大速度：1600m/min；

轧机的技术特点：六辊 CVCplus 技术；两台板形仪；有带材边部热油喷射装置；配有三台测厚仪和三台测速仪，采用秒流量厚度控制技术；配有 SMSDemag 公司的板式过滤系统、烟气净化与油回收系统。

阿尔诺夫铝加工厂冷轧双机架四辊 CVC 冷连轧生产线主要参数如下：

CVC 工作辊：直径 510 ~ 470mm，辊身长度 2450mm，CVC 轴向移动距离 ±100mm；

支撑辊：直径 1400 ~ 1300mm，辊身长度 2240mm；

每个机架主传动电动机额定功率 AC6000kW；工作辊主传动；

最大轧制速度：第一机架 900m/min，第二机架 1500m/min；

带材张力：入口侧 7 ~ 75kN，出口侧 6 ~ 65kN；

每个机架最大轧制力 20000kN；

带材尺寸：来料厚度 0.7 ~ 3.5mm，出口厚度 0.2 ~ 1.5mm；宽度 1600 ~ 2150mm；

带卷直径：1600 ~ 2700mm，最大卷重 29000kg。

3.3.4.2 几种典型的冷轧机技术性能

表 3-27 ~ 表 3-31 分别列出了典型冷轧机的主要技术参数。

表 3-27 2300mm 冷轧机主要技术参数

制造单位	英国 DAVY
轧机形式	四辊不可逆冷轧机
轧机规格	ϕ510mm/1350mm × 2350mm/2300mm

续表 3-27

轧制的材料	1×××系、3×××系、5×××系
来料厚度范围/mm	2~8
来料宽度范围/mm	1060~2060
来料卷材内外径/mm	ϕ610/ϕ2500
来料最大卷重/kg	22000
成品最小厚度/mm	0.2
成品宽度范围/mm	1060~2060
成品卷最大外径/mm	ϕ2500
成品卷最小外径/mm	ϕ1200
成品最大卷重/kg	22000
成品卷单位宽度卷重/kg·mm^{-1}	10.68
套筒规格	ϕ605mm/ϕ670mm×2250mm
轧制速度（基速/最大速度）/m·min^{-1}	0~240/600
	0~600/1500
轧制力/kN	20000
道次压下率/%	15~60
主传动电动机功率/转速	4×1500kW
	0~374/935r/min
工作辊	ϕ510mm/ϕ475mm×2350mm
支撑辊	ϕ1350mm/ϕ1270mm×2300mm
轧制方向（站在操作侧看带材前进方向）	从右至左
开卷机张力范围/kN	低速 15000~150000
	高速 6000~60000
开卷机电动机功率/转速	2×665kW
	0~275/1100r/min
开卷速度/ m·min^{-1}	低速 540
	高速 1350
卷轴直径/mm	ϕ560~615

续表 3-27

卷取张力范围/kN	低速 24400 ~ 195000（两台电动机）
	高速 9750 ~ 78000（两台电动机）
	高速 4880 ~ 39000（两台电动机）
卷取机电动机功率/转速	2 × 1000kW
	0 ~ 275/1100r/min
卷取速度/ $m \cdot min^{-1}$	低速 660
	高速 1650
工艺润滑油喷射量/ $L \cdot min^{-1}$	8000

表 3-28 1850mm 六辊 CVC 冷轧机主要技术参数

制造单位	SMS
轧机形式	六辊不可逆 CVC
轧机规格	ϕ440mm/ϕ520mm/ϕ1250 × 1850mm/2050mm/1800mm
轧制的材料	1 × × ×系、3 × × ×系、5 × × ×系
来料厚度/mm	8（最大）
来料宽度范围/mm	850 ~ 1700
来料卷材内外径/mm	ϕ610/ϕ1920
来料最大卷重/kg	11000
成品最小厚度/mm	0.15
成品宽度范围/mm	850 ~ 1700
成品卷最大外径/mm	ϕ1920
成品卷最小外径/mm	ϕ1000
成品最大卷重/kg	11000
成品卷单位宽度卷重/ $kg \cdot mm^{-1}$	6.45
套筒规格	ϕ605mm/ϕ665mm × 1850mm
轧制速度（基速/最大速度）/ $m \cdot min^{-1}$	0 ~ 290/630（低速）
	0 ~ 550/1200（高速）

续表 3-28

轧制力/kN	16000
主传动电动机功率/转速	1×4000kW
	0～200/433/480r/min
工作辊	ϕ440mm/ϕ400mm×1850mm
中间辊	ϕ520mm/ϕ490mm×2050mm
支撑辊	ϕ1250mm/ϕ1150mm×1800mm
轧制方向（站在操作侧看带材前进方向）	从右至左
开卷机张力范围/kN	4.8～112
开卷机电动机功率/转速	1×880kW
	(0～260)/820r/min
开卷速度/ m·min^{-1}	(0～470)/900
卷轴直径/mm	ϕ545～615
卷取张力范围/kN	3.33～150
卷取机电动机功率/转速	2×880kW
	(0～260)/820 r/min
卷取速度/ m·min^{-1}	(0～700)/1320
工艺润滑油喷射量/L·min^{-1}	6000

表 3-29 西南铝业（集团）有限责任公司 1400mm、2800mm 四辊不可逆冷轧机参数

参数			1400mm 四辊不可逆冷轧机	2800mm 四辊不可逆冷轧机
产品参数	来料	厚度/mm	0.2～4.0	≤10.0
		宽度/mm	600～1260	1060～2620
		最大卷重/kg	5000	10000
	成品	厚度/mm	0.2～3.0	0.5～4.0
		宽度/mm	600～1260	1060～2620

续表 3-29

参数			1400mm 四辊不可逆冷轧机	2800mm 四辊不可逆冷轧机
设备参数	工作辊	直径/mm	360 ~ 330	650 ~ 610
		长度/mm	1400	2800
	支撑辊	直径/mm	1000 ~ 960	1400 ~ 1300
		长度/mm	1340	2800
	最大轧制速度/$m \cdot min^{-1}$		600	360
	最大轧制力/kN		5390	19600
	辊缝调整		电动或液压调整	
	厚度控制		出口测厚仪在线测量厚度，调节辊缝控制厚度，控制精度差	
	板形控制		手动调节弯辊和分段冷却，无板形辊在线检测	

表 3-30 西南铝业（集团）有限责任公司 1 号 1850mm 四辊不可逆冷轧机参数

参数			西南铝业 1 号 1850mm 四辊不可逆冷轧机
产品参数	来料	厚度/mm	0.25 ~ 7.5
		宽度/mm	950 ~ 1700
		最大卷重/kg	11000
	成品	厚度/mm	0.15 ~ 2.0
		宽度/mm	950 ~ 1700
设备参数	工作辊	直径/mm	450 ~ 410
		长度/mm	1850
	支撑辊	直径/mm	1270 ~ 1230
		长度/mm	1720
	最大轧制速度/$m \cdot min^{-1}$		1200
	最大轧制力/kN		19000
	辊缝调整		用轧辊组下面的液压差动式缸和辊组上面的调整垫
	厚度控制		出口测厚仪在线测量厚度，通过辊缝控制、轧制压力控制、轧辊位置控制、轧辊弯曲控制来控制厚度
	板形控制		板形辊测量在线板形情况，自动控制轧辊倾斜、轧辊弯曲和轧辊分段冷却

表 3-31 西南铝业（集团）有限责任公司 2 号 1850mm 四辊不可逆冷轧机

<table>
<tr><th colspan="3">参　数</th><th>西南铝业 2 号 1850mm 四辊不可逆冷轧机</th></tr>
<tr><td rowspan="5">产品参数</td><td rowspan="3">来料</td><td>厚度/mm</td><td>≤3.0</td></tr>
<tr><td>宽度/mm</td><td>910~1700</td></tr>
<tr><td>最大卷重/kg</td><td>11000</td></tr>
<tr><td rowspan="2">成品</td><td>厚度/mm</td><td>0.15~2.0</td></tr>
<tr><td>宽度/mm</td><td>910~1700</td></tr>
<tr><td rowspan="9">设备参数</td><td rowspan="2">工作辊</td><td>直径/mm</td><td>440~400</td></tr>
<tr><td>长度/mm</td><td>2050</td></tr>
<tr><td rowspan="2">支撑辊</td><td>直径/mm</td><td>1400~1300</td></tr>
<tr><td>长度/mm</td><td>1800</td></tr>
<tr><td colspan="2">最大轧制速度/m·min⁻¹</td><td>1500</td></tr>
<tr><td colspan="2">最大轧制力/kN</td><td>16000</td></tr>
<tr><td colspan="2">辊缝调整</td><td>轧辊组下面液压斜楔和辊组上面的液压差动式缸，CVC 窜移量 ±100mm</td></tr>
<tr><td colspan="2">厚度控制</td><td>压下位置闭环、轧制压力闭环、厚度前馈控制、速度前馈控制、厚度反馈控制（测厚仪监控）</td></tr>
<tr><td colspan="2">板形控制</td><td>板形辊测量在线板形情况，自动控制轧辊倾斜、轧辊弯曲，自动控制轧辊分段冷却和 CVC 窜移</td></tr>
</table>

3.3.4.3 冷轧机的结构及一体化技术的应用

（1）现代化冷轧机的组成。现代化冷轧机的主要设备组成有：上卷小车，开卷机，开卷直头装置，轧机入口侧装置，轧机主机座，轧机出口侧装置，板厚检测装置，板形检测装置，液压剪，卷取机，卸卷小车，上套筒装置，卸套筒装置及套筒返回装置，轧辊润滑、冷却系统，轧制油过滤系统，快速换辊系统，轧机排烟系统，油雾过滤净化系统，CO_2 自动灭火系统，卷材储运系统，稀油润滑系统，高压液压系统，中压液压系统，低压（辅助）液压系统，直流或交流变频传动及其控制系统，板厚自动控制系统（AGC），板形自动控制系统（AFC），生产管理系统以及卷材预处理站等。有些现代化冷轧机旁还建有高架仓库，形成了一个完善的生产体系。

现代化冷轧机在围绕完善控制系统和控制工作辊凸度等方面做了大量研究开发工作，多种类型的可变凸度轧辊已在生产中广泛采用。现代化冷轧机正朝着大卷重、高速度、机械化、自动化的方向发展。发达国家有的冷轧机轧制带材宽度达3500mm，最小出口厚度达0.05mm，轧制速度达40m/s，最大卷重近30t，带材厚度公差不大于1%~1.5%，平直度不大于10I。

（2）减少辅助时间的措施。为了减少轧制时的辅助时间，现代化铝带冷轧机一般都设置了卷材装备站，在进入开卷机前就打散了钢带并切头、直头。开卷机卸套筒和卷取机上套筒有专门的机构或机械手。

在辅助时间中，开卷所占的时间较多，为此有的冷轧机设置了双开卷机或双头回转式开卷机。Alcoa公司田纳西州工厂的三连轧机有两台开卷机，有焊接机和高大的贮料塔，卷取机是双头回转式。换卷时不停机、不减速，上、下卷可以不用辅助时间。

（3）主传动电动机和大功率卷取机采用变频电动机。与直流传动相比，同步电动机具有结构紧凑、占用空间小、维护量小、电机损耗低（因而节省电能）、过载能力高、动态控制特性优良等优点，当输出功率大于3000kW时，这种传动系统比直流传动系统价格便宜。

同步电动机的冷却机组（或中央通风回路）装在顶部，不像直流电动机需要设置循环空气过滤系统，同步电动机电流加在定子上，不像直流电动机加在转子上，所以同步电动机具有高的过载能力，可以进行有效的冷却。同步电动机不需要换向器，减少了维护工作量。

同步电动机用于无齿传动，具有极佳的动态控制特性，对于大功率的卷取机，能非常有效地纠正由于卷取机突然移动和来料厚度变化所引起的带材张力波动。

（4）电气控制现代化。不管是自动控制部分还是传动部分，现代化冷轧机一般都采用四级控制系统。它装配了多个CPU中央处理单元，系统的开放性很强，用户可以自己开发和修改。它集散性强，可以与其他系统联网，便于工厂的管理，运行中软件修改方便，维修也方便。电气控制现代化可增加产量，提高质量，操作经济，节约能源。

（5）厚度自动控制系统。

1）辊缝控制。来料厚度偏差或材料性能变化引起轧制力变化时，将使轧机发生弹跳，通过计算机可对辊缝进行补偿。对轧制力的偏差可以立即补偿，但辊子偏心引起的轧制力变化不能校正。

2）前馈控制。入口厚度偏差引起的出口厚度偏差可利用前馈控制进行补偿。

3）反馈控制。反馈控制是对长期的厚度偏差进行补偿的手段。有些轧机在出口侧既有X射线测厚仪，又有β射线测厚仪。X射线测厚仪动态性能好，β射线测厚仪静态性能好。

4）质量流控制。在轧机的进出口处各用一台激光测速仪测量带材的进出口速度，根据入口侧测厚仪检测的来料厚度可计算出带材的轧出厚度，将其与设定的轧出厚度比较，根据差值调节轧机的辊缝，消除厚度偏差。计算出的带材轧出厚度不存在滞后，因此动态响应速度大大高于传统的厚度控制方法。在加、减速等动态阶段对带材厚度精度的改进特别明显，从实际使用的情况看，轧件的头、尾厚度超差部分大幅度减小，成品带材为整个带材长度的99%。激光测速测量快、精度高、无磨损且长期可靠。

5）弯辊力补偿。弯辊力的变化将引起轧机弹跳的变化，弯辊力补偿就是给位置控制一个设定值，以抵消这一影响。

6）轧辊偏心补偿。对支撑辊进行偏心补偿。

（6）板形自动控制系统。

1）板形辊使用已经很普遍，板形控制又增加了CVC、DSR和TP辊等各种手段，性能控制更好。

2）基准曲线/目标板形有几十条板形曲线。

3）板形偏差的补偿。设有温度补偿，即对带材横断面上的温度分布进行补偿；楔形补偿，即对因机械原因引起的检测误差进行补偿；卷取凸形补偿，即卷取后卷径增加，引起抛物线凸度，对其补偿；对边部区域补偿，即对边部区域测量进行补偿。

4）检测值分析系统。板形辊检测的带材张力分布与板形曲线比较后，将所得的残余应力进行数学分析，偏差进行归类。

5）动态凸度控制。轧制力波动时，将对工作辊弯辊和中间辊弯辊有影响。动态凸度控制为前馈控制方式，弯辊系统的设定值为轧制力变化的函数。动态凸度控制只在辊缝控制使用时才起作用。

3.3.4.4 几种新型控制技术的冷轧机

A HC 轧机、UC 轧机

a HC 轧机

HC 轧机全名为 High Crown Mill，是日立公司 1972 年开发的一种轧机，其结构示意图如图 3-56 所示。HC 轧机，与常规四辊轧机相比，轧件板形的可调性和稳定性更好。

HC 轧机的结构特点如下：

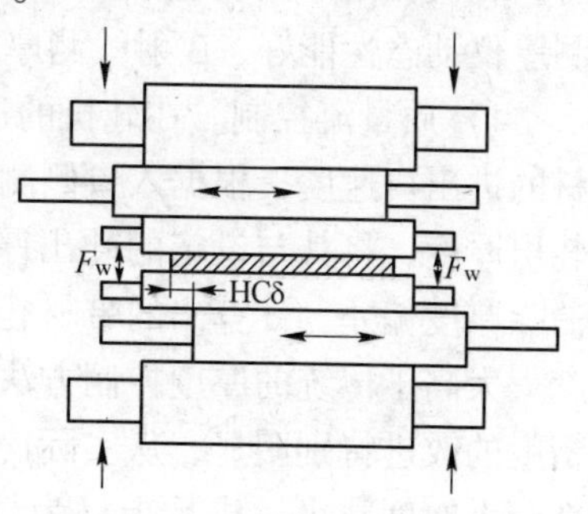

图 3-56 HC 轧机结构示意图

(1) 在常规四辊轧机的工作辊与支撑辊之间设置中间辊，是一台六辊轧机，这 6 个轧辊的轴线在一个垂直平面内。

(2) 6 个轧辊的尺寸大体有如下关系：中间辊辊径与工作辊辊径基本相等，一般中间辊稍大于工作辊，但也有工作辊大于中间辊的情况；支撑辊辊径为中间辊辊径的 2～3 倍；工作辊辊身的长度为工作辊直径的 2.5～4.0 倍。

(3) 中间辊可沿其轴做轴向抽动，上、下中间辊的抽动方向相反，并对称于轧机宽向的中线，中间辊抽动后的位置，以轧件边缘位置为远点，进行计量，称 δ。若 $\delta=0$，则中间辊边缘与轧件边缘相齐；若 δ 为负，则中间辊边缘处于轧件宽度内，反之为正。中间辊的抽动行程，是 HC 轧机的技术特点之一。

(4) 轧机仍然有压下装置和弯辊装置。

(5) 一般 HC 轧机仍是工作辊传动，但当工作辊过细，或扭矩过大时，也采用中间辊传动。

据日立公司统计，自 1972 年第一台试验 HC 轧机问世至 1992 年 8 月，已有各种类型的 HC 轧机在 151 个工厂中投入生产，其中用于有色金属轧制的有 23 台。

我国 HC 轧机的应用起步较晚，北京钢铁研究总院，为哈尔滨冷

轧带钢厂将一台 ϕ190/450mm × 600mm 的四辊轧机，改造为 ϕ160/190/430mm × 600mm 的 HC 轧机。

b UC 轧机

UC 轧机是 HC 轧机家族中的一员，全名为 Universal Control Mill，由日立公司开发，它与 HC 轧机的不同在于：中间辊除可抽动外还可弯辊，使板形的可调参数增加为 3 个：抽辊 δ、工作辊弯辊和中间辊弯辊。

c HC 轧机、UC 轧机的类型

HC 轧机和 UC 轧机大致分为如下几种类型：

（1）HCW 轧机：适用于四辊轧机的一种 HC 轧机的改进型，如图 3-57*a* 所示。HCW 轧机中有双向工作辊横移和正弯系统。另外，还有一种由日立和川崎制铁公司联合设计的 HCW 轧机改进型，称作 K – WRS 轧机。

（2）HCM 轧机：使用于六辊轧机，如图 3-57*b* 所示，通过采用中间辊的双向横移和正弯来实现板形和平直度的控制功能。

（3）HCMW 轧机：同时采用中间辊双向横移和工作辊双向横移，因此 HCMW 轧机兼并了 HCW 和 HCM 轧机的主要特点，另外，它还采用了工作辊正弯系统，如图 3-57*c* 所示。

（4）UCM 轧机：在 HCM 轧机的基础上，引入中间辊弯辊系统，以进一步提高板凸度和板平直度的控制能力，如图 3-57*d* 所示。

（5）UCMW 轧机：除了具有 HCMW 轧机的功能外，又引进了中间辊弯辊系统，如图 3-57*e* 所示。

（6）UC2 ~ UC4 轧机：UC2 ~ UC4 轧机是不同型号的万能凸度控制轧机（UC 轧机），用于轧制更薄、更宽、更硬的带材。UC2、UC3 和 UC4 轧机是装配了小直径工作辊后的 HCM 轧机的改进型。工作辊相对中间辊有一些偏移，并由一组侧辊支撑。这些轧机也配有中间辊横移系统和工作辊、中间辊弯辊系统。

此外，技术改造是提高质量、增加产量的有效而节省的方法（特别是重型设备），世界各国的老轧机许多都走改造之路。由常规四辊改成 HC 类型轧机时，有六辊 HC 和四辊 HC 两种方案。除要确定抽动行程、抽动装置和锁定装置外，对于六辊方案还应考虑：原放

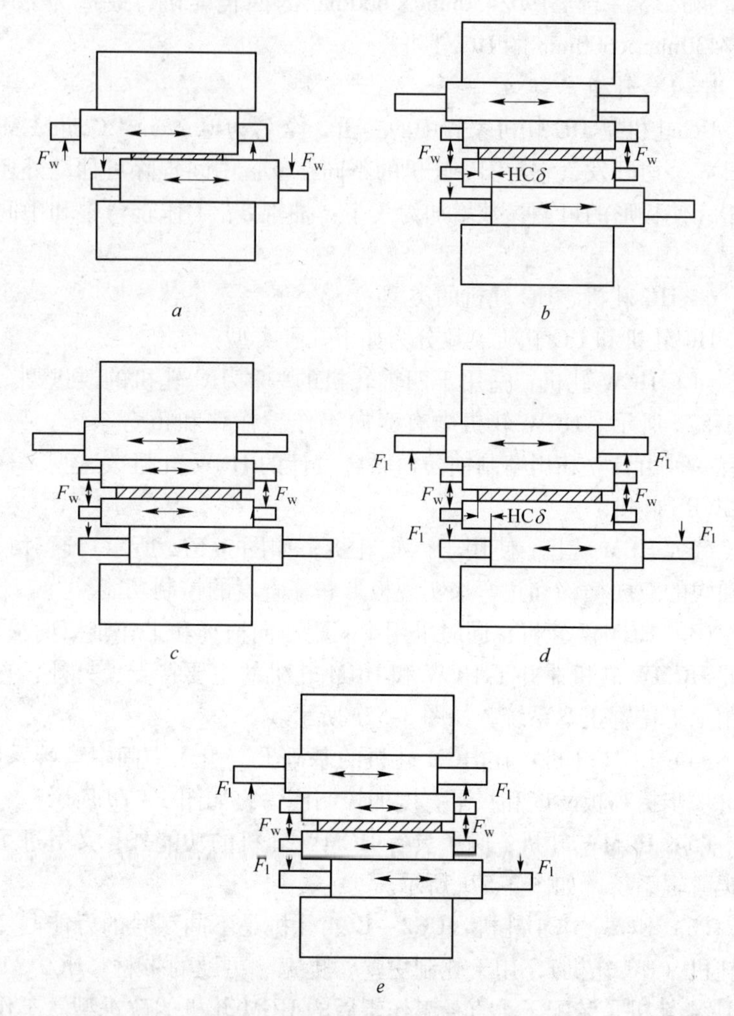

图 3-57 HC 轧机和 UC 轧机类型

a—HCW 轧机；*b*—HCM 轧机；*c*—HCMW 轧机；*d*—UCM 轧机；*e*—UCMW 轧机

置 4 个轧辊的牌坊窗口，应放入 6 个轧辊，由此确定各轧辊的直径，还要考虑改成六辊后轧线标高的变化，与传动系统和机架前后辅助设备的关系，以及其他问题等等，但四辊方案却不存在上述问题，改造工作量小，因此也得到使用厂家的欢迎，据日立公司统计的 118 个机架中 HC 型和 HCMW 型分别有 53 台和 15 台，UC 型和 UCMW 型分别有 27 台和 13 台，HCW 型有 10 台，分布比较分散。

B CVC 轧机

CVC 技术是德国 SMS 公司 1980 年开发的，它用于控制板截面形状和控制板形，原意为凸度连续可调（continuously variable crown）。

采用 CVC 技术的轧机实际上是一台轧辊可抽动，并且具有弯辊装置的四辊轧机，但也可做成二辊或六辊轧机，它与 HCW 轧机不同之处在于轧辊周面母线被磨成 S 形，上、下二辊颠倒放置，以形成 S 形辊缝，如图 3-58 所示，因上、下二辊 S 形曲线的方程相同，沿辊身长度方向辊缝大小相同，如不计辊面磨损和不均匀热膨胀，此轧辊相当于原始辊凸度为零的轧辊。

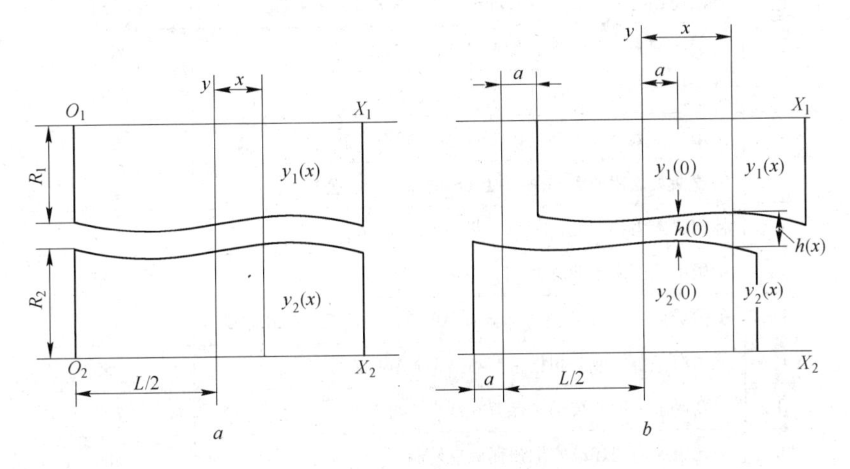

图 3-58 CVC 轧机辊形图

a—辊移前；*b*—辊移后

若把轧辊向小头端抽动，则形成凹辊缝，此时相当于辊凸度为正的轧辊，反之，把轧辊向大头端抽动，则相当于辊凸度为负的轧辊，调节抽动方向和距离，即调节原始辊凸度的正负和大小，相当于一对轧辊具有可变的原始辊凸度，于是称凸度连续可调，如图 3-59 所示。

3.3.4.5 世界典型铝冷轧厂的生产线水平介绍（举例）

（1）世界典型铝板带冷轧厂生产能力举例见表 3-32。

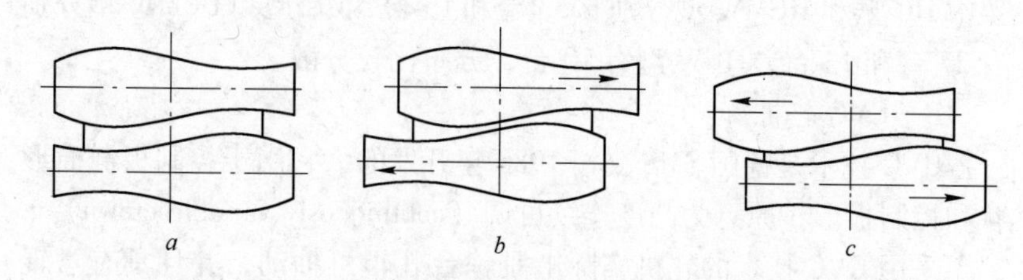

图 3-59 CVC 轧机横移对轧辊等效凸度的影响示意图
a—零凸度；*b*—轧辊正轴移时产生正凸度；*c*—轧辊负轴移时产生负凸度

表 3-32 世界典型铝板带冷轧厂生产能力（2008 年数据）

排名	企 业 名 称	年生产能力/kt
1	德国海德鲁铝业公司（Hydro）阿卢诺夫（Alunollf）厂	850
2	美国诺威力（Novelis）铝业公司洛根轧制厂	800
3	美国铝业公司（Alcoa）田纳西州轧制厂	600
4	法国加拿大铝业公司（Alcan）新布里萨克轧制厂	600
5	俄罗斯美国铝业公司萨马拉（Samara）冶金公司	510
6	韩国诺威力铝业公司荣州轧制厂	500
7	中国中铝西南铝业（集团）有限责任公司	500
8	美国威斯合金 LLC 公司（Wise Alloys）亚拉巴马州轧制厂	450
9	德国海德鲁铝业公司格雷芬布洛希轧制厂	450
10	巴西诺威力铝业公司圣保罗轧制厂	380
11	美国铝业公司印第安纳州瓦威克轧制厂	380
12	日本神户钢铁公司枥木县真冈轧制厂	350
13	日本住友轻金属公司爱知县轧制厂	320
14	英国加铝公司纽波特市轧制厂	300
15	韩国诺威力铝业公司轧制厂	270
16	中国中铝河南铝业有限公司	250
17	中国河南巩义市明泰铝业有限公司	220

（2）世界先进的铝冷轧生产线简介见表 3-33。

表 3-33 世界先进的铝冷轧生产线简介

企业名称	生产线简介
德国阿卢诺夫铝业公司	冷轧车间有4台西马克公司的单机架不可逆冷轧机，1条西马克公司的2450mm双机架冷连轧生产线
美国肯塔基州洛根铝业有限公司	公司拥有2台单机架四辊不可逆冷轧机，1条1+2机架冷连轧生产线，3条纵剪生产线，其中一条的剪切速度达1524m/min，以及相配套的拉弯矫直机列、横剪生产线、包装机列
加拿大铝业公司奥斯威戈轧制厂	公司拥有2条1+2冷连轧生产线，5台惰性气体退火炉，用于卷材退火；3台拉矫机列，2台纵剪机列，1台电解清洗机列，以及相配套的包装机列
日本神钢-美铝铝业有限公司（KALL）	冷轧车间有1条1+2机架冷连轧生产线，其中单机架2100mm六辊轧机是全球第一台这类轧机，最大轧制速度为1650m/min，最大卷重21t；双机架2100mm六辊CVC轧机是世界上首台这类连轧机，双机架六辊CVC冷连轧机的最高轧制速度为1650m/min，产品的最大宽度为2100mm，精整车间/包装车间有与冷轧板带相适应的精整设备
韩国加铝-大韩铝业公司	荣州轧制厂有1条1676mm 1+2机架冷连轧生产线，精整车间/包装车间有与冷轧板相适应的各种精整设备，诸如：拉弯矫直机列、横剪生产线、纵剪生产线、包装线与涂层机列等；蔚山轧制厂有2台2250mm四辊不可逆冷轧机，以及17台退火炉，容量从5t至最大77t。精整车间有2条纵剪线，2条横剪线，1条带清洗装置的拉弯矫直生产线
法国雷纳铝业公司新布里萨克轧制厂	公司拥有3台四辊不可逆单机架冷轧机，1条1+2机架四辊冷连轧生产线；5台退火炉、2条气垫退火生产线，2条拉弯矫直机列，3条涂层生产线，2条纵剪生产线，最大剪切速度700m/min；1条横剪生产线，可同时完成垫纸与自动包装；1条包装机列
俄罗斯萨马拉冶金厂	该公司拥有2条冷连轧生产线，1条是西马克公司设计制造的五连轧线，另一条是新克拉马托尔斯克机器制造厂提供的3连轧线
中国中铝西南铝业（集团）有限责任公司	公司拥有1台2800mm冷轧机，2台西马克公司设计制造的1850mm不可逆冷轧机，1台1450mm冷轧机，1条西马克公司设计制造的2000mm(1+2)生产线以及25台退火炉，容量从10t至最大90t；精整拥有6条拉弯矫生产线，最大生产速度350m/min，4条剪切机列，其中一条切边机最大速度1500m/min

（3）全球多机架铝冷连轧机列的简明技术参数见表3-34。

表 3-34 全球多机架冷连轧机列的简明技术参数

企业名称	机架数	工作辊宽度/mm	最大轧制速度/m·min⁻¹	最大开卷卷重/t
美国铝业公司 Warrick 厂	6	1524	2516	17
	5	1524	1602	16
美国铝业公司 Listerhille 厂	5	1670	1200	16
美国铝业公司田纳西轧制厂	3	2337	1525	25
美国铝业公司达文波特轧制厂	2	1825	610	9
	2	1520	775	18
瑞典芬斯蓬铝业公司	2	1530	300	5
美国福特卢普顿轧制厂	2	1120	500	6
日本富士轧制厂	2	1625	1500	8
日本深谷轧制厂	2	1580	900	8
美国哈蒙德轧制厂	2	1164	300	6
美国汉尼拔铝业公司	2	1852	400	9
法国伊苏瓦尔轧制厂	2	2800	200	12
美国兰开斯特铝业公司	2	1372	450	8
加拿大刘易斯波特铝业公司	2	1676	500	18
美国利斯特希尔铝业公司①	2	1470	360	7
日本神户钢铁公司真冈轧制厂	2	2400	1650	23
日本轻金属公司名古屋轧制厂	2	1620	1530	8
德国阿卢诺夫铝业公司	2	2450	1500	29
美国特伦特伍德轧制厂②	2	1680	650	20
美国尤里克斯维尔铝业公司	2	1400	610	11
韩国 TAT 司荣州轧制厂③	2	1676	610	10
中国中铝西南铝冷连轧板带有限公司	2	1950	1600	21

① 原属雷诺兹金属公司。2000 年美国铝业公司兼并了该公司；

② 属凯撒铝及化学公司；

③ 属 ATA（Alcan-Taihan Aluminuim Co.，Ltd. －加铝－大韩铝业公司），荣州轧制厂的双机架冷连轧机列是用二手设备改造的。

3.3.5 铝箔轧机

3.3.5.1 铝箔轧机分类

现代化的铝箔轧机一般为四重不可逆轧机。铝箔轧机按使用功能不同分为铝箔粗中轧机、铝箔中精轧机、铝箔精轧机和万能铝箔轧机四种类型。

通常铝箔中精轧机、铝箔精轧机或万能铝箔轧机配有双开卷机。单张轧制铝箔最小厚度为0.01~0.012mm，厚度在0.01mm以下的铝箔要采用合卷叠轧。铝箔合卷有2种方式，可以在机外单独的铝箔中精轧机或铝箔精轧机上合卷同时叠轧。高速铝箔中精轧机或铝箔精轧机通常都采用机外合卷。典型的铝箔轧机的结构见图3-60和图3-61。

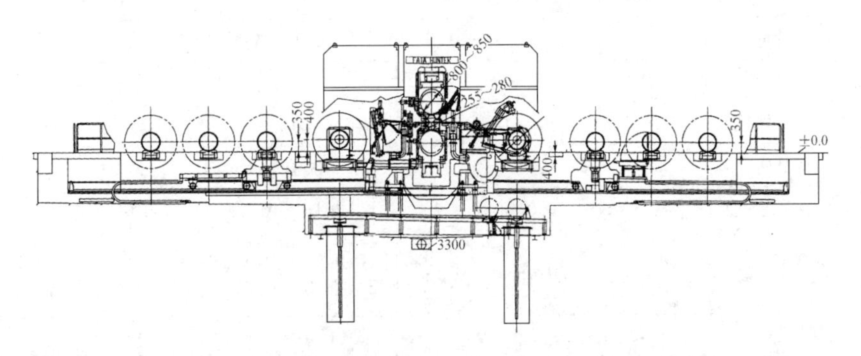

图3-60 不带双开卷机的四重不可逆铝箔轧机

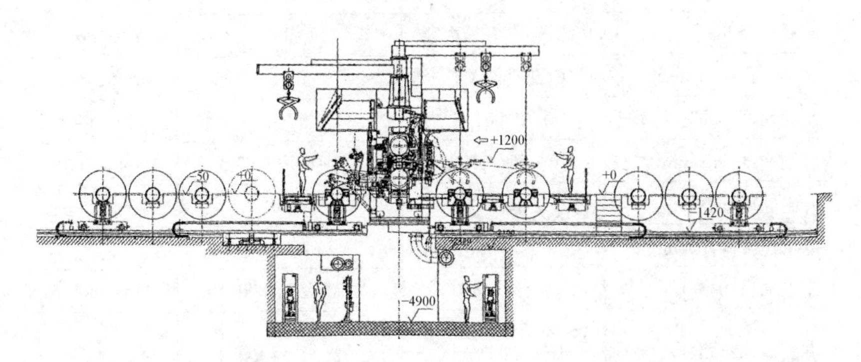

图3-61 带双开卷机的四重不可逆铝箔轧机

3.3.5.2　几种典型的铝箔轧机技术性能

表3-35～表3-38分别列出了典型铝箔轧机的技术参数。

表3-35　四重不可逆铝箔粗中轧机的主要技术参数

轧机规格/mm × mm	ϕ280/850 × 2050/2000	ϕ280/850 × 1950/1850	ϕ230/560 × 1500/1420
使用单位	厦顺铝箔有限公司	广东潮州皇峰铝箔制品有限公司	江苏大亚集团丹阳铝业分公司
制造单位	德国 ACHENBACH	意大利 FATAHUNTER（报价）	英国 DAVY
轧制材料	1×××、3×××、8×××系	1×××、3×××、8×××系	1×××、3×××系
进口厚度/mm	0.6（最大）	0.6（最大）	0.6（最大）
进口宽度/mm	1430～1850	1000～1650	600～1200
卷材内径/mm	ϕ560		ϕ565，ϕ655
卷材外径/mm	ϕ1853	ϕ1900	ϕ1510，ϕ545
卷材质量/kg	12000（最大）	11000（最大）	5000（最大）
成品厚度/mm	0.012（最小）	0.012～0.42	0.014（最小）
厚度公差	0.014mm ±0.6μm	(0.015～0.04)mm ±0.8μm	
板形公差	0.014 9 I	0.015～0.04mm 12 I	
工作辊尺寸/mm × mm	ϕ280 ×2050	ϕ280 ×1950	ϕ230 ×1500
支撑辊尺寸/mm × mm	ϕ850 ×2000	ϕ850 ×1850	ϕ560 ×1420
套筒内径/mm	ϕ500（纸芯套筒内径）	ϕ500	ϕ505，ϕ565
套筒外径/mm	ϕ560（纸芯套筒外径）		ϕ565，ϕ655
套筒长度/mm	2100		1600，1400
轧制速度/m · min^{-1}	0～667/2000	0～800/2000	0～480/1200
开卷速度/m · min^{-1}	1500	1820	
卷取速度/m · min^{-1}	2600	2600	
主电动机功率/kW	2（台）×800	2（台）×800	2（台）×375
开卷电动机功率/kW	2（台）×250 1（台）×275	2（台）×300	2（台）×70

续表 3-35

卷取电动机功率/kW	2(台)×325 1(台)×275	2(台)×375	2(台)×100
开卷张力范围/N	690~20410	500~20160	350~14320
卷取张力范围/N	510~15133	440~17640	310~13060
速度精度/%		静态:±0.01 动态:±0.2	静态:最大值的±0.1
张力精度/%	静态:1.0 动态:—	静态:±1.0 动态:±2.0	静态:±1.5 动态:±3.0
牌坊横截面积/cm^2	4×2240	4×2100	4×1020
轧制力/kN	6000(最大)	6500(最大)	4000(最大)
轧制油流量/$L \cdot min^{-1}$	2800	3000	1800
排烟量/$m^3 \cdot h^{-1}$	50000	63000	

表 3-36 四重不可逆铝箔中精轧机的主要技术参数

轧机规格/mm×mm	ϕ280/850×2000	ϕ260/850×1800	ϕ230/560×1500/1420
使用单位	厦顺铝箔有限公司	广东潮州皇峰铝箔制品有限公司	江苏大亚集团丹阳铝业分公司
制造单位	德国 ACHENBACH	法国 VAICLECIM(报价)	英国 DAVY
轧制材料	1×××、3×××、8×××系	1×××、8×××系	1×××、3×××系
进口厚度/mm	0.35(最大)	0.35(最大)	0.6(最大)
进口宽度/mm	1430~1850	1000~1700	600~1200
卷材内径/mm	ϕ560		ϕ565,ϕ655
卷材外径/mm	ϕ1853	ϕ1850	ϕ1510, ϕ1545

续表 3-36

卷材质量/kg	12000(最大)	11000(最大)	5000(最大)
成品厚度/mm	2×0.006(最小)	2×0.006(最小)	0.014(最小)
厚度公差	2×0.006mm±0.5μm	2×0.00635mm ±0.3μm	
	0.014mm±0.5μm	0.014mm±0.7μm	
板形公差	2×0.006mm10 I	0.01mm 6.5 I	
	0.014 mm 9 I	0.015mm 9.5 I	
工作辊尺寸/mm×mm	ϕ280×2050	ϕ260×1850	ϕ230×1500
支撑辊尺寸/mm×mm	ϕ850×2000	ϕ850×1800	ϕ560×1420
套筒内径/mm	ϕ500(含纸芯套筒内径)	ϕ500	ϕ505,ϕ565
套筒外径/mm	ϕ560(含纸芯套筒外径)		ϕ565,ϕ655
套筒长度/mm	2100(纸芯套筒为带宽)		1600,1400
轧制速度/m·min^{-1}	0~667/2000	0~680/1700	0~480/1200
开卷速度/m·min^{-1}	1500	1200	
卷取速度/m·min^{-1}	2500	2200	
主电动机功率/kW	2(台)×600	2(台)×800	2(台)×375
开卷电动机功率/kW	1(台)×325	2(台)×110	2(台)×70
卷取电动机功率/kW	1(台)×275	2(台)×375	2(台)×100
开卷张力范围/N	890~13266	600~17500	350~14320
卷取张力范围/N	510~7567	400~10500	310~13060
速度精度/%		动态:±0.1	动态:最大值的±0.1
		静态:±0.5	
张力精度/%		动态:±4.0	动态:±1.5
	静态:1.0(最大)	静态:±2.0	静态:±3.0
轧机牌坊横截面积/cm^2	4×2240	4×2016	4×1020
轧制力/kN	6000(最大)	6500(最大)	4000(最大)
轧制油流量/L·min^{-1}	2000	3000	1800
排烟量/m^3·h^{-1}	50000	70000	

表 3-37 四重不可逆铝箔精轧机的主要技术参数

轧机规格/mm × mm	φ280/850 × 2000	φ280/850 × 1950	φ230/550 × 1350
使用单位	厦顺铝箔有限公司	广东潮州皇峰铝箔制品有限公司	东北轻合金有限责任公司
制造单位	德国 ACHENBACH	意大利 FATA HUNTER(报价)	德国 ACHENBACH
轧制材料	1×××、3×××系	1×××、8×××系	1×××、3×××系
进口厚度/mm	0.12(最大)	0.15(最大)	2×0.08 或 2×0.05(最大)
进口宽度/mm	1400 ~ 1850	1000 ~ 1650	600 ~ 1100
卷材内径/mm	φ560		φ350
卷材外径/mm	φ1853	φ1900	φ1400
卷材质量/kg	12000(最大)	11000(最大)	4000(最大)
成品厚度/mm	0.012(2×0.006)(最小)	0.01(2×0.005)(最小)	2×0.005
厚度公差	2×0.006mm ±0.5μm	2×0.006mm ±0.21μm	0.005 ~ 0.009mm ±2.0%
	0.014mm ±0.5μm	2×0.007mm ±0.245μm	
板形公差	2×0.006mm ±10 I	>0.04mm ±12 I	
	0.014 mm ±9 I	0.015 ~ 0.04mm ±12 I	
工作辊尺寸/mm × mm	φ280 × 2050	φ280 × 1950	φ230 × 1350
支撑辊尺寸/mm × mm	φ850 × 2000	φ850 × 1850	φ550 × 1350
套筒内径/mm	φ500(含纸芯套筒内径)		φ350
套筒外径/mm	φ560(含纸芯套筒外径)		
套筒长度/mm	2100(纸芯套筒为带宽)		1250
轧制速度/m · min⁻¹	0 ~ 400/1200	0 ~ 500/1200	0 ~ 580/1200
开卷速度/m · min⁻¹	900	1092	

续表 3-37

卷取速度/m·min^{-1}	1560	1560	
主电动机功率/kW	1(台)×600	1(台)×800	1(台)×400
开卷电动机功率/kW	1(台)×100	2(台)×300	2(台)×38
双开卷电动机功率/kW			1(台)×38
卷取电动机功率/kW	1(台)×100	2(台)×120	2(台)×38
开卷张力范围/N	890~6803	280~11200	180~5000
卷取张力范围/N	510~3880	240~9410	150~3000
速度精度/%		动态:±0.01	
		静态:±0.2	
张力精度/%		动态:±2.0	
	静态:1.0	静态:±1.0	
牌坊横截面积/cm^2	4×2240	4×2100	
轧制力/kN	6000(最大)	6500(最大)	4000(最大)
轧制油流量/L·min^{-1}	1250	1500	1250
排烟量/m^3·h^{-1}	50000	63000	

表 3-38 四重不可逆万能铝箔轧机的主要技术参数

轧机规格/mm×mm	ϕ254/660×1613	ϕ260/750×1881/1700	ϕ230/550×1350
使用单位	兰州铝业股份有限公司西北铝业分公司	广西南南铝箔有限责任公司	云南新美铝铝箔有限公司
制造单位	意大利 FATA HUNTER	德国 ACHENBACH (报价)	德国 ACHENBACH
轧制材料	1×××、3×××系	1×××、3×××、5×××、8×××系	1×××、3×××系
进口厚度/mm	0.6(最大)	0.5(最大)	0.6(软状态)(最大)
进口宽度/mm	635~1400	1000~1550	600~1180
卷材内径/mm	ϕ535	ϕ560	ϕ560
卷材外径/mm	ϕ1900	ϕ1853	ϕ1785

续表 3-38

卷材质量/kg	8300(最大)	10000(最大)	7000(最大)
成品厚度/mm	2×0.006	0.012(2×0.006)	2×0.006
厚度公差	2×0.007mm ± 0.3μm	0.006mm ± 0.35%	0.006~0.1mm ± 0.1%~2%
板形公差		0.006mm 11 I, 0.012mm10 I	±20 I
工作辊尺寸/mm×mm	ϕ254×1625	ϕ260×1880	ϕ230×1350
支撑辊尺寸/mm×mm	ϕ660×1613	ϕ750×1700	ϕ550×1350
套筒内径/mm	ϕ485	ϕ505	ϕ500
套筒外径/mm	ϕ535	ϕ565	ϕ560
套筒长度/mm	1600	1850	1400
轧制速度/m·min^{-1}	0~320/960	0~528/1500	0~470/1200
开卷速度/m·min^{-1}	400/1400r/min (开卷电动机转速)	1050	900
卷取速度/m·min^{-1}	400/1400r/min (开卷电动机转速)	1875	
主电动机功率/kW	2(台)×405	1(台)×700	1(台)×450
开卷电动机功率/kW	2(台)×37.3	2(台)×85	2(台)×70
双开卷电动机功率/kW	1(台)×37.3	1(台)×85	1(台)×70
卷取电动机功率/kW	2(台)×37.3	2(台)×170	2(台)×85
开卷张力范围/N	267~13970	360~14870	350~10000
卷取张力范围/N	375~9780	360~10554	300~6500
速度精度/%	±0.2		
加减速时张力精度/%	±5		
恒速时张力精度/%	±2		±5
牌坊横截面积/cm^2		4×2000	4×1260
轧制力/kN	4000(最大)	6000(最大)	4000(最大)
轧制油流量/L·min^{-1}	1325	1400	1250
排烟量/m^3·h^{-1}		50000	4200

3.3.5.3 铝箔轧机的结构组成和现代化技术的应用

(1)现代化铝箔轧机的主要设备组成及发展趋势。现代化铝箔轧机的主要设备组成为:上卷小车、开卷机、入口装置(包括偏转辊、进给辊、断箔刀、切边机、张紧辊、气垫进给系统等),轧机主机座、出口装置(包括板形辊、张紧辊、熨平辊和安装测厚仪的C形框架、卷取机、助卷器、卸卷小车、套筒自动运输装置等),高压液压系统,中压液压系统,低压液压系统,轧辊润滑、冷却系统,轧制油过滤系统,快速换辊系统,排烟系统,油雾过滤净化系统,CO_2自动灭火系统,稀油润滑系统,传动及控制系统,厚度自动控制系统(AGC),板形自动控制系统(AFC),轧机过程控制系统等。

铝箔生产技术总的发展趋势是大卷重、宽幅、特薄铝箔轧制,在轧制过程中实现高速化、精密化、自动化,轧制过程最优化。此外,在轧辊磨削、工艺润滑、冷却等方面也有很大的技术进步。

铝箔产品质量追求的目标主要是:铝箔厚度7μm ±2% ~3%,板形9~10 I,每个卷铝箔断带次数0~1次,铝箔针孔30~50个/m^2。

采用大卷重、宽幅高速轧制是提高铝箔轧机生产效率、产量以及成品率的有效途径。近年来,随着轧机整体结构、轧辊轴承润滑、工艺润滑冷却、数字传动控制、铝箔厚度和板形自动控制等方面的技术进步,使得铝箔轧机的轧制速度可达到2500m/min,卷重可达25t。

随着轧制技术的进步和电气传动及自动化控制水平的提高,铝箔生产厚度向着更薄的方向发展。铝箔单张轧制厚度可达0.01mm,双零铝箔厚度可达0.005mm,采用不等厚的双合轧制可生产0.004mm的特薄铝箔。

(2)厚度自动控制系统。目前厚度自动控制系统(AGC)发展的趋势是采用各种响应速度快、稳定性好的厚度检测装置,以及带有各种高精度数学模型的控制系统,并与板形自动控制系统协调工作,以解决在线调整厚度或板形时出现的相互干扰。铝箔轧机的厚度自动控制系统包括压力AGC、张力AGC/速度AGC,铝箔粗轧机还装备有位置AGC。

(3)板形自动控制系统。现代化的铝箔轧机一般在铝箔粗中轧机上都装备有板形自动控制系统,有些铝箔中精轧机也装备了板形自动控制系统。板形自动控制系统的应用对提高铝箔产品的质量、轧制速度、生产效率、成品率都起到了重要作用。

板形自动控制是一个集在线板形信号检测多变量解析、各种板形控制执行机构同步进行调节的高精度、响应速度快的复杂系统,是由板形检测装置、控制系统和板形调节装置三部分组成的闭环系统。板形自动控制系统包括轧辊正负弯辊、轧辊倾斜、轧辊分段冷却控制。近年来,国外不少先进的轧机还采用了VC、CVC、DSR辊等最新的板形调整控制技术,极大地提高了板形控制范围和板形调整速度。

VC辊是可膨胀的支撑辊,配合工作辊弯辊可以增大轧辊凸度能力,从而扩大控制范围,但不能做局部补偿。

CVC辊可以是四重轧机的工作辊,也可以是六重轧机的中间辊,通过CVC辊侧移可进行大范围的辊形控制。

DSR辊主要由一个绕固定横梁自由放置的轴套和主轴套与梁之间的几个液压垫组成,液压垫由独立的伺服系统组成,可在径向将负载施加到所需区域。DSR辊可替代传统实心支撑辊,它在带材宽度上的作用范围比一般的板形控制执行机构范围大,凸度调整范围广,还可以单独对带材的二肋波和中间波的局部缺陷进行调整,把轧制中的带材板形缺陷消除到最小。DSR是全动态型的板形控制执行机构。

目前,在线板形检测装置普遍采用空气轴承板形辊和压电式实芯板形辊。

空气轴承板形辊由一根静止轴和套在其外面的一排可转动的辊环组成。在芯轴和辊环之间的间隙内通高压空气,并在芯轴内装有压力检测元件。当带材因张力变化对辊环的压力改变时,轴承内空气层的压力也发生变化。压力检测元件测出这种压力变化的信号,并把它引出,经过数据处理,可以得到张应力沿带材宽度方向的分布。

压电式实芯板形辊是在辊体上组装了一些预应力压电式力传感器。压电式力传感器交错排列在辊体表面,它们分组连接并反馈给电荷放大器,在那里电荷转换成比例电压。经由一个光传感器,电压信号传到板形控制计算机的CPU数据搜索装置。“计量值的捕获”程序将信号分配给各个区域,计算出带材张应力或长度偏差,并将结果传送给后续程序——板形显示及自动控制程序。实芯板形辊设计坚固、稳定、辊身表面坚硬,具有灵敏度高、测量精度高、抗干扰性强、维修容易等特点。

(4)轧制过程最优化控制。现代化的铝箔轧机均装有轧制过程最优化系统,包括张力/速度最优化、表面积/重量最优化及目标自适应、带尾自动减速停车、生产数据统计、打印等功能,对轧制过程速度和生产效率有着十分重要的作用。

(5)轧机过程控制系统。轧机过程控制担负着操作人员和轧机间的通信任务。现代化的铝箔轧机均配备功能强大的过程控制系统,在过程控制中通过人机对话可以启动轧机所有的动力、控制和相关系统,能根据轧制计划采取合适的轧制程序,并对轧制中实测的各种工艺和设备参数进行一元线性关系回归到多变量解析的复杂计算,可通过自学习功能进一步优化各种模型和工艺参数。轧机的人机通信设施具备远程识别诊断功能,此外还可最大限度满足现代化管理和监控的要求。

(6)采用CNC数控轧辊磨床。铝箔轧机轧辊的磨削质量直接影响铝箔的质量、成品率和生产效率,因此精确磨削的轧辊是轧制高质量铝箔的必要条件。为保证磨削精度和生产效率,出现了先进的CNC数控磨床,它可磨削各种复杂的辊形曲线,并能自动计算和生成所需的辊形曲线。现代化的轧辊磨床多数配备了先进的在线检测装置,包括独立式的测量卡规、涡流探伤仪和粗糙度仪等,可在线检测轧辊尺寸精度、辊形精度、表面粗糙度以及轧辊表面质量,并根据检测结果优化磨削程序,磨削精度可保证在 ±1μm 以内。

(7)采用黏度低、闪点高、馏程窄、低芳烃的轧制油。在高速铝箔轧制过程中轧制油的稳定性直接影响轧制力、轧制速度、张力及道次加工率,轧制油的品质是保障高速轧制高精度铝箔的重要条件之一。要求轧制油具有低硫分、低芳烃、低气味、低灰分、润滑性能好、冷却能力强等特点,同时对液压油和添加剂具有良好的溶解能力。由于铝箔轧制速度高,铝箔成品退火后表面不能有油斑,因此要求轧制油具有黏度低,稳定性、流动性和导热性好,馏程窄等特点,此外为了减少轧制中火灾的发生,要求轧制油的闪点尽可能高。

(8)采用高精度轧制油过滤系统。轧制薄规格铝箔,特别是轧制双零铝箔时,如果轧制油过滤效果不好,会使得轧制过程中轧辊和铝箔之间摩擦产生的铝粉粒子和其他一些固体小颗粒再次喷射到轧制区,容易造成铝箔针孔缺陷或划伤轧辊，严重影响铝箔质量、成品率和生产效率。为此，现代化的铝箔轧机要配备精密板式过滤器，全流量过滤，以提高过滤效率，减少铝粉附着，轧制油的过滤精度要达到0.5～1.0μm。

3.3.6 板、带、箔材热处理设备

3.3.6.1 板、带、箔材热处理设备的分类及特点

板、带、箔材热处理设备依据用途不同，有均匀化炉、加热炉（另辟专篇论述）、淬火炉、退火炉、时效炉等；依据设备结构形式的不同，有坑（井）式炉、箱式炉、台车式炉、链式炉、罩式炉、真空炉等；依据加热方式的不同，有电加热炉、燃油加热炉、燃气加热炉等；依据炉内气氛的不同，有带保护性气氛和不带保护性气氛热处理炉；根据对冷却速度是否有要求，还有带旁路冷却系统和不带旁路冷却系统两种配置。

现代铝板、带、箔材热处理设备一般由装出料机构、炉体、电控系统、液压系统等组成，有的热处理设备还有保护性气体发生装置、抽真空装置等。

3.3.6.2 典型的板、带、箔材热处理设备

A 均匀化热处理炉的主要技术性能

现代化的均匀化炉主要有坑（井）式炉、箱式炉等炉型，通常为空气炉，不带旁路冷却系统，可采用电加热、燃油加热、燃气加热等。表3-39为典型均匀化炉的技术参数。

表3-39 西南铝业（集团）有限责任公司的箱式均匀化炉技术参数

制造单位	航空工业规划设计院
炉子形式	箱式炉
用 途	铝合金扁锭组织均匀化
加热方式	电加热
铸锭规格/mm×mm×mm	(360～480)×(950～2150)×(4000～6000)
炉膛有效空间（长×宽×高）/mm×mm×mm	6000×3120×2150
最大装炉量/t	53

续表 3-39

炉子最高工作温度/℃	610
炉子最高温度/℃	630
炉子工作区内温差/℃	不大于 ±5
炉子总安装功率/kW	1740(其中加热器 1512kW,风机 4×55/40kW)
循环风机风量/$m^3 \cdot h^{-1}$	4×168000
控温方式	PLC 自动控制

B　辊底式淬火炉的主要技术性能

辊底式淬火炉主要用于铝合金板材的淬火，特别适用于铝合金中厚板的淬火，以达到使合金中起强化作用的溶质最大限度地溶入铝固溶体中提高铝合金的强度。辊底式淬火炉一般为空气炉，可采用电加热、燃油加热或燃气加热。辊底式淬火炉对板材加热、保温，通过辊道将板材运送到淬火区进行淬火。辊底式淬火炉淬火的板材具有金属温度均匀一致（金属内部温差仅为 ±1.5℃）、转移时间短等特点。表 3-40 和图 3-62 列出了辊底式淬火炉的主要技术参数及结构组成。

表 3-40　东北轻合金有限责任公司辊底式淬火炉主要技术参数

制造单位	奥地利 EBNER 公司
炉子形式	辊底式炉
用　途	铝合金板材的淬火
加热方式	电加热
板材规格/mm×mm×mm	(2~100)×(1000~1760)×(2000~8000)
炉子最高温度/℃	600
控温精度/℃	不大于 ±1.5
控温方式	计算机自动控制

C　时效炉的主要技术性能

铝板材时效炉的炉型一般为箱式炉或台车式炉，不采用保护性气氛，采用电加热、燃气加热或燃油加热。典型时效炉的技术参数见表 3-41。

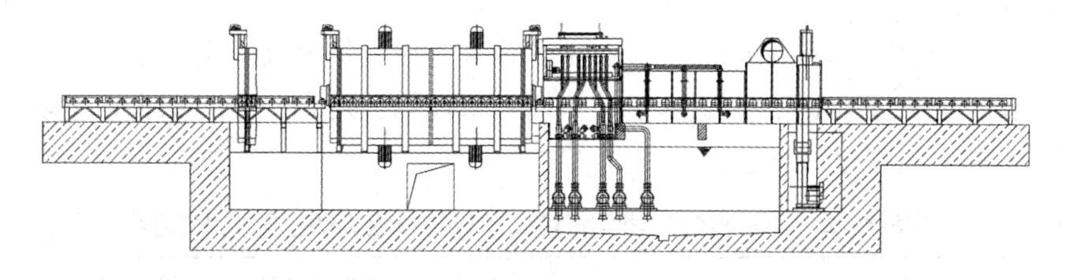

图 3-62 辊底式淬火炉结构示意图

表 3-41 东北轻合金有限责任公司铝板材时效炉主要技术参数

制造单位	航空工业规划设计院
炉子形式	箱式炉
用　途	铝合金板材人工时效
加热方式	电加热
最大装炉量/t	40
炉子工作温度/℃	80 ~ 250
炉子工作区内温差/℃	不大于 ±3
加热器功率/kW	720
炉膛有效空间/mm × mm × mrn	8000 × 4000 × 2600（长 × 宽 × 高）
循环风机风量/$m^3 \cdot h^{-1}$	131363
控温方式	PLC 自动控制

D 箱式铝板带材退火炉的主要技术性能

箱式铝板带材退火炉是目前使用最为广泛的一种退火炉，具有结构简单、使用可靠、配置灵活、投资少等特点。现代化箱式铝板带材退火炉一般为焊接结构，在内外炉壳之间填充绝热材料，在炉顶或侧面安装一定数量的循环风机，强制炉内热风循环，从而提高炉气温度的均匀性；炉门多采用气缸（油缸）或弹簧压紧，水冷耐热橡胶压条密封；配置有台车，供装出料之用，在多台炉子配置时往往采用复合料车装出料，同时配置一定数量的料台便于生产。根据所处理金属及其产品用途的不同，有的炉子还装备保护性气体系统或旁路冷却系统。

目前，国内铝加工厂所选用的箱式铝板带材退火炉主要是国产设备，其技术性能、控制水平、热效率指标均已达到一定的水平，见表3-42。

表3-42 山东富海集团公司箱式铝板带材退火炉主要技术参数

制造单位	中色科技股份有限公司苏州新长光公司
炉子形式	箱式炉
用途	铝及铝合金板带材的退火
加热方式	电加热
炉膛有效空间（长×宽×高）/mm×mm×mm	7550×1850×1900
炉子区数	3
最大装炉量/t	40
退火金属温度/℃	150~550
炉子最高温度/℃	600
炉子工作区内温差/℃	不大于±3
加热器功率/kW	1080
控温方式	PLC智能仪表
旁路冷却器冷却能力/MJ·h^{-1}	1465
冷却水耗量/t·h^{-1}	32

E 盐浴炉的主要技术性能

盐浴炉主要用于铝板材的各种退火及淬火。盐浴炉采用电加热，炉内填充硝盐，通过电加热使硝盐处于熔融状态，铝板材放入熔融的硝盐中进行加热。由于硝盐的热容量大，特别适合处理锰含量较高的铝板材，可防止出现粗大晶粒。但是，盐浴炉所用硝盐对铝板材具有一定的腐蚀性，生产中需进行酸碱洗及水洗，同时，硝盐在生产中具有一定的危险性，应用较少。表3-43为典型盐浴炉主要技术参数。

表3-43 西南铝业（集团）有限责任公司盐浴炉主要技术参数

制造单位	中色科技股份有限公司苏州新长光公司
炉子形式	盐浴炉
用　途	铝合金板材淬火或退火
加热方式	电加热
盐浴槽尺寸（长×宽×高）/mm×mm×mm	11960×1760×3500
炉子区数	6
盐浴槽最高工作温度/℃	535
炉子工作区内温差/℃	不大于±5
炉子总安装功率/kW	1620
硝盐总重/t	170
控温方式	晶闸管调功器自动控制

F 台车式铝箔退火炉的主要技术性能

目前，铝箔退火一般均采用台车式退火炉多台配置的方式，近几年来铝箔退火炉趋向于采用带旁路冷却系统的炉型。典型铝箔退火炉的主要技术参数见表3-44。

表3-44 厦顺铝箔有限公司台车式铝箔退火炉主要技术参数

制造单位	中色科技股份有限公司苏州新长光公司
炉子形式	台车式炉
用　途	铝箔卷材退火
加热方式	电加热
炉膛有效空间（长×宽×高）/mm×mm×mm	5800×1850×2250
最大装炉量/t	20
炉子最高工作温度/℃	580
金属退火温度/℃	100~500
炉子工作区内温差/℃	不大于±3
炉子总安装功率/kW	642（其中加热器540，风机2×37）
循环风机风量/$m^3 \cdot h^{-1}$	2×143000
控温方式	PLC智能仪表

G 铝箔真空退火炉的主要技术性能

铝箔真空退火炉主要针对有特殊要求的产品而采用的一种炉型，以满足产品的特殊性能要求。为了提高生产效率，铝箔真空退火炉往往配置保护性气体系统。铝箔真空退火炉的生产能力较小，生产效率较低，用途特殊，设备造价较高，所以采用的较少。

H 气垫式热处理炉的主要技术性能

气垫式热处理炉是一种连续热处理设备，既能进行各种制度的退火热处理，又能进行淬火热处理，有的气垫式热处理炉还集成了拉弯矫直系统。气垫式热处理炉技术先进，功能完善，热处理时加热速度快，控温准确，但气垫式热处理炉机组设备庞大，占地多，造价高，应用受到限制。

3.3.7 板、带、箔材的精整矫直设备

精整矫直设备主要包括：纵切机组、横切机组、纵横联合剪切机组、拉伸弯曲矫直机组、辊式矫直机、拉伸矫直机、涂层机组、铝箔剪切机、铝箔分卷机等设备。

3.3.7.1 纵切机组

根据剪切带材厚度范围的不同，可分为纵切机及薄带剪切机两种，纵切机组的组成见图3-63。

纵切机组主要设备组成：入口侧卷材存放架，入口上卷小车，套

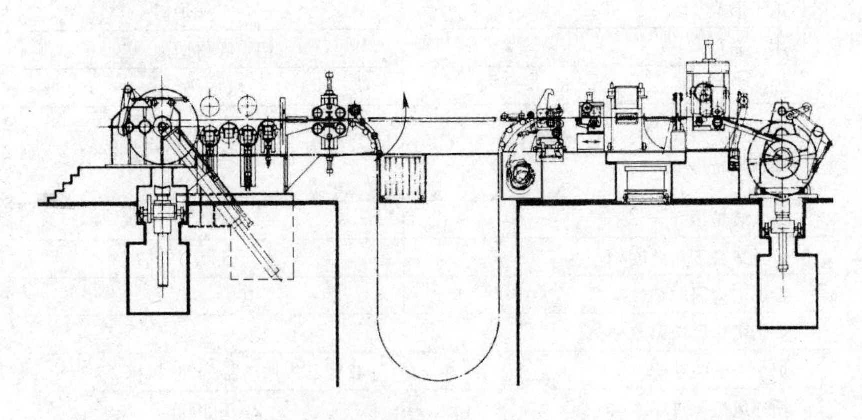

图3-63 纵切机组结构示意图

筒和废料卷运输装置，开卷机，自动带材边缘对中装置，压紧辊，刮板和导向装置，入口液压剪，纵切机，废边缠绕装置，张紧装置，出口液压剪，卷取机，分离装置，出口卸卷小车，出口侧卸卷装置，出口侧卷材转运和运输装置，出口侧卷材回转台和运出装置，纵剪刀架更换系统，穿带装置，气动系统，液压、电气传动及控制系统等。几种典型的纵切机组技术参数见表3-45和表3-46。

表3-45 典型纵切机组主要技术参数

使用单位	渤海铝业有限公司	西南铝业（集团）有限责任公司	瑞闽铝板带有限公司
制造单位	美国STAMCO	美国STAMCO	德国弗洛林
剪切材料	1×××、3×××、5×××系	1×××、3×××、5×××系	1×××、3×××、5×××系
来料带材厚度/mm	0.2~2.0	0.15~2.0	0.1~2.0
来料带材宽度/mm	1000~2060	950~1700	640~1660
来料卷内径/mm	ϕ610	ϕ610	ϕ610
来料卷外径/mm	ϕ1000~2500	ϕ1000~1920	ϕ1920（最大）
来料卷材质量/kg	21600	11000（最大）	11000（最大）
成品卷材内径/mm	ϕ200，ϕ300，ϕ406，ϕ510，ϕ610	ϕ200，ϕ300，ϕ350，ϕ510	ϕ200，ϕ300，ϕ400，ϕ500，ϕ610
成品卷材外径/mm	ϕ300~2350	ϕ1920（最大）	ϕ1920（最大）
成品宽度/mm	25（最小）	25（最小）	50~1600
宽度公差/mm		±0.05	
错层公差/mm		0.1（最大）	
塔形公差/mm		1.0（最大）	
分切条数/条	40（最多）	40（最大）	25
机组速度/$m \cdot min^{-1}$	400（最大）	200和400（最大）	250/500

表 3-46 典型薄带剪切机主要技术参数

使用单位	南南铝箔有限公司	兰州铝业股份有限公司 西北铝业分公司
制造单位	辽宁机械设计研究院（报价）	辽宁机械设计研究院
剪切材料	1×××、3×××、5×××系	1×××、3×××、5×××系
来料厚度/mm	0.04～0.4	0.03～0.5
来料宽度/mm	1700（最大）	1300（最大）
来料卷内径/mm	ϕ610	ϕ535
来料卷外径/mm	ϕ1900（最大）	ϕ1300（最大）
来料卷材质量/kg	11000（最大）	9000（最大）
成品卷内径/mm		ϕ200，ϕ500
成品卷外径/mm	ϕ1300（最大）	ϕ1900（最大）
成品宽度/mm	50（最小）	25～1260
分切条数/条	40（最大）	30
机组速度/m·min^{-1}	600	200

3.3.7.2 横切机组

横切机组主要设备组成：入口侧卷材存放架，入口上卷小车，套筒和废料卷运输装置，开卷机，自动带材边缘对中装置，压紧辊，刮板和导向装置，入口侧夹送辊/张紧装置，入口液压切头剪，圆盘切边剪，废边卷取机，矫直机，活套，长度测量和喂料辊，静电涂油装置，纸卷开卷机和静电装置，飞剪，检查运输装置，垛板机和运输装置，垛板台升降和运输装置，气动系统，液压、电气传动及控制系统等。横切机组的主要设备组成见图 3-64，几种典型的横切机组技术参数见表 3-47。

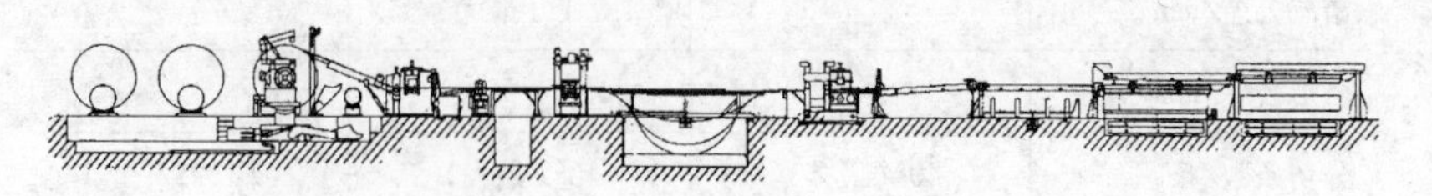

图 3-64 横切机组结构示意图

表 3-47 横切机组主要技术参数

使用单位	东北轻合金有限责任公司	西南铝业（集团）有限责任公司	瑞闽铝板带有限公司
制造单位	美国 Delta Brands	美国 STAMCO	德国弗洛林
剪切材料	1×××、3×××、5×××系	1×××、3×××、5×××系	1×××、3×××、5×××系
来料带材厚度/mm	0.2～2.5	0.15～2.0	0.2～2.0
来料带材宽度/mm	450～1560	950～1700	540～1660
来料卷内径/mm	ϕ600	ϕ610	ϕ610
来料卷外径/mm	ϕ711～1550	ϕ1000～1920	ϕ1920（最大）
来料卷材质量/kg	7000（最大）	11000（最大）	11000（最大）
成品板材宽度/mm	400～1500	910～1660	500～1600
成品板材长度/mm	1000～5000	1000～4000	500～3000
板垛高度/mm	450（最大）	450（最大）	450（最大）
板垛质量/kg	约 9000	300～5000	300～3750
板垛层间公差/mm	板垛长度 ±2	±1	
板垛顶层和底层公差/mm	板垛宽度 ±1.5	±3	
机组速度/ m·min^{-1}	200（最大）	130（最大）	150（最大）

3.3.7.3 纵横联合剪切机组

纵横联合剪切方式是集纵切和横切于一体的机组。有的纵横联合剪切机组还配置拉伸弯曲矫直机。

纵横联合剪切机组主要设备组成：上卷小车、开卷机、自动带材边缘对中装置、入口夹送辊装置、上切式液压切头剪、刮板和导向装置、入口液压剪、纵切机/切边机、备用的纵切机/切边机和实验台、机外调整的更换剪刀、废边缠绕装置、矫直机、穿带台、卷取张紧装置、出口切头剪、卷取机、带材分离装置、卸卷小车、过料台、喂料装置、切头剪、气垫式自动垛板台、板垛升降台和侧卸运输机、液压系统、气动系统、电气传动及控制系统等，如图 3-65 所示。几种典型的纵横联合剪切机组技术参数见表 3-48。

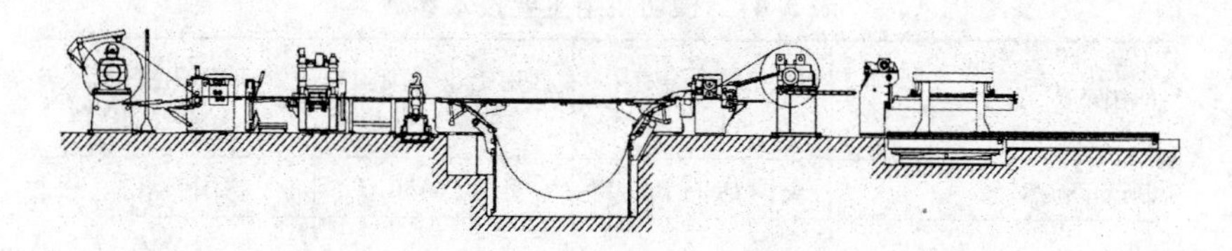

图 3-65　纵横联合剪切机组结构示意图

表 3-48　典型纵横联合剪切机组主要技术参数

使用单位	太原铝材厂	江苏铝厂
制造单位	美国 STAMCO	中色科技股份有限公司
剪切材料	1×××、3×××、5×××系	1×××、3×××、5×××系
来料带材厚度/mm	0.15~2.0	0.2~2.0
来料带材宽度/mm	800~1676	660~1260
来料卷内径/mm	ϕ510	ϕ510
来料卷外径/mm	ϕ1000~1800	ϕ1650（最大）
来料卷材质量/kg	10500	6500（最大）
成品卷内径/mm	ϕ200，ϕ300，ϕ350，ϕ510	ϕ350，ϕ510
成品卷外径/mm	ϕ1000~1800	ϕ1650（最大）
成品宽度/mm	20（最小）	50（最小）
带材宽度公差/mm	±0.03~0.05	
塔形公差/mm	1（ϕ800 卷径以下）	
	2（ϕ800 卷径以上）	
错层公差/mm	±0.3~0.5	
剪切条数/条	40（最多）	24（最多）
纵切机组速度/m·min^{-1}	250（最大）	120（最大）
成品板材宽度/mm	760~1600	600~1200
成品板材长度/mm	1000~4000	1000~4000
板垛高度/mm	400（最大）	500（最大）
板材对角线公差/mm	±0.6	
板垛长度公差/mm	±2.0	

续表 3-48

板垛宽度公差/mm	±1.5	
板材宽度公差/mm	±0.3	±0.1
板材长度公差/mm	±0.5	±1
板材对角线公差/mm	±0.6	±5
板垛质量/kg	4500（最大）	4000
矫直机形式	六重17辊（2套辊系）	六重19辊
横切机组速度/ $m \cdot min^{-1}$	100（最大）	90（最大）

3.3.7.4 拉伸弯曲矫直机组

铝板带材矫直设备主要有辊式矫直机、张力矫直机组、拉伸弯曲矫直机组、纯拉伸矫直机等几种机型。

辊式矫直机按其上、下工作辊数之和可分为17辊、19辊、21辊和23辊，按其工作辊和支撑辊的配置可分为四重式和六重式。辊式矫直机主要配置在剪切机组、拉伸弯曲矫直机组以及涂层机组等生产线中。

张力矫直机是专用于厚板材的夹钳式张力矫直。

拉伸矫直机组和拉伸弯曲矫直机组主要用于薄带材的矫直。拉伸弯曲矫直机组是在最初的拉伸矫直机的基础上在张力辊（S形辊）之间增加了弯曲矫直辊，使带材在拉伸、弯曲矫直形成的多重作用下产生一定的塑性延伸，消除残余应力，达到矫直的目的。现代化铝板带材广泛采用拉伸弯曲矫直机组进行矫直。

拉伸弯曲矫直机组大多数都带有清洗装置，可以采用清洗或不清洗两种工艺。也有将拉伸弯曲矫直机组与气垫式退火炉组合，或与涂层机组合，也可与纵横联合剪切机组组成一条专用生产线。

拉伸弯曲矫直机组主要设备组成为：入口侧卷材存放架、入口上卷小车、开卷机、自动带材边缘对中装置、卸套筒装置、伸缩台、夹送辊、入口液压剪及废料收集装置、带材自动对中装置、喂料和弯曲装置、圆盘切边剪、带打孔机的带材缝合机、清洗装置、入口四辊S形制动张紧装置、张紧装置、弯曲辊装置、换辊装置、出口四辊S形制动张紧装置、自动板形测量系统、出口液压剪及废料收集装置、静电涂油系统、偏导辊及伸缩导板、卷取机、带卷称重装置的卸卷小车、皮带助卷器、出口侧卷材存放架、测厚装置、半自动带卷打捆机、气动系统、液压系统、电气传动及控制系统等，见图3-66。典型的拉伸弯曲矫直机组主要技术参数见表3-49。

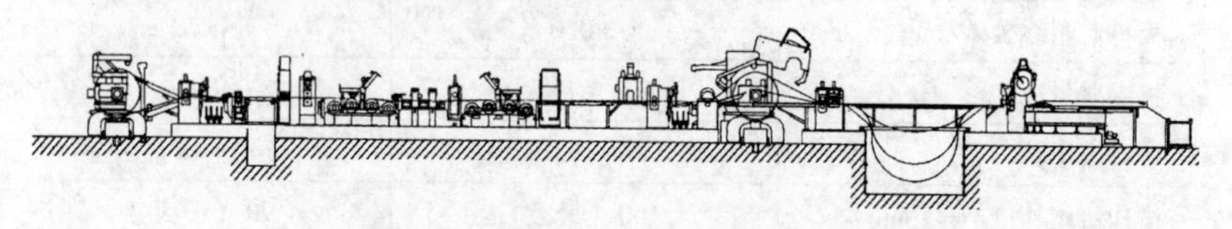

图3-66 拉伸弯曲矫直机组结构示意图

表3-49 几种典型的拉伸弯曲矫直机组主要技术参数

使用单位	西南铝业(集团)有限责任公司	西南铝业(集团)有限责任公司	瑞闽铝板带有限公司
制造单位	美国 A. D. S	德国 UNGERER	美国 STAMCO
剪切材料	1×××、3×××、5×××系	1×××、3×××、5×××系	1×××、3×××、5×××系
来料带材厚度/mm	0.15~2.0	0.15~1.0(0.1~2.0)	0.1~2.0
来料带材宽度/mm	620~1700	920~1600	840~1660
来料卷内径/mm	ϕ510,ϕ610	ϕ405,ϕ505,ϕ605(套筒内径)	ϕ610,ϕ665(带套筒)
来料卷外径/mm	ϕ1900	ϕ1000~1920	ϕ1920
来料卷材质量/kg	10500	11000(最大)	11000(最大)
成品宽度/mm	580~1660	880~1560	800~1600
成品卷材内径/mm	ϕ510	ϕ200,ϕ300,ϕ350,ϕ510	ϕ610
伸长率/%	0~3	0~3	0~3
伸长率控制精度/%	±0.1	±0.01	±0.05
张力控制精度	最大张力的0.1%	±20N	最大张力的±3%
速度控制精度/%			最大速度的0.01

续表 3-49

成品卷材外径/mm	φ1900(最大)	φ1920(最大)	φ1920(最大)
平直度公差	3I	2I 以下	1I(1×××、3×××系) 3I(5×××系)
宽度公差/mm			±0.1
卷取错层公差/mm		5 层以上小于 ±0.25	±0.5
卷取塔形公差/mm		不大于 ±1.0	±2.0
机组速度/m·min^{-1}	180(最大)	300(不清洗)(最大) 200(清洗)(最大)	300 (最大)

3.3.7.5 涂层机组

涂层机组有专用于铝带材涂层的，也有钢、铝带材涂层兼用的涂层机组。由于涂层带材对平直度要求较高，因此有的涂层机组将拉伸弯曲矫直机与涂层机组合成为一条专用连续处理生产线。

涂层机组主要设备组成为：入口侧卷材存放架、卸套筒斜台、上卷小车、开卷机、自动对中装置、刮板台和喂料装置、液压剪切机、粘合机或带材缝合机、缝头压平机、脱脂区的酸和碱槽组、清洗槽组和挤干设备、空气吹扫装置、入口活套塔、带材偏导装置、化学涂层机、初涂机、张紧辊装置、精涂机、化学干燥炉、初涂固化炉、空气急冷装置、水急冷装置、出口活套塔、液压剪切机、导向辊和喂料台、卷取机、卷材边缘对中装置、皮带助卷器、卸卷小车、炉气焚烧和热回收系统、软化水装置、废水处理系统、涂料供给系统、液压系统、气动系统、电气传动及控制系统等，见图 3-67。典型涂层机组的技术参数见表 3-50。

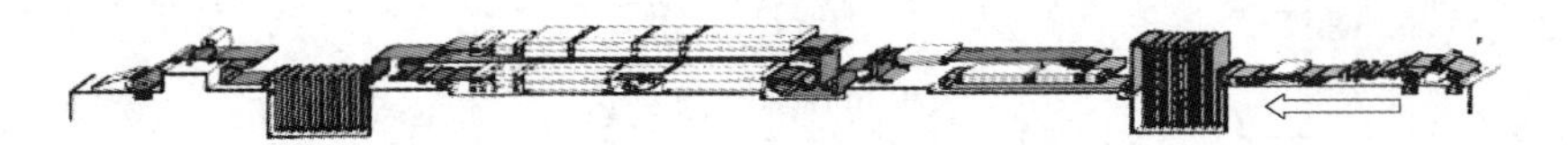

图 3-67 涂层机组结构示意图

表 3-50 典型涂层机组的主要技术参数

使用单位	西南铝业（集团）有限责任公司	太原铝材厂
制造单位	美国 BRONX	意大利 TECHINT（报价）
涂层材料	1×××、3×××、5×××系	1×××、3×××、5×××系
来料带材厚度/mm	0.2~1.6	0.1~0.8
来料带材宽度/mm	910~1600	1000~1600
来料卷内径/mm	φ605（带套筒） φ610（不带套筒）	φ560（套筒内径）
来料卷外径/mm	φ800~1920	φ1000~1850
来料卷材质量/kg	10000	10500（最大）
成品宽度/mm	910~1600	1000~1600
成品卷材内径/mm	φ605（带套筒） φ610（不带套筒）	φ560
成品卷材外径/mm	φ800~1920	φ1000~1850
套筒规格/mm×mm	605/665×1850	510/560×1900
初涂机	一个初涂机（双面辊涂）	一个涂层机（双面辊涂）
精涂机	精涂机“A”和精涂机“B”（双面辊涂）	
溶剂量/$L \cdot h^{-1}$	初涂固化炉：185(最大) 精涂固化炉：265(最大)	150(最大)
金属最高温度/℃	260	工作温度 250~350
张力控制精度/%	稳态：最大张力的 ±1 动速：最大张力的 ±2	
速度控制精度/%	稳态：最大速度的 ±0.1	
膜厚精度	10μm 以上时，为干膜厚度的 ±10% 低于 10μm 时，为 ±1μm	
带材温度的均匀性/℃	宽度方向不超过 ±3	

续表 3-50

错层公差/mm	层与层间最大偏差 1	
	整卷径向偏差 2	
设备综合利用率/%	90	
机组速度/ $m \cdot min^{-1}$	60（最大）	20~50
穿带速度/ $m \cdot min^{-1}$	20	15（可调）
入/出口段机组速度/ $m \cdot min^{-1}$	75	
电控系统	直流传动，全数字化控制	直流传动
	自动化及监控系统	全数字化控制自动化及监控系统

3.3.7.6 铝箔剪切机

根据剪切铝箔厚度的不同，铝箔剪切机分为厚规格铝箔剪切机和薄规格铝箔剪切机。铝箔剪切机主要设备组成为：开卷机、入口导向辊、分切装置、圆盘剪切机、吸边系统、出口导向辊、气动轴式双卷取机、液压系统、气动系统、电气传动及控制系统等。几种典型的铝箔剪切机技术参数见表 3-51 和表 3-52。

表 3-51 典型厚规格铝箔剪切机主要技术参数

使用单位	渤海铝业有限公司	成都铝箔厂	上海新美铝业有限公司
制造单位	德国 KAMPF	瑞士 MIDI	荷兰 SCHMUTZ
剪切材料	1×××、3×××系	1×××、3×××系	1×××、3×××系
铝箔厚度/mm	0.03~0.2	0.04~0.2	0.04~0.2
铝箔宽度/mm	1000~1880	800~1550	1500(最大)
来料卷材内径/mm	ϕ670	ϕ570	ϕ560/150
来料卷材外径/mm	ϕ2140	ϕ2140	ϕ1800/800
成品卷套筒内径/mm	ϕ75, ϕ120, ϕ150	ϕ76, ϕ150	ϕ76, ϕ150
成品卷外径/mm	ϕ800(最大)	ϕ450~600	ϕ500(最大)
成品宽度/mm	25(最小)	60(最小)	50(最小)
分切条数/条	40(最多)	20(最多)	20(最多)
机组速度/ $m \cdot min^{-1}$	600(最大)	500(最大)	600(最大)

表 3-52 典型薄规格铝箔剪切机主要技术参数

使用单位	渤海铝业有限公司	上海新美铝业有限公司	厦顺铝箔有限公司
制造单位	德国 KAMPF	荷兰 SCHMUTZ	瑞士 MIDI
剪切材料	1×××、3×××系	1×××、3×××系	1×××、3×××系
铝箔厚度/mm	0.006~0.04	0.006~0.04	0.006~0.04
铝箔宽度/mm	800~1850	1450(最大)	750~1520
来料卷内径/mm	ϕ150	ϕ150	ϕ150
来料卷外径/mm	ϕ760(最大)	ϕ760(最大)	ϕ800
成品套筒内径/mm	ϕ75,ϕ120,ϕ150	ϕ76,ϕ150	ϕ76,ϕ100
成品卷外径/mm	ϕ600(最大)	ϕ500	ϕ500
成品宽度/mm	20(最小)	25	25
分切条数/条	40(最大)	20	25
机组速度/ $m \cdot min^{-1}$	600	600	600

3.3.7.7 铝箔合卷机

需要叠轧的铝箔首先需要合卷，合卷有两种方式：一种是在专用合卷机上进行合卷、切边，然后送入精轧机上叠轧；另一种是直接在精轧机上进行合卷、切边和叠轧。铝箔合卷机主要设备组成为：双开卷机、入口导向辊、轧制油喷射系统、圆盘剪切边装置、吸边系统、出口导向辊、穿带装置、卷取机、气动系统、电气传动及控制系统等。几种典型的铝箔合卷机技术参数见表 3-53。

表 3-53 典型的铝箔合卷机技术参数

使用单位	渤海铝业有限公司	厦顺铝箔有限公司
制造单位	德国 KAMPF	德国 KAMPF
剪切材料	1×××、3×××系	1×××、3×××系
铝箔厚度/mm	2×0.012~2×0.06	2×0.01~2×0.04
铝箔宽度/mm	1000~1880	1000~1570
来料卷材内径/mm	ϕ670	ϕ560
来料卷材外径/mm	ϕ2140（最大）	ϕ1850（最大）
来料卷材质量/kg	12000（最大）	

续表 3-53

成品卷内径/mm	ϕ670	ϕ560
成品卷外径/mm	ϕ2140（最大）	ϕ1900（最大）
机组速度/ $m \cdot min^{-1}$	600	60 ~ 1200

3.3.7.8 铝箔分卷机

根据分切铝箔厚度不同，铝箔分卷机有厚规格铝箔分卷机和薄规格铝箔分卷机之分。铝箔分卷机的卷取机配置方式有立式和卧式两种。图 3-68 为立式铝箔分卷机结构示意图。

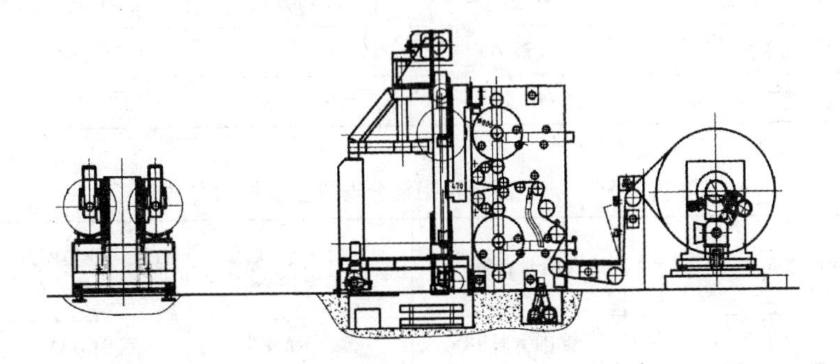

图 3-68 立式铝箔分卷机结构示意图

铝箔分卷机主要设备组成有：双锥头开卷机、入口导向辊、分切装置、圆盘剪切机、吸边系统、出口导向辊、气动轴式双卷取机、气动系统、电气传动及控制系统等。几种典型的铝箔分卷机技术参数见表 3-54 和表 3-55。

表 3-54 典型厚规格铝箔分卷机主要技术参数

使用单位	渤海铝业有限公司	西南铝业(集团)有限责任公司	云南新美铝铝箔有限公司
制造单位	德国 KAMPF	瑞士 MIDI	荷兰西姆兹
剪切材料	1×××、3×××系	1×××、3×××系	1×××、3×××系

续表 3-54

铝箔厚度/mm	2×0.006～2×0.03	2×0.006～2×0.05	2×0.006～2×0.04
来料铝箔宽度/mm	1000～1880	900～1520	1250(最大)
来料卷材内径/mm	ϕ670	ϕ570	ϕ560
来料卷材外径/mm	ϕ2140(最大)	ϕ1870(最大)	ϕ1820(最大)
来料卷材质量/kg	12000(最大)	11000(最大)	7000
成品卷套筒内径/mm	ϕ75,ϕ120,ϕ150	ϕ76,ϕ100,ϕ150	ϕ76
成品卷外径/mm	ϕ760(最大)	ϕ800(最大)	ϕ600(最大)
分切宽度/mm	200(最小)	200(最小)	200(最小)
中间抽条数/条	5(最多)	5(最多)	4(最多)
机组速度/m·min^{-1}	1200(最大)	1200(最大)	800(最大)

表 3-55 典型薄规格铝箔分卷机主要技术参数

使用单位	渤海铝业有限公司	西南铝业(集团)有限责任公司	江苏大亚集团丹阳铝业分公司
制造单位	德国 KAMPF	德国 KAMPF	英国 DAVY
剪切材料	1×××、3×××系	1×××、3×××系	1×××、3×××系
铝箔厚度/mm	2×0.006～2×0.018	2×0.005～2×0.018	2×0.006(最小)
铝箔宽度/mm	1000～1880	950～1500	600～1200
来料卷材内径/mm	ϕ670(最大)	ϕ570	ϕ655
来料卷材外径/mm	ϕ2140	ϕ1870(最大)	ϕ1570
来料卷材质量/kg	12000(最大)	11000(最大)	5000(最大)
成品卷套筒内径/mm	ϕ75,ϕ120,ϕ150	ϕ78,ϕ150	ϕ75
成品卷外径/mm	ϕ760(最大)	ϕ600(最大)	ϕ600(最大)
分切宽度/mm	200(最小)	200(最小)	200(最小)
中间抽条数/条	5(最多)	5(最多)	4(最多)
机组速度/m·min^{-1}	1200	800	1000

4 铝及铝合金挤压设备

4.1 铝合金管、棒、型、线材的生产方式与工艺流程

4.1.1 铝合金型、棒、线材的生产方式与工艺流程

4.1.1.1 生产方式

铝及铝合金型、棒材的生产方法可分为挤压和轧制两大类。由于铝及铝合金型、棒材的品种规格繁多，断面形状复杂，尺寸和表面要求严格，因此，它和钢铁材料不同，在国内外的生产中，绝大多数采用挤压方法，仅在生产批量较大，尺寸和表面要求较低的中、小规格的棒材和断面形状简单的型材时，才采用轧制方法。铝及铝合金线材主要用挤压法生产的线坯进行多模（配模）拉伸（拉丝），也有部分用轧制线坯进行多模拉伸的。各种挤压方法在生产铝及铝合金管、棒、型、线材中的应用如表 4-1 所示。

表 4-1 各种挤压方法在铝及铝合金管、棒、型、线材生产中的应用情况

<table>
<tr><th>挤压方法</th><th>制品种类</th><th>所需设备特点</th><th>对挤压工具要求</th></tr>
<tr><td rowspan="8">正挤压法</td><td>棒材、线毛料</td><td>普通型、棒挤压机</td><td>普通挤压工具</td></tr>
<tr><td>普通型材</td><td>普通型、棒挤压机</td><td>普通挤压工具</td></tr>
<tr><td rowspan="2">管材、空心型材</td><td>普通型、棒挤压机</td><td>舌形模、平面分流组合模或随动针</td></tr>
<tr><td>带有穿孔系统的管、棒材挤压机</td><td>固定针</td></tr>
<tr><td>阶段变断面型材</td><td>普通型、棒挤压机</td><td rowspan="4">专用工具</td></tr>
<tr><td>逐渐变断面型材</td><td>普通型、棒挤压机</td></tr>
<tr><td rowspan="2">壁板型材</td><td>普通型、棒挤压机</td></tr>
<tr><td>带有穿孔系统的管、棒材挤压机</td></tr>
</table>

续表 4-1

挤压方法	制品种类	所需设备特点	对挤压工具要求
反挤压法	管材 棒材 普通型材 壁板型材	带有长行程挤压筒的型、棒材挤压机	专用工具
		带有长行程挤压筒，有穿孔系统的管、棒材挤压机	
		专用反挤压机	
正反向联合挤压法	管材	带有穿孔系统的管、棒材挤压机	
Conform 连续挤压	小型型材和管材	Conform 挤压机	
冷挤压	高精度管材	冷挤压机	

4.1.1.2 工艺流程

铝合金型、棒材的生产工艺流程，依材料的品种、规格、供应状态、质量要求、工艺方法及设备条件等因素的不同而不同，应按具体条件来合理选择与制定。常用的工艺流程如图 4-1 ~ 图 4-3 所示。

4.1.2 铝合金管材的生产方法和工艺流程

4.1.2.1 生产方法

由于用挤压法生产铝及铝合金管材和管毛料具有生产周期短、效率高、品种规格范围广等许多优点，所以挤压法是生产铝及铝合金管材采用的最广泛的方法。挤压法配合其他冷加工方法还可以生产多种品种、规格管材，如表 4-2 所示。

表 4-2 挤压铝及铝合金管材的主要生产方法

主要加工方法	适用范围	主要优点
热挤压法(包括穿孔挤压)	厚壁管、复杂断面管、异型管、变断面管、钻探管	生产周期短,效率高,成品率高,所需设备少,成本较低; 品种规格范围广,可生产复杂断面的异型管和变断面管; 管材的尺寸精度和内外表面较差; 可生产各种合金的阶段变断面和逐渐变断面管材

续表 4-2

主要加工方法	适用范围	主要优点
热挤压－拉伸法	直径较大且壁厚较厚的薄壁管	与冷轧法相比,设备投资少,成品率高,成本低; 可生产所有规格薄壁管; 生产壁厚较厚的铝合金管时,生产效率较冷轧法高; 生产硬合金和小直径薄壁管时,效率低,生产周期长; 机械程度差,劳动强度大,适用于小厂
热挤压－冷轧－减径－拉伸－热挤压－冷轧－盘管拉伸	中、小直径薄壁管和长管	能生产所有规格的薄壁管; 冷变形量大,生产周期短; 机械化程度高,与热挤压配合,适于大、中型工厂; 设备多且复杂、投资大; 盘管拉伸法可生产中、小直径任意长度薄壁管,生产效率高
热挤压空心锭－横向旋压法、旋压拉伸法	特大直径薄壁管、中小型异型管、变断面管,如旗杆管	设备简单; 能生产较大直径薄壁管; 生产效率低,产品质量不稳定,不适于大批量生产普通管; 旋压法适于生产软合金大、中、小异型管和逐渐变断面管,专用设备生产效率高
连续挤压法(conform 和 casfex 连续挤压法)	小直径薄壁长管、软合金异型管	设备简单,投资少; 工艺简单,周期短,效率高,成品率高,成本低; 无残料挤压,不需要加热设备,能耗低; 可生产无限长的小直径薄壁管; 自动化程度高,可实现全自动连续生产; 不能生产大规格异型管和硬合金管
冷挤压法	中小直径薄壁管	设备少,效率高; 生产周期短,成品率高; 生产硬合金有困难;需要大型冷挤压机; 工具寿命短,损耗大,设计与制造困难; 产品精度和表面品质高,但品种规格有限

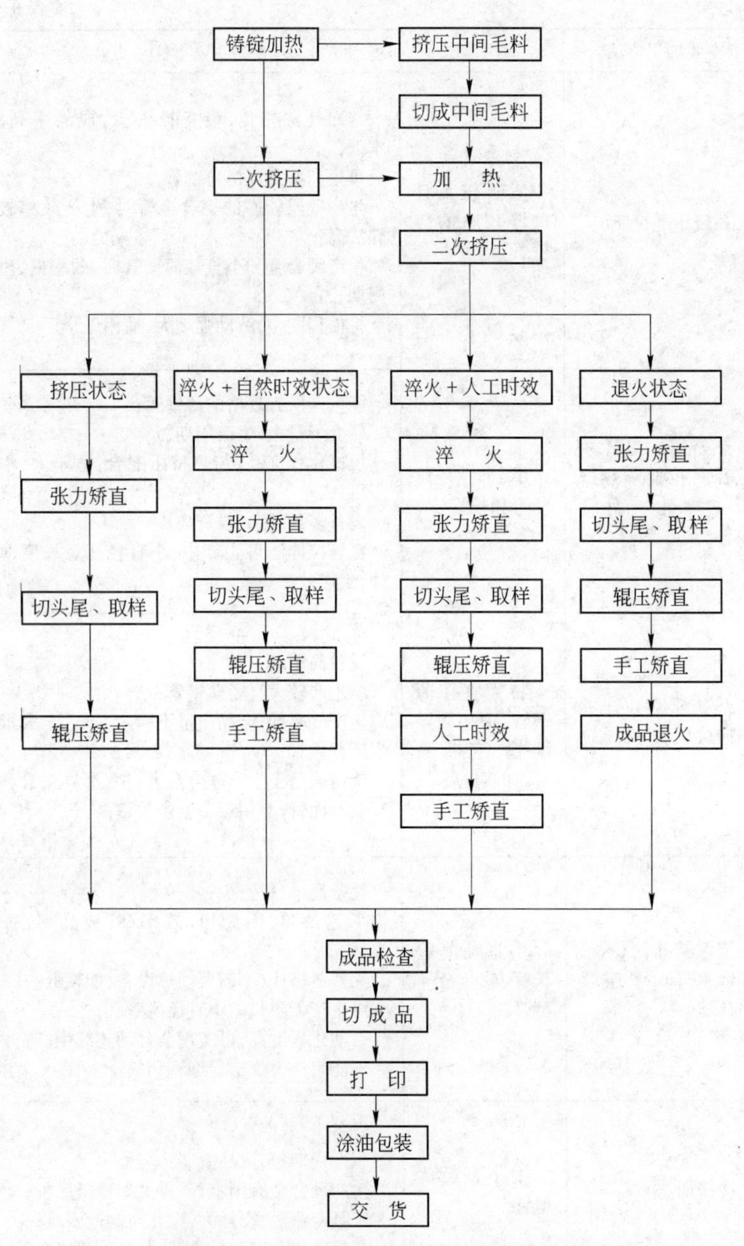

图4-1　铝合金型材生产工艺流程（典型）

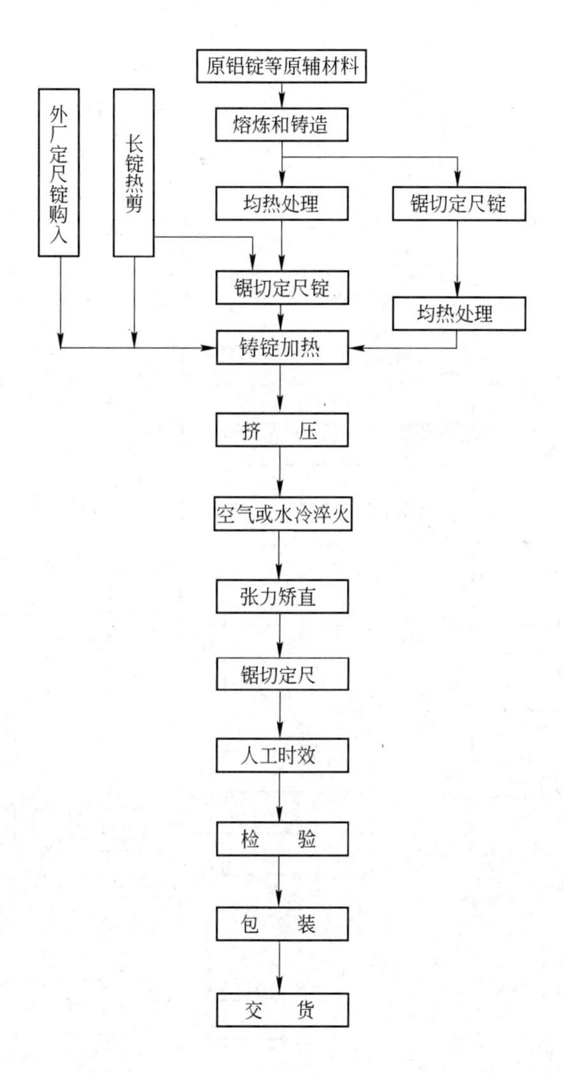

图 4-2 铝合金民用建筑型材工艺流程

4.1.2.2 工艺流程

铝及铝合金管材生产典型工艺流程如表 4-3 所示。

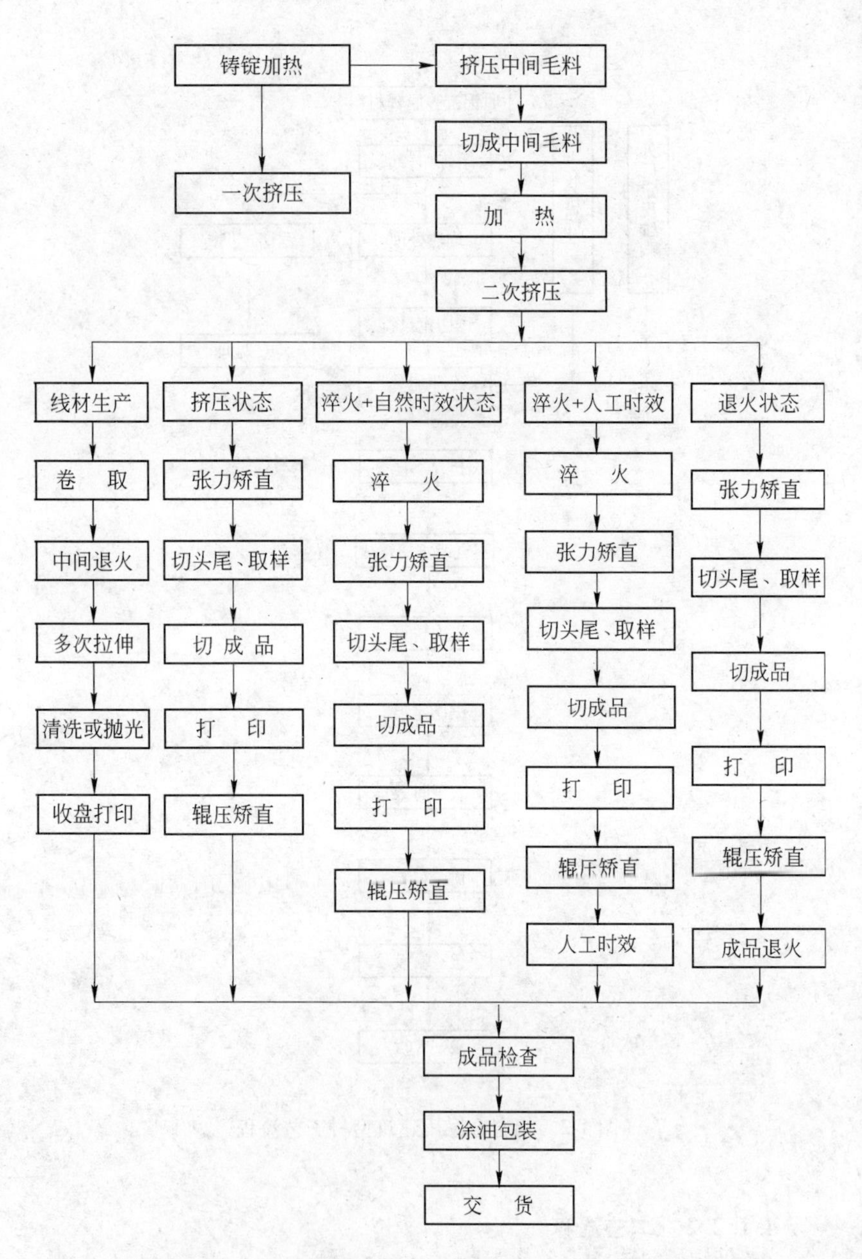

图 4-3 铝及铝合金棒（线坯）材生产工艺流程

表 4-3 铝及铝合金管材生产典型工艺流程

工序名称	热挤压厚壁管				挤压-拉伸管			挤压-冷轧-拉伸管		
	状态				状态			状态		
	F	T4	T6	O	HX3	T4	O	HX3	T6	O
坯料加热	•	•	•	•	•	•	•	•	•	•
热挤压	•	•	•	•	•	•	•	•	•	•
锯切	•	•	•	•	•	•	•	•	•	•
车皮、镗孔	•	•	•	•	•	•	•	•	•	•
毛料加热	•	•	•	•	•	•	•	•	•	•
二次挤压	•	•	•	•	•	•	•	•	•	•
张力矫直					•	•	•	•	•	•
切头					•	•	•	•	•	•
中间检查					•	•	•	•	•	•
退火					•	•	•	•	•	•
腐蚀					•	•	•	•	•	•
刮皮								•	•	•
冷轧制								•	•	•
退火								•	•	•
打头					•	•	•	•	•	•
拉伸					•	•	•	•	•	•
淬火		•	•			•			•	
整理										
精整矫直	•	•	•	•	•	•	•	•	•	•
切成品取样	•	•	•	•	•	•	•	•	•	•
人工时效			•						•	
成品退火				•			•			•
检查、验收	•	•	•	•	•	•	•	•	•	•
涂油、包装	•	•	•	•	•	•	•	•	•	•
交货	•	•	•	•	•	•	•	•	•	•

4.2 管、棒、型、线材生产线的组成与布置

以铝及铝合金铸锭为原料，通过挤压加工，生产铝及铝合金管、棒、型、线材。依据合金品种不同，制品有热挤压状态、淬火-时效状态、软状态和不同程度的硬状态。根据不同的工艺流程，管、棒、线、型材生产线的组成也不同。

4.2.1 工艺流程选择

铝管、棒、型材主要采用挤压法生产，线材主要采用拉伸法生产(图4-4~图4-6)。最常用的挤压工艺有正向挤压和反向挤压两种。正向挤压在设计、生产中应用最广泛；反向挤压可降低挤压力30%~40%，挤压速度比较高，制品的组织和性能均匀，但设备结构、工具装配、生产操作都比较复杂，限制了它的使用范围。

挤压管、棒材和型材，采用铸锭加热-挤压-精整的生产流程；对于热处理可强化的铝合金材，还要进行淬火-时效处理。建筑型材采用挤压后在线风（水）冷淬火和精整的生产工艺。薄壁管采用先挤压生产出管坯再冷加工的生产工艺；对硬合金小直径管，常采用二次挤压法先生产出小规格的挤压管坯，再冷加工的生产工艺。管坯的冷加工有冷轧和拉伸两种方法。冷轧法每道次变形量大（延伸系数最大可达8~10)，可一次从坯料轧至接近成品厚度，但设备价格高，工具制造也较复杂。拉伸法的设备和工具都比较简单，生产时变换规格容易，制品尺寸精确、表面光洁，但每道次变形量小（延伸系数在2以内)、生产工序多，成品率较低。硬合金和高镁铝合金管材，一般采用先将挤压管坯冷轧，然后拉伸出成品的生产工艺。纯铝和软合金管材，多采用挤压后拉伸的生产工艺。ϕ30mm以下的纯铝及软合金管，可采用生产效率和成品率都很高的盘管拉伸工艺，并成盘出厂。在冷轧、拉伸过程中，一般要进行几次中间退火。加工到成品尺寸后，须根据交货要求进行成品热处理和精整。

铝合金线材采用热挤压-退火-拉伸-热处理-精整的生产工艺。导体用的铝线材主要在电线厂生产，一般采用先连铸连轧生产出铝盘条再拉伸的生产工艺。

4.2.2 设备选择

设备选择包括铸锭加热炉、挤压机或连续挤压机、冷轧管机、拉伸机、热处理炉、精整设备以及建筑铝型材生产机列的选择。

4.2.2.1 铸锭加热炉

通常选用连续进出料的炉型，加热方式有感应加热、电阻加热和火焰直接加热。(1)感应加热电炉。加热速度快，操作方便灵活，占地少。(2)炉内带空气循环的电阻加热炉。加热时间长,加热温度均匀,适用于各种铝合金铸锭的加热。(3)火焰加热炉。采用火焰直接加热铸锭,加热速度快,常用于生产建筑型材的长铸锭加热;配以热剪,可提高成品率。为了使加热均匀,并降低加热成本,对于与20MN以上的建筑型材挤压机配套的加热炉,可选择火焰加热和电加热相结合的加热方式。铸锭在炉内输送方式有推料式、步进式和链带式等。

4.2.2.2 挤压机

挤压机一般分为立式挤压机和卧式挤压机两种。6MN的立式挤压机使用空心锭，生产ϕ50mm以下的挤压管。8MN以上的卧式挤压机，又分为单动式和双动式两种。单动式挤压机适于挤压型、棒、线材及采用舌形模生产软合金管材；带穿孔系统的双动式挤压机适于挤压硬合金管坯及特殊空心型材。20MN以上的大、中型挤压机，有特殊要求时可具备正反两种挤压功能。铝及铝合金挤压机大部分采用油压直接传动。

连续挤压机（conform）主要使用铝线杆为原料，其特点是通过坯料（不加热）与送料辊之间的摩擦作用使坯料升温并沿着模槽前进，进入挤压模成型。生产机列由坯料开卷机、坯料矫直机、连续挤压机、冷却台等设备组成，可连续生产纯铝及一部分铝合金的小规格管材和型材。

4.2.2.3 冷轧管机

冷轧管机常用的有周期二辊式和多辊式两种。周期二辊式冷轧管机道次加工率大，适于生产ϕ16～120mm、壁厚为0.5～2mm的铝合金管。多辊式冷轧管机轧出的管材壁厚与直径之比可达1/100～1/200，几何尺寸精确，内外表面粗糙度较小，但生产效率比二辊式低，常用于生产ϕ50mm以下、壁厚0.5mm以下的薄壁管。

4.2.2.4 拉伸机

拉伸机有直线式和卷筒式两类：（1）直线式拉伸机主要用于管、棒材的拉伸，拉伸力为5～750kN，拉伸速度为20～100m/min。其传动方式主要有链式、液压两种，通常采用链式传动，其中以直流传动的双链拉伸机操作最为简便；液压拉伸机传动平稳，适合于生产异型薄壁管。(2）卷筒拉伸机用于拉伸小直径管、棒材和线材，有卧式、立式、倒立式、单卷筒拉伸机和卧式、立式多卷筒拉伸机等。卧式单卷筒拉伸机，结构简单，操作简便，但拉伸速度比较低，拉伸制品长度受卷筒长度的限制，多用于棒材、线材拉伸和卷取 ϕ30mm 以下的直条管坯，同时进行一道拉伸。立式单卷筒拉伸机和立式非滑动多卷筒拉伸机，常用于线材的拉伸。倒立式单卷筒拉伸机，适用于生产 ϕ30mm 以下的软合金管材，其拉伸速度可达 1000m/min。卧式多卷筒拉伸机，常用于毛细管的拉伸。

4.2.2.5 热处理炉

热处理炉多采用电阻加热、空气强制循环的炉型。硬铝合金管、棒、型材的淬火多选用离线的立式淬火炉，淬火温度为 470～505℃，淬火水槽布置在炉体下方。时效多选用坑式或台车式室状炉，时效温度为 165～210℃。生产 6×××T_5/T_6 建筑型材一般采用在线精密水雾气淬火装置，其使用的时效炉也可采用火焰炉，这种炉子生产费用比较低，但炉温控制比较困难。管、棒材的退火常选用箱式炉。线材的淬火和退火多选用井式炉，当产量低时，淬火与退火可考虑共用一台炉子。

4.2.2.6 精整设备

用于铝管、棒、型、线材的矫直、整形、锯切和重卷。矫直机有张力矫直机、辊式矫直机、扭拧矫正机和压力矫直机四种：(1) 张力矫直机。用于铝管、棒、型材坯料和成品的平直度矫直，其张力范围为 0.15～60MN，根据被矫直制品的截面面积和合金的屈服强度确定矫直机的张力。(2) 辊式矫直机。有用于矫直铝管、棒材的双曲线多辊矫直机和用于矫正型材的悬臂式对辊和多辊型材矫正机。(3) 扭拧矫正机。用于矫正型材的扭曲度。小规格型材的扭拧度可在张力矫直机的扭拧头上矫正，大规格型材的扭拧度则选用专用的扭拧矫正机矫正。(4) 压力矫直机。用于消除大断面制品的局部弯曲。专门生产建筑铝型材的车间可只选用张力矫直机（附带扭拧头）。铝管、棒、型材的成品锯切多采用嵌齿圆锯，管材的坯料锯切也可选用带锯。

4.2.2.7 建筑铝型材挤压机列

建筑铝型材挤压机列由铸锭加热炉、挤压机及与挤压机能力相配套的后部辅助机列组成。机列一般包括出料台、精密在线风（水）冷淬火装置、链板式运输机、牵引机、提升移料机、冷床、张力矫直机、贮料台、锯床及输送辊道、定尺台和收集装置等以及人工时效炉等，其典型布置见图 4-4。

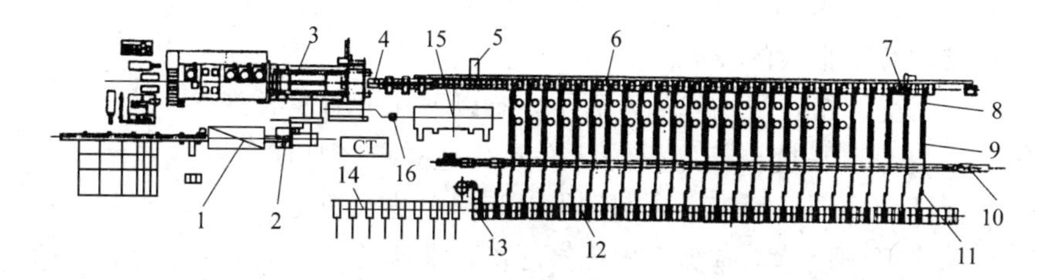

图 4-4 建筑铝型材挤压机列布置图

1—铸锭加热炉；2—热剪；3—挤压机；4—固定出料台（或水淬装置）；5—中断锯；6—出料运输机；7—牵引机；8—提升移料机；9—冷床；10—张力矫直机；11—贮料台；12—锯床辊道；13—成品锯；14—定尺台；15—模具加热炉；16—电动葫芦

4.2.3 现场布置

铝管材和型、棒材的生产线，一般分别布置在不同的跨间。当车间既生产软合金也生产硬合金时，也可按软、硬合金生产线分别配置。铝管材生产跨间常按挤压、轧管、拉伸、热处理和精整等性质不同的生产区配置，以便管理。产品的检验包装设置在车间的后部。设有立式淬火炉的车间，淬火炉间均单独配置在副跨内。铝合金线材生产线可在单独的跨间或铝型、棒材生产跨内配置。建筑铝型材和焊管的生产设备已完全连续化，一般单独建厂房或布置在单独的跨间。铝管、棒、型材制品占地面积大，在设备的装卸料区域要划出制料存放场的位置，其面积根据设备生产能力、制品尺寸、贮料方式、存料时间和运输方式等条件确定。

4.3 挤压设备

1662 年，帕斯卡发现了利用液体产生很大力量的可能性。1795 年，英国人 Bramah 取得了第一个手动液压机的专利。随着液压技术的不断进步，液压机技术也得到了很大的发展。从 1910 年制成第一台铝挤压机开始，作为液压机的一个重要分支——挤压机在一百多年来技术上有了长足的进步。

国内挤压机技术起步较晚，真正发展还不到 50 年。20 世纪 60 年代，125MN 有色金属挤压机研制成功，标志着我国挤压机技术取得了突破。20 世纪 80 年代以后，特别是改革开放以后，我国的挤压机技术有了很大的发展。

目前，挤压机技术的发展主要有以下几个方面的特点：

（1）高精度。挤压机的精度无疑是提高产品质量和成品率的重要保证。特别是近年来比例技术以及伺服技术的飞速发展，对挤压机的精度要求也越来越高。现代挤压机要求能够实现恒速挤压，挤压速度的精度无疑成为了衡量挤压机精度的重要指标。

（2）液压系统的集成化与精密度。现代挤压机中滑阀的使用日趋减少，插装阀以其高精度、小巧灵活等优势逐渐占据了主导地位，特别是在需要大流量、高压力的大型挤压机中，插装阀更是随处可见。与插装阀配套的集成块连接方式也逐渐成为了主流。集成块连接方式缩短了管路连接的距离，减小了压力损失和冲击振动，同时也大大减少了外泄漏。

（3）数控化、自动化和网络化。可编程逻辑控制器（PLC）在挤压机控制中的应用在很大程度上增强了挤压机的数字控制和自动化程度。挤压机工作环境恶劣，PLC 数字控制强大的抗干扰能力确保了控制精度。而且，PLC 控制器对数字信号和模拟信号的兼容能力也为挤压机精确的速度、温度和位置控制提供了便利。

（4）柔性化。现代市场条件下的生产组织要求挤压机具有快速反应能力，即能适应多种规格产品生产以及多种规格产品间快速更换的能力。这就要求挤压机在模具更换、挤压速度调整、挤压筒更换等环节具有良好的快速反应能力。

（5）高生产率和高效率。高速挤压机的发展带动了挤压机生产效率的持续提高，但提高挤压机生产效率却并不仅仅依靠发展高速挤压机。减少辅助工序时间，提高辅助工序自动化程度以及将辅助工序与挤压作业同步等措施也是提高挤压机工作效率的重要途径。

（6）环境保护和人身安全保护。现代挤压机多采用油压系统提供动力，但油压系统泄漏等原因造成的环境污染却一直是挤压生产线的一个顽疾。随着液压技术的发展，特别是密封技术的发展，泄漏问题必将得到有效解决，环境污染也会有大幅度改善。挤压机作为大型生产设备，操作人员的安全和设备本身的安全也是一个重要的课题。

现代挤压机多采用行程保护、位置保护以及锁紧等方式限制危险部位的动作，以保证人身安全及设备安全。

（7）成线化和成套化。一台单独的挤压机已经无法满足现代铝合金挤压生产的要求。现代挤压机多带有在线锯切、在线淬火、牵引、拉伸等多道精整后处理工序装备。另外，挤压前准备工序如铸鼎加热、工具加热等装备也是一应俱全。成套化和成线化已经成为了现代挤压机的主流。

（8）大型化和多样化。由于型材的大型化、整体化及一模多出技术的发展，铝挤压机向大型化发展。目前，世界上80MN以上的大型挤压机有40台左右，我国已有50MN以上的大型挤压机30余台，到2015年可能达53台。双动、正反向双动、有效摩擦挤压机、静液挤压机、confrom连续挤压机等也得到了发展。2011年我国已有反向挤压机30余台，其中12台是从德国SMS引进的先进反向挤压机。

4.3.1 挤压机分类

挤压机按结构形式、挤压方法、传动方式和用途分为多种类型，见表4-4。对于某种挤压机，通常应说明其结构形式、挤压方法（反向、正反向、传动方式和用途），如卧式反向油压双动铝挤压机。

表4-4 挤压机的分类及应用

分类方式	类 型	能力范围/MN	主要品种
按结构形式	立 式	6.0~360.0	管 材
	卧 式	5.0~260.0	管、棒、型
按挤压方法	正 向	5.0~200.0	管、棒、型
	反 向	5.0~360.0	优质管、棒、型
	正、反向	15.0~140.0	管、棒、型
按传动方式	油压（油泵直接传动）	5.0~200.0	管、棒、型
	水压（水泵~蓄能器集中传动）	5.0~360.0	管、棒、型
	机械传动	小型	短小冲挤及挤压件
按用途	单动（不带穿孔系统）	5.0~100.0	型、棒
	双动（带穿孔系统）	5.0~200.0	管、棒、型

注：美国、俄罗斯、中国各有一台360MN立式反向挤压－模锻液压机，用于反向挤压ϕ1500mm以上的管材。

在较老的挤压厂，立式挤压机多用于生产小直径、同心度要求较高的管材。由于立式挤压机在布置上难于实现连续化生产，随着卧式挤压机的结构改进和检测技术的应用，已能生产出较高精度的管材。目前卧式挤压机已基本取代了立式挤压机。

国内外绝大多数挤压机为正向挤压，反向挤压机结构较复杂、设备投资较高。正向或反向挤压机的选择应根据所生产的产品来确定。对于普通民用材和工业材通常采用正向挤压机。反向挤压机一般用于要求尺寸精度高、组织性能均匀、无粗晶环（或浅粗晶环）的制品和挤压温度范围狭窄的硬铝合金管、棒、型、线材的挤压生产。静液挤压机适用于脆性材料的挤压，较少用于铝及铝合金的挤压。

水压传动在一些较老的有多台挤压机的挤压生产厂使用。水压传动由于有蓄能器的储备和平衡作用，特别适合挤压速度高、工作时间短、配有多台挤压机的情况下使用，总功率显著降低。但水压传动因工作液体的压力波动，挤压速度不易控制，直接影响产品的质量，且密封件使用寿命较短，维护工作量大，现已很少应用。现代铝挤压机普遍采用油压直接传动方式。本书主要介绍油压挤压机。

4.3.2 主要挤压设备

4.3.2.1 正向挤压机

A 立式挤压机

立式挤压机可以生产壁厚均匀的薄壁管材，其运动部件和出料方向与地面垂直，占地面积小，但要求建筑较高的厂房和很深的地坑，只适用于小型挤压机。立式挤压机按穿孔装置分为无独立穿孔装置和带独立穿孔装置的立式挤压机。带独立穿孔装置的立式挤压机由于结构和操作较复杂、调整困难，应用不广。无独立穿孔装置的立式挤压机挤压管材时采用随动针挤压方式，其结构见图 4-5。目前，也有用立式反向挤压－模锻液压机来生产大径厚壁铝及铝合金管材的。如美国和中国等都安装有 360MN 反向立式挤压－模锻液压机。

B 卧式挤压机

目前，管、棒、型材挤压普遍采用卧式油压挤压机。卧式挤压机按其用途分为单动卧式挤压机和双动卧式挤压机，其结构分别见

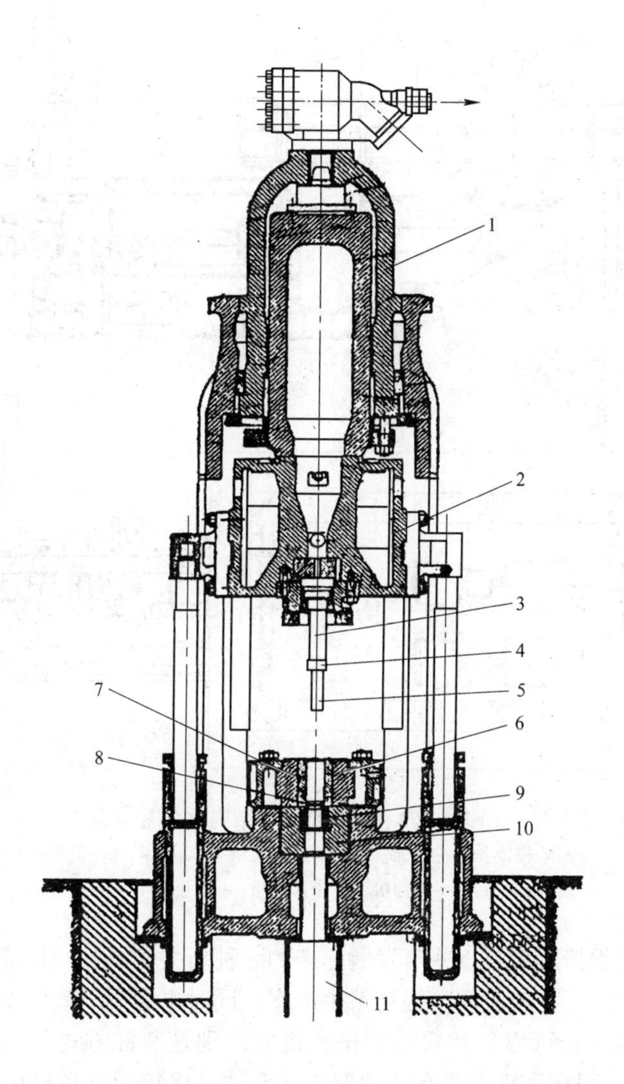

图 4-5 6MN 立式挤压机结构简图（无独立穿孔装置）
1—主缸；2—活动梁；3—挤压轴；4—挤压轴头；5—穿孔针；
6—挤压筒外套；7—挤压筒内衬；8—挤压模；9—模套；
10—模座；11—挤压制品护筒

图4-6和图4-7。单动卧式挤压机是国际上最普遍使用的铝挤压机。

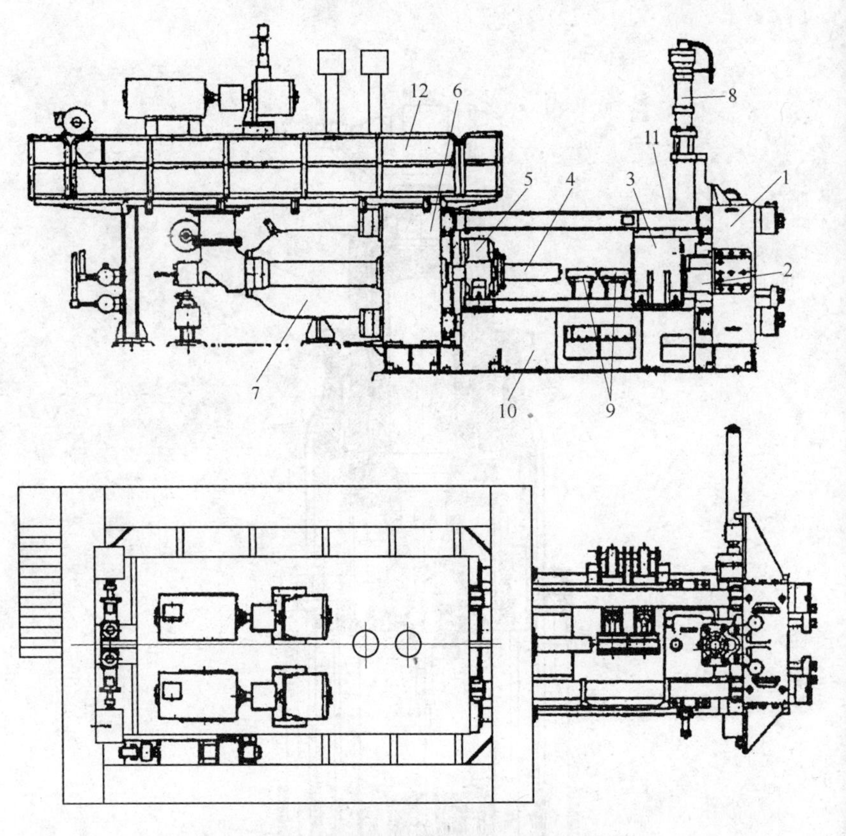

图4-6 单动卧式挤压机结构示意图

1—前梁；2—滑动模架；3—挤压筒；4—挤压轴；5—活动横梁；6—后梁；7—主缸；8—压余分离剪；9—供锭机构；10—机座；11—张力柱；12—油箱

短行程挤压机是近些年发展起来的一种新型挤压机，其挤压轴行程短，缩短了空转时间，提高了生产率，同时也缩短了整机长度。普通挤压机（长行程）和短行程挤压机的区别是装锭方式不同，见图4-8。短行程挤压机主要有两种形式，一种是将铸锭供在挤压筒和模具之间，另一种供锭位置与普通挤压机相同，挤压轴位于供锭位置处，供锭时，挤压轴移开，这种挤压机挤压杆行程短，整机长度也短。短行程单动挤压机结构示意图见图4-9。

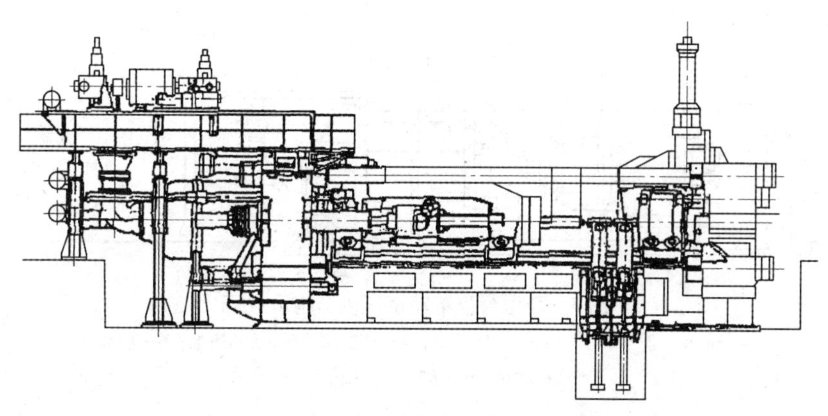

图 4-7 双动卧式挤压机结构示意图

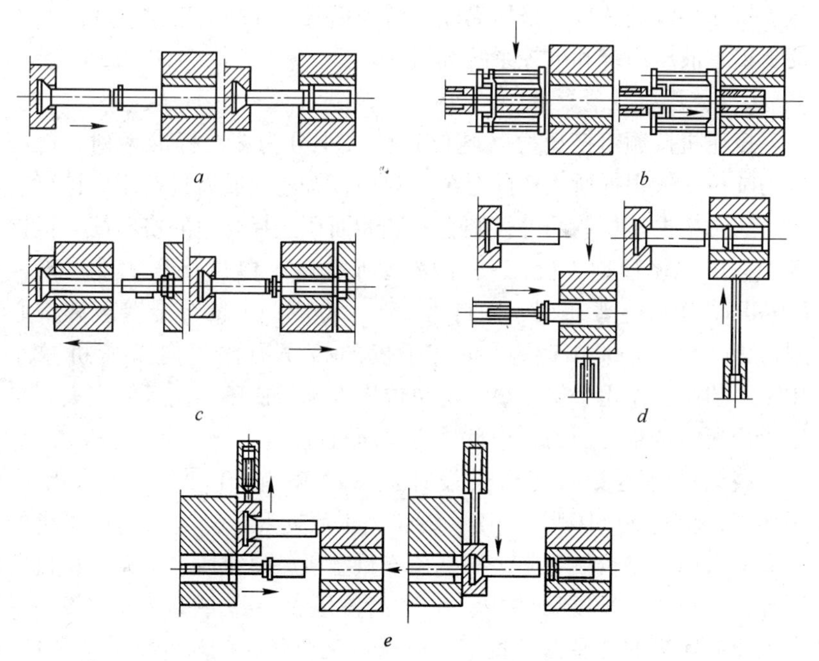

图 4-8 挤压机主柱塞行程长短与装锭方式

a，*b*—铸锭在挤压轴与挤压筒之间装入，为普通（长行程）挤压机；

c，*d*，*e*—挤压筒或挤压轴移位后装锭，为短行程挤压机

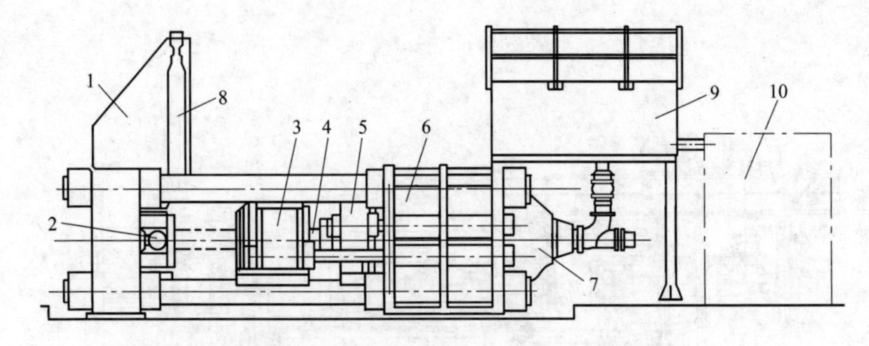

图 4-9 短行程单动挤压机结构示意图

1—前梁；2—滑动模架；3—挤压筒；4—挤压轴；5—活动横梁；6—后梁；7—主缸；8—分离剪；9—油箱；10—泵站

挤压机主要由机架（包括前、后梁和张力柱）、滑动模座、压余分离剪、挤压垫输送装置、挤压筒座、活动横梁、穿孔活动梁、底座、供锭装置、液压系统和电控系统等组成。

C 挤压机性能参数

挤压机按额定挤压力（吨位）的大小分为多个标准系列。挤压机的吨位一般根据所生产的合金、规格，按经验或通过挤压力计算选取。通常根据挤压制品外接圆直径和断面积选择合适的挤压筒。根据经验，正向挤压时，纯铝挤压成型所需最小单位挤压力为 100 ~ 200MPa，铝合金普通型、棒材为 250 ~ 500MPa，铝合金壁板和空心型材为 500 ~ 1000MPa。反向挤压机的挤压力比正向挤压机减小 30% ~40% 。作用于挤压垫上的单位压力称为比压，比压值应大于挤压成型所需的单位压力，由此确定挤压机吨位。

我国目前主要的挤压机设计制造公司有 20 多家，其中生产 30MN 以上的大、中型铝、镁、铜合金正反向和单动、双动挤压机的主要是太原重型机械有限公司、西安重型机械研究所、上海重型机器厂等；生产 36MN 以下的中、小型铝挤压机（以单动、正向为主）的主要有无锡的源昌挤压机厂、锦绣重工公司、广州的文冲造船厂、业精挤压机厂和明晟挤压机厂等。中国台湾地区主要有梅瑞实业股份有限公司、建华机械股份有限公司等。国外挤压机制造厂主要有德国西马克·德马克公司（SMS Demag Aktiengesellschaft）、意大利达涅利公司（DANIELI）和布莱塞士公司、日本宇部兴产（UBE）和神户制钢所（KOBEL STEEL. LTD）、法国克莱西姆（CLECIM）、波兰扎梅特重机厂（ZAMET）等。部分制造厂挤压机系列和主要参数见表4-5～表4-12，大型挤压机主要参数见表4-13。

表4-5 太原重型机械有限公司挤压机主要参数

挤压机规格	8MN	8MN双动	12.5MN	16MN	16MN双动	25MN	36MN
额定挤压力/MN	8	8	12.5	16	16	25	36
工作压力/MPa	25	21	25	25	20	25	21
主柱塞压力/MN	7	6.95	11	14.5	14.45	22.9	32
侧缸挤压力/MN	1	0.65	1.5	1.9	1.8	2.2	4
穿孔力/回程力/MN		3/1.3			2.5/1.25		
挤压筒锁紧/打开力/MN	0.88/0.56	0.95/1.1	1.27/0.88	1.57/1.0	1.2/1.5	2.07/1.4	3.0/2.16
主剪切力/MN	0.38	0.35	0.44	0.5	0.5	0.78	1.69
主柱塞行程/mm	1240	1250	1540	1850	1730	2000	2600
穿孔行程/mm		600			800		
挤压筒行程/mm	350	330	375	400	375	450	600
挤压速度/$mm \cdot s^{-1}$	0.1～20	1～20	0.1～20	0.1～20	1～25	0.1～20	0.2～18
空程前进速度/$mm \cdot s^{-1}$	200	200	200	200	300	200	173
回程速度/$mm \cdot s^{-1}$	300	250	300	300	250	300	250

续表 4-5

挤压机规格	8MN	8MN 双动	12.5MN	16MN	16MN 双动	25MN	36MN
穿孔速度/mm·s^{-1}		75			60~180		
挤压筒尺寸/mm×mm	φ(100~150)×560	φ(100~150)×560	φ(130~170)×700	φ(152~200)×750	φ(160~210)×750	φ(210~250)×900	φ320×1200
穿孔针直径/mm		30、50、70					
主泵功率/kW							132×4
铸锭尺寸/mm×mm			φ152×600			φ229×800	
安装功率/kW						530	780
设备质量/t	约51	约85		约145	约163	约207	约360

表 4-6 西安重型机械研究所挤压机主要参数

挤压机规格	8MN	10MN	12.5MN	16.3MN	25MN
额定挤压力/MN	8	10	12.5	16.3	25
工作压力/MPa	22.5	25	25	23	25
侧缸挤压力/MN	0.6		1.13		3.08
挤压筒锁紧/打开力/MN	0.68/0.9	0.81/1.13	1.02/1.41	1.4/2.05	2.53/2.54
主剪切力/MN	0.27	0.33	0.41	0.5	0.66
主剪返回力/MN	0.13	0.2	0.22	0.26	
移动模架推力/MN	0.17/0.12	0.23	0.21	0.35/0.2	0.35
主柱塞行程/mm	1250	1250	1500	1700	1980
挤压筒行程/mm			300		450
移动模架行程/mm	670	670	700	950	

续表4-6

挤压机规格	8MN	10MN	12.5MN	16.3MN	25MN
主剪行程/mm	650	600	630	780	
挤压速度/mm·s^{-1}	0.5~20	0.5~20	0.2~18.5	0.5~20	0.2~22
快速进/回程速度/mm·s^{-1}	300/295	300/250	250/227	250/135	300/300
挤压筒松开速度/mm·s^{-1}	110	100	91	83	
挤压筒锁紧速度/mm·s^{-1}	80	80	73	66	
主剪切速度/mm·s^{-1}	300	200	190	200	
主剪回速/mm·s^{-1}	350	300	280	250	
非挤压时间/s			14		16
挤压筒内径×长度/mm×mm			158×650		235×950
模组尺寸/mm×mm			ϕ335×355		ϕ475×500
主泵功率/kW	90×2	90×2	110×3	90×4	200×3
安装功率/kW			400		700

表4-7 法国克莱西姆（CLECIM）短行程挤压机主要参数

挤压力/MN	16	25	33	40	55
铸锭直径/mm	152~203	178~229	203~279	254~330	305~381
铸锭长度/mm	800	950~1200	1200	1350	1500
前梁开口（$\phi \times W$）/mm×mm	190×230	260×320	300×360	340×400	480×700
挤压速度/mm·s^{-1}	20	27	26	27	20
安装功率/kW	500	750	950	1270	1300
挤压机本体长度①/mm	6738	7500	9000	10900	12800
地面以上高度②/mm	3100	3900	4500	5000	5500

①不包括油箱和泵站；②油箱处高度。

表 4-8 波兰扎梅特重机厂(ZAMET)挤压机系列主要参数

挤压机型号	单动挤压机				双动挤压机			
	PH – LP 1250	PH – LP 1600	PH – LP 2500	PH – LP 3200	PH – LR 1250	PH – LR 2500	PH – LR 3600	PHP – LR 6300Al
挤压力/MN	12.5	16.0	25.0	32.0	12.5	25.0	36.0	63.0
穿孔力/MN					2	4	6	11.5
工作压力/MPa	31.5	31.5	31.5	31.5	31.5	31.5	31.5	31.5
挤压筒直径/mm	ϕ135、ϕ155、ϕ185	ϕ155、ϕ205	ϕ185、ϕ225、ϕ255	ϕ255、ϕ305	ϕ135、ϕ155、ϕ185	ϕ185、ϕ225、ϕ255	ϕ225、ϕ280、ϕ330	ϕ300、ϕ350、ϕ450、ϕ600
最大铸锭长/mm	600	700	800	1100	600	800	1200	1000
挤压速度/mm·s^{-1}	0 ~ 22	0 ~ 22	0 ~ 22	0 ~ 22	0 ~ 22	0 ~ 22	0 ~ 22	0 ~ 12
挤压机质量/t	120	160	250	340	160	290	500	956

表 4-9 中国台湾梅瑞实业股份有限公司单动挤压机主要参数

挤压机吨位 /US TON	550	690	880	1350	1800	2200	2500	2750	3000	3600
额定挤压力/MN	5.0	6.3	8.0	12.7	16.3	20.0	22.8	25.0	27.3	32.7
工作压力/MPa	21	22	21	21	21	21	21	23		
挤压筒锁紧/打开 /MN	0.46/0.64	0.65/1.07	0.65/1.07	0.80/1.31	1.55/2.06	1.54/2.06	1.90/2.47	1.90/2.47		
主剪切力/MN	0.16	0.22	0.27	0.37	0.42	0.51	0.55	0.55		
挤压行程/mm	930	1135	1278	1585	1758	1880	1950	1950		
挤压筒行程/mm	210	210	240	252	309	345	447	447		
最大挤压速度 /mm · s^{-1}	8.2	11.2	11.0	13.8	15.2	14.7	15.3	15.3		
非挤压时间/s	<16	≤20	<20	≤22	≤22	≤24	≤28	≤28		
铸锭尺寸/mm × mm	ϕ89 × 356	ϕ101 × 457	ϕ114 × 508	ϕ152 × 660	ϕ178 × 711	ϕ203 × 762	ϕ203 × 812	ϕ228 × 900	ϕ228 × 900	ϕ254 × 1092
模具尺寸(外径 × 长度) /mm × mm	ϕ179 × 199	ϕ199 × 249	ϕ219 × 249	ϕ278 × 299	ϕ298 × 348	ϕ348 × 398	ϕ398 × 448	ϕ398 × 448		
主泵功率/kW	60 × 1	73.5 × 1	92 × 1	92 × 2	129 × 2	184 + 147	184 × 2	184 × 2 + 37		
外形尺寸(长 × 宽 × 高) /mm × mm × mm	5.59× 2.17×2.51	6.78× 2.27×3.02	7.30× 2.47×3.11	8.95× 4.05×4.18	9.58× 4.23×4.41	10.55× 4.91×4.29	11.28× 5.25×5.48	12.23× 5.64×5.00	13.09× 6.06×5.27	14.00× 6.51×5.55
设备质量/t	18	24	30	61	78	115	140	172	225	293

表 4-10 德国西马克·德马克公司(SMS)挤压机主要技术参数

挤压力(250MPa)/MN	12.5	16	20	22	25	28	31.5	35.5	40
突破力(270MPa)/MN	13.5	17.4	21.8	23.9	27.1	30.4	34.9	38.5	44.1
标准铸锭/mm×mm	φ157×670	φ178×750	φ203×850	φ203×900	φ229×950	φ229×1000	φ254×1060	φ279×1120	φ279×1180
型材最大外接圆/mm	φ160	φ180	φ200	φ212	φ225	φ235	φ250	φ265	φ280
型材最大宽度/mm	220	250	280	300	315	335	355	375	400
模组尺寸/mm×mm	φ335×355	φ375×400	φ425×450	φ425×450	φ475×500	φ475×500	φ530×560	φ530×560	φ600×630
非挤压时间/s	10.5	11.5	12	12.5	13	13.5	14	14	15
挤压速度/mm·s^{-1}	25	24	23.5	23	23.5	24	24.5	24	24
主泵功率/kW	160×2	200×2	160×3	160×3	200×3	160×4	200×4	160×5	200×5

表4-11 日本宇部兴产（UBE）挤压机主要参数

型号		挤压力/MN	穿孔力/MN	标准铸锭/mm×mm	挤压筒直径/mm	比压/MPa	挤压速度/mm·s^{-1}	主泵台数(500mL/r)
单动挤压机	NPC1800	16.3		ϕ178×750	185	610	20	2
	NPC2000	18.2		ϕ178×800	185	660	21	2
	NPC2500	22.7		ϕ203×865	210	650	22	3
	NPC2750	25.0		ϕ229×915	236	570	23	3
	NPC3000	27.5		ϕ229×915	236	620	20	3
	NPC3600	32.8		ϕ254×1016	262	610	20	4
	NPC4000	36.2		ϕ279×1118	287	560	19.9	4
	NPC5000	45.4		ϕ305×1270	313	590	20.8	5
	NFC2500	22.7		ϕ203×865	210	650	14.5	2
	NFC2750	25.0		ϕ229×915	236	570	13.2	2
双动挤压机	UAD88	8.0	1.07	ϕ(127~152)×500		580~398	20	1
	UAD135	12.5	1.77	ϕ(152~178)×560		630~465	25	2
	UAD180	16.3	2.97	ϕ(178~203)×750		610~473	24/25	2
	UAD235	21.4	3.40	ϕ(203~228)×800		610~489	26	3
	UAD250	22.7	3.60	ϕ(203~228)×800		650~519	26	3
	UAD275	25.0	4.12	ϕ(228~254)×900		570~460	23/25	3
	UAD360	32.8	6.60	ϕ(254~279)×1000		610~503	24/25	4
	UAD400	36.2	8.30	ϕ(254~305)×1000		666~465	21/23	4
	UAD480	43.5	9.90	ϕ(279~355)×1100		663~416	22/24	5
	UAD520	47.5	11.90	ϕ(305~406)×1200		609~350	25	6

表4-12 意大利达涅利公司(DANIELI)挤压机系列主要参数

挤压力 /MN	标准铸锭长度 /mm×mm	比压 /MPa	挤压力 /MN	标准铸锭长度 /mm×mm	比压 /MPa
11	ϕ140×600	648	30	ϕ254×1150	557
13.5	ϕ152×750	680	32.5	ϕ254×1250	603
16	ϕ178×800	596	40	ϕ305×1400	520
18	ϕ178×850	670	44	ϕ330×1400	491
22	ϕ203×1000	635	50	ϕ356×1500	481
25	ϕ229×1050	567	55	ϕ356×1500	526
27	ϕ229×1250	612	60	ϕ381×1550	494
30	ϕ229×1250	680	75	ϕ432×1600	491

4.3.2.2 反向挤压机

反向挤压机挤压力多为25~100MN之间，绝大多数为卧式单动或双动反向挤压机。目前，世界上最大吨位的卧式反向挤压机是美国铝业公司的150MN反向挤压机。为了生产大直径厚壁铝及铝合金管材，还有少数的立式反向挤压-模锻液压机，如美国的360MN立式反向挤压-模锻液压机。本节主要讨论卧式反向挤压机。

我国目前有反向挤压机30余台。20世纪80年代中期我国从日本引进了两台反向挤压机，一台为25MN双动反向挤压机，另一台为23MN单动反向挤压机。20世纪末又从德国引进一台45MN双动反向挤压机。近年来，从SMS引进的先进的单动与双动反向挤压机有十余台。

反向挤压机列主要包括铸锭加热炉、铸锭热剥皮机、反向挤压机和机后辅机。铸锭加热炉和机后辅机与正向挤压机配备相同。反向挤压机列和正向挤压机列的平面配置大同小异。

反向挤压机按挤压方法分为正、反两用和专用反向两种形式，每种又可分为单动（不带独立穿孔装置）和双动（带独立穿孔装置）两种。反向挤压机按其本结构大致可分为三大类：挤压筒剪切式、中间框架式和后拉式。

表 4-13 几种大型挤压机主要技术参数

挤压机能力/MN	50	55	65	65/70	75	75	80/95	95	90/100	90/100	125	120/130	200	140
型 式	单动水压	紧凑式单动	短行程单动	单动油压	单动油压	单动油压	双动油压	油压、单动	双动油压	双动油压	双动水压	正反双动	双动水压	双动水压
额定挤压力/MN	50			64.69/69.86	75/81	75.8	80/95	95	90/100	90/100	55/70/125	120/130	70/140/200	140
回程力/MN				3.93	4.87/5.26	4			8	6	8	9	14	8
穿孔力/MN							15	15	30	30	31.5	35	70	30
工作压力/MPa	32		25	25/27	25/27	25.5	31.5	31.5	31.5	30	32	31.5	32	32
挤压筒锁紧/打开/MN	3.70/2.17			8.04/	9.82/7.36	9.8/6.6		9.5/	9.51	9.4/8	6.4/10	10/	12.8/7.4	6.4/10
主剪切力/MN	1.85		2.11	2.14	3.14	3.2		4	5	3.2	5.0	6.8	6.0	5.0
主柱塞行程/mm	1520			3725	3350	3500		3255		4200	2500		2550	2500
穿孔行程/mm								1400		1850	1650/4150		4750	4500
挤压筒行程/mm	1520			1950	2050	2500				1000	2500		2550	
挤压速度/$mm \cdot s^{-1}$	1~60	0.25~27	0~17	约25	约20	0.2~20	0.1~19.8	0~21.2	0~20	0.2~20	0~30	0~75	0~30	0~30
穿孔速度/$mm \cdot s^{-1}$									80	70	100		0~30	100
非挤压时间/s		19.8	23	20.5					25					

续表 4-13

挤压筒尺寸/mm×mm	φ290、350、405、485×1000	φ(325～400)×1500	φ(457～500)×1500	φ(315～450)×1300	φ310～500□665×240×1620	φ450□650×250×1550	φ420、500、580□670×270×1600	φ430、500、600、□700×280×1800	φ420、460、580、□680×280×1900	φ460 φ560×1900	φ500、650、800□850×320×2000	φ450、φ550、φ650×2100	φ650、800、1100□300×1100×2100	φ500、650、800□850×250×2000
模组尺寸(外径×长度)/mm×mm			889×914	750×800	900×960	900×960	1040×	1000×	1000×	1000×	1300×1050			1300×
前梁开口(φ×W)/mm×mm		460×700			450×800		800×600			1000×600				
主泵功率/整机功率/kW		/1600	/1488（泵）	160×8/	250×6＋110×2/	160×8/1912		200×8/		250×8/泵 2464				
外形尺寸/m 长×宽	35×12.4		20×9					24×6.3			约 45×16		46.2×26.3	
外形尺寸/m 地面上高度	5.7		7.1	6.0							7.03		6.1	
设备重量/t			610								2950		4270	
制造厂		Davy Clecim	意大利 Danieli	德国 SMS	德国 SMS	中国太原重型机械公司	波兰 Zamet 改造	德国 SMS，日石川岛播磨	德国 SMS	中国西安重型机械研究所	中国沈阳重型机器厂	德国 SMS	俄罗斯乌拉尔重机厂	曼勒施曼
使用厂	中国东北轻合金加工厂	荷兰 Nedal Aluminium	美国 Delair	挪威 Raufoss Automotive	瑞士	中国辽源麦达斯铝业公司	中国西南铝加工厂	日本 KOK 公司	德国 VAW	中国山东丛林集团	中国西南铝加工厂	意大利	古比雪夫铝厂	美国铝业公司
投产年份	1956	1988	1990	1996	1980	2002	2001	1970	1999	2003	1970	2001	1950	1950

现代反向挤压机采用预应力张力柱结构，普遍采用快速更换挤压轴和模具装置、挤压筒座 X 形导向、模轴移动滑架快速锁紧装置、挤压筒清理装置、内置式穿孔针、穿孔针清理装置以及模环清理装置。

A 挤压筒剪切式

如图 4-10 和图 4-11 所示，挤压筒剪切式的特点是前梁和后梁固定，通过四根张力柱连成一个整体。在挤压筒移动梁（也称挤压筒座）上，设有压余剪切装置。这种结构仅应用于反向挤压机。

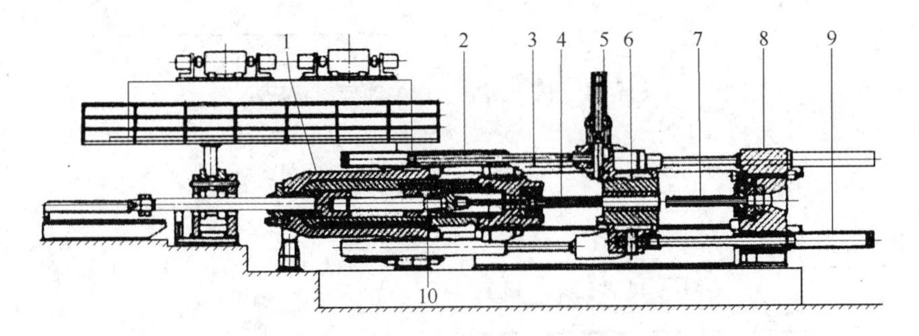

图 4-10 挤压筒剪切式双动反向挤压机

1—主缸；2—液压连接缸；3—张力柱；4—挤压轴；5—压余分离剪；6—挤压筒；7—模轴；8—前梁；9—挤压筒移动缸；10—穿孔大针

B 中间框架式

如图 4-12 所示，中间框架式用于正反两用挤压机，其特点是前梁和后梁固定，通过四根张力柱连接成一个整体。在前梁和挤压筒移动梁之间设有压余剪切用的活动框架，剪刀就设置在活动框架上。图 4-12 为反向挤压机正在进行压余剪切时的状况。当进行正向挤压时，卸下模轴，把挤压筒移到紧靠前梁位置，同一般正向挤压机一样进行正向挤压。

C 后拉式

如图 4-13 所示，后拉式结构特点是：中间梁固定，前后梁是通过四根张力柱连成一个整体的活动梁框架。图 4-13 所示位置为该反向挤压机正在挤压时的状况。挤压时，挤压筒靠紧中间固定梁，在主

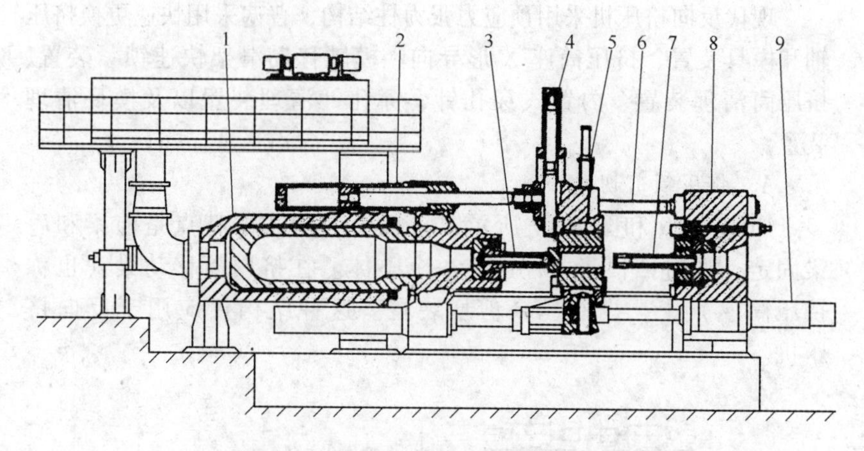

图 4-11 挤压筒剪切式单动反向挤压机

1—主缸；2—液压连接缸；3—张力柱；4—挤压轴；5—压余分离剪；6—挤压筒；7—模轴；8—前梁；9—挤压筒移动缸

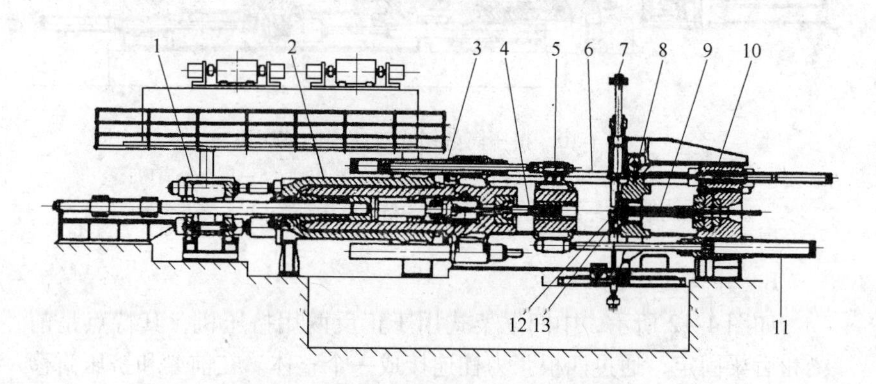

图 4-12 中间框架式正反两用挤压机

1—穿孔针锁紧；2—主缸；3—液压连接缸；4—挤压轴；5—挤压筒；6—张力柱；7—压余剪；8—中间框架；9—模轴；10—前梁；11—挤压筒移动缸；12—垫片；13—压余

缸压力作用下，主柱塞向后拉，带动前、后梁向后移动。固定在前梁上的模轴亦随前梁一起向后移动，逐渐进入挤压筒内进行反挤压。在固定梁和后梁之间设有热铸锭剥皮装置。挤压前的热铸锭在此进行剥皮，之后直接送入挤压筒内。这种剥皮方式可以最大限度地保持铸锭

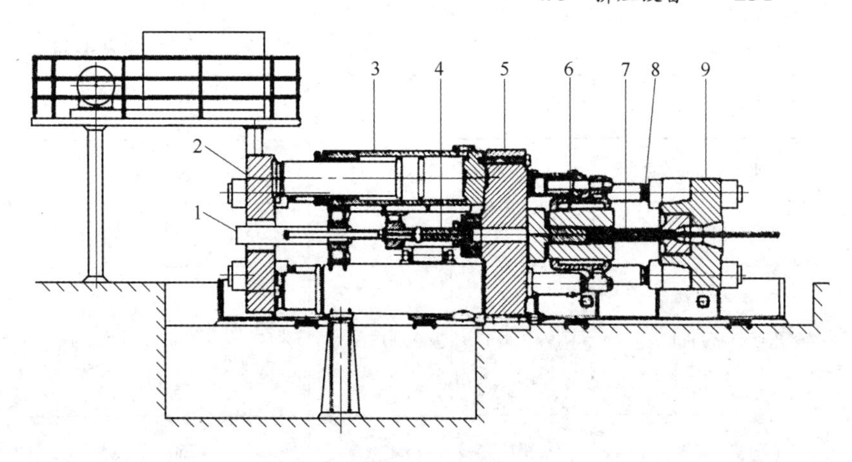

图 4-13 后拉式反向挤压机

1—剥皮缸；2—后移动梁；3—主缸；4—铸锭；5—固定梁；6—挤压筒；7—模轴；8—张力柱；9—前移动梁

表面清洁和铸锭的温度，提高生产效率。该结构仅适用于单动式的型、棒材反向挤压机。

反向挤压机性能参数见表 4-14。

表 4-14 反向挤压机主要性能参数

挤压机规格	25MN	45MN
额定挤压力/MN	27.5(主缸+挤压筒缸)	45.5
工作压力/MPa	21	28.5
主柱塞压力/MN	22	40.8
侧缸前进/回程力/MN		4.06/2.4
穿孔力/回程力/MN	5.93	15.8/15
挤压筒前进/回程力/MN		4.32/2.04
主剪切力/MN	0.82	2.65
主柱塞行程/mm	1600	2150
穿孔行程/mm	1160	1350

续表 4-14

挤压筒行程/mm	1250		3990	
挤压速度/ $mm \cdot s^{-1}$	0 ~ 23		0.2 ~ 24	
挤压筒尺寸/mm × mm	ϕ240 × 1150	ϕ260 × 1150	320	420
穿孔针直径/mm	ϕ60,ϕ75	ϕ60,ϕ75,ϕ100	ϕ95、ϕ130、ϕ160	ϕ95、ϕ130、ϕ160、ϕ200、ϕ250
主泵功率/kW	160 × 3 + 90 × 1		250 × 7	
铸锭尺寸/mm × mm	实心锭 ϕ234,254 × (350 ~ 1000) 空心锭外径 ϕ234,254 × (350 ~ 700)		实心锭 ϕ314,412 × (500 ~ 1500) 空心锭外径 ϕ314,412 × (500 ~ 1000)	
安装功率/kW			约 2170	
制 造 商	日本 UBE		德国 SMS	

4.3.2.3 冷挤压机

冷挤压常用的典型压力机有机械压力机和液压机两种类型。

机械压力机包括曲轴压力机、肘杆压力机、顶锻压力机等；液压机有水压和油压机。

铝合金冷挤压采用立式液压机比较合适。一般用于热挤压的水压或油压挤压机也可以用于冷挤压，但其满足不了冷挤压的各种特殊要求，如挤压速度慢、辅助时间长、刚度和精度不够、抗高压液频繁冲击性差等，因此应采用专门的冷挤压液压机较合适。

立式液压冷挤压机结构见图 4-14。专门用于冷挤压的压力机（包括液压机）的吨位已达 35MN 以上，挤压速度多为 100 ~ 250mm/s。

沈阳重型机器厂的液压冷挤压机的主要技术参数见表 4-15。

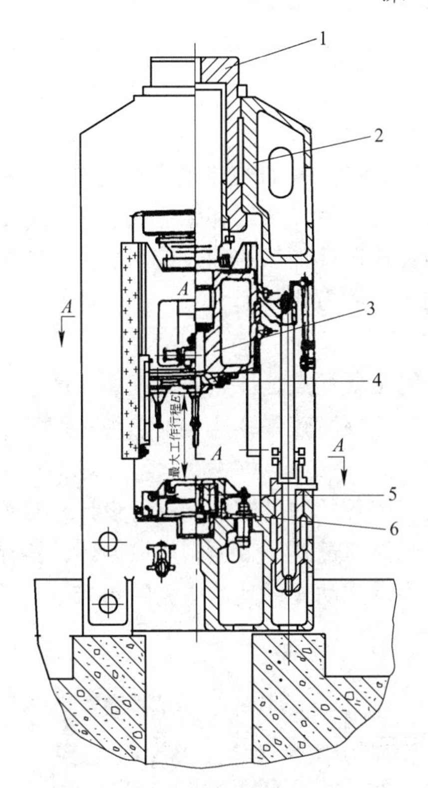

图 4-14 立式液压冷挤压机结构示意图

1—主缸；2—机架；3—动梁；4—回转盘（包括挤压轴和剪断器）；
5—挤压筒；6—挤压模

表 4-15 沈阳重型机器厂液压冷挤压机主要参数

型号规格	形式	公称压力/MN	液体压力/MPa	顶出压力/MPa	挤压速度/mm·s^{-1}	工作行程/mm	设备质量/t	设备外形尺寸/m×m×m
YJL1000	立式油压	10	20	1	120	1000	73	11.5×5.6×7.8
YJL1250	立式水压	12.5	32		250	1000	126	2.7×2.5×6.6

4.3.3 挤压机配套设备

4.3.3.1 铸锭加热炉

挤压铸锭的加热炉按其加热方式分为电加热炉和燃料加热炉两大类；电加热炉又分为电阻加热炉和感应加热炉。铸锭加热炉按其加热铸锭的长度分为普通铸锭加热炉和长锭加热炉。铸锭加热炉的加热能力应与挤压机的生产能力相配套。

A 燃料加热炉

燃料加热炉的主要优点是加热效率高、生产成本低，缺点是炉温不易调整控制、生产环境较差，这类加热炉多用于中、小型挤压机的铸锭加热。

燃料加热炉多按各厂的具体情况进行设计，其炉型和结构与电阻加热炉相似，炉子为通过式，带强制热风循环，铸锭输送有链条传动式、导轨推进或辊道推动式，其结构见图 4-15。

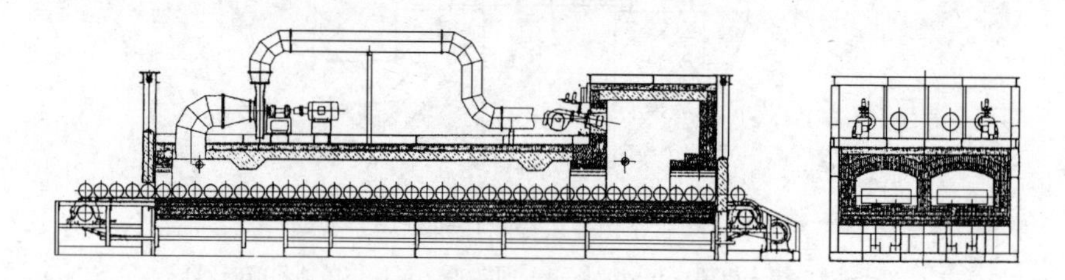

图 4-15 21.3MN 挤压机用铸锭燃料加热炉结构示意图

表 4-16 列出部分铸锭燃料加热炉的主要技术参数。

表 4-16 几种铸锭燃料加热炉的主要技术参数

参 数	挤压机能力/MN					
	5.0	8.0	12.5	8.0	21.3	55.0
燃 料	天然气	天然气	天然气	0 号柴油	天然气	天然气
加热能力 $/t \cdot h^{-1}$				0.55	1.85	7.0
燃料最大用量 $/m^3 \cdot h^{-1}$	15	21	33	35	85	325

续表 4-16

参 数	挤压机能力/MN					
	5.0	8.0	12.5	8.0	21.3	55.0
铸锭尺寸 /mm × mm	ϕ76 × 356	ϕ114 × 508	ϕ152 × 660	ϕ125 × 550	ϕ222 × 800	ϕ325、356 × 1500
额定工作温度/℃	600	600	600	600	600	550
炉膛尺寸（长×宽×高）/mm × mm × mm	8000 × 600 × 400	9000 × 700 × 400	9000 × 1500 × 460	7500 × 550 × 220		预热区长 8385；加热区长 7615
铸锭排放方式	单排	单排	双排	单排	双排	
制 造 厂	使用厂：方舟铝业公司			中色公司苏州新长光工业炉公司		使用厂：荷兰 Nedal Aluminium

B 电阻加热炉

电阻加热炉是铝合金型、棒材挤压生产中经常采用的一种加热炉，它与燃料炉相比，主要优点是炉温易于调整控制、加热质量好、劳动条件较好等；其主要缺点是生产成本高，加热速度不如燃料炉快等。

电阻加热炉大多采用带强制循环空气的炉型。加热元件通常置于炉膛顶部，炉子一侧或炉顶装置循环风机，其结构见图 4-16。几种电阻加热炉的主要技术参数见表 4-17。

表 4-17 几种铸锭电阻加热炉的主要技术参数

参 数	挤压机能力/MN			
	5.0	8.0	12.5	50.0
加热功率/kW	120	165	360	1050
铸锭直径/mm	ϕ105	ϕ125	ϕ152	ϕ290 ~ 485
铸锭长度/mm	300 ~ 400	400 ~ 500	300 ~ 600	500 ~ 1050
额定工作温度/℃	600	600	600	550
加热能力/$t \cdot h^{-1}$	0.3	0.55	1	3.5

续表 4-17

参 数	挤压机能力/MN			
	5.0	8.0	12.5	50.0
炉膛尺寸（长×宽×高）/mm×mm×mm	6240×400×300	7500×500×300		19300×1600×700
外形尺寸（长×宽×高）/m×m×m	9.20×1.77×2.21	10.9×1.77×2.26		29.28×4.99×2.58
铸锭排放方式	单排	单排	双排	
制 造 厂	中色科技股份有限公司苏州新长光工业炉公司			

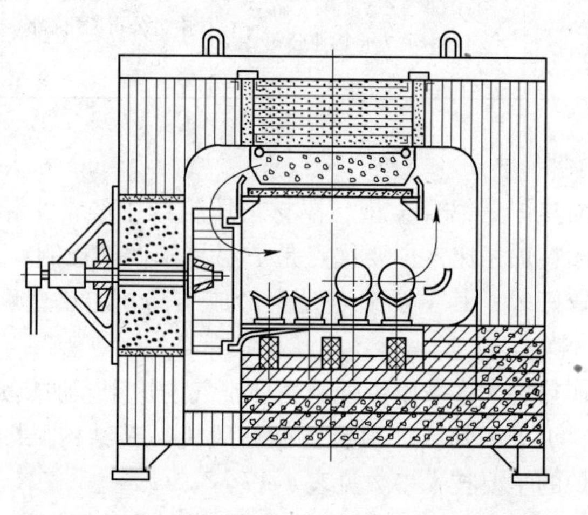

图 4-16 铸锭电阻加热炉（剖面）结构示意图

C 感应加热炉

感应加热炉是现代化挤压车间日益广泛采用的一种加热设备，它的主要特点是加热速度快、体积小、生产灵活性好，便于实现机械化自动控制。感应加热炉可分成几个加热区，通过改变各区的电压，调节各区的加热功率，从而实现梯度加热，温度梯度通常在 0 ~ 50℃/100mm。

感应加热时，通过铸锭的电流密度分布不均匀，通常锭坯外层先热，而中心层主要是靠热传导加热，当加热速度快时，铸锭径向温差较大。

感应加热炉电源频率通常在50～500Hz之间，频率越高，最大电流密度越靠近铸锭表层，频率的选择与铸锭直径、加热速度有关。目前国内对于直径大于130mm的铸锭通常采用工频（50Hz）感应加热炉，对于直径小于130mm的铸锭采用中频感应加热炉。

感应加热炉有三相电源和单相电源，采用单相电源，则设有三相平衡装置。感应线圈有单层结构和多层结构，多层感应线圈较单层感应线圈耗能少。

工频感应加热炉包括炉体，进、出料机构，功率因数补偿装置，三相平衡装置（单相时），电控装置。中频感应炉包括炉体，进、出料机构，变频柜，电控装置。感应加热炉结构见图4-17。

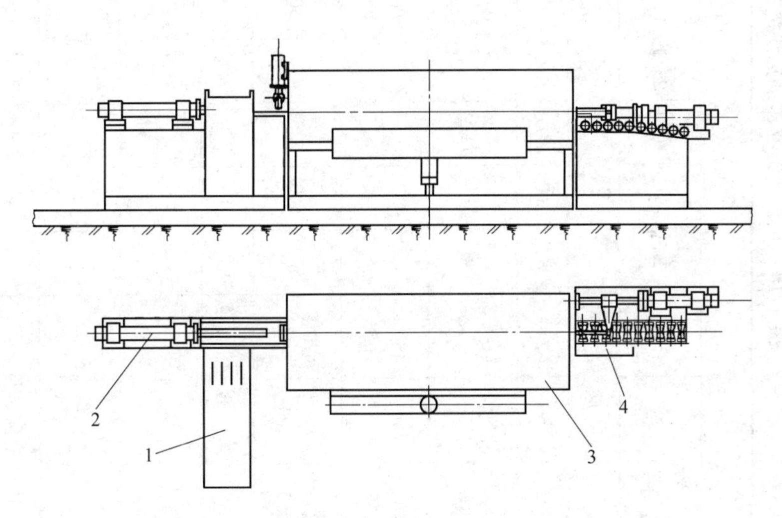

图4-17　感应加热炉平面布置图

1—铸锭贮台；2—推锭机构；3—炉体；4—出料辊道

国内感应加热炉生产厂家主要有西安电炉研究所、西安重型电炉厂和苏州华福电炉厂、洛阳有色金属加工设计院试验工厂（中频炉）等。几种铸锭感应加热炉的主要技术参数见表4-18。

表 4-18 几种铸锭感应加热炉的主要技术参数

参 数	挤压机能力/MN													
	5	8	12. 5	12. 5	16. 3	20. 0	25. 0	50. 0	55. 0	75. 0	22. 0	16. 2	25（反向）	80. 0
加热频率	中 频			工 频										
加热功率/kW	105	160	240	370	500	600	800	900	900×2	1200×2	850	550	675	1400
铸锭直径/mm	φ80～85	φ120～127	φ150～175	φ145	φ178	φ203		□155×550	φ380	φ450 650×250	φ203	φ178	φ244，φ264	φ485，φ560 □655×255
铸锭长度/mm	250～300	400～500	450～650					300～1000	1200	1550	800	750	1000	
工作温度/℃	420～550	420～500	420～500	500	500	520	450	500			465～520	450～550	450	
加热能力/$t \cdot h^{-1}$	约0. 2	约0. 48	约C. 75	0. 73	1. 5	2. 0	2. 8	3		5. 0	2. 8	18. 1	2. 27	
温度梯度/$℃ \cdot mm^{-1}$													100	
使 用 厂										辽源麦达斯	华加日铝业公司		西北铝	
制 造 厂	洛阳有色院试验工厂			西安重型电炉厂					西安电炉研究所		日本 UBE			波兰 Zamet

D 长锭加热炉

长锭加热炉也有燃料加热炉、电阻加热炉和感应加热炉。几种长锭加热炉主要参数见表4-19。

表4-19 几种长锭加热炉性能参数

参 数	挤压机能力/MN			
	22.7	16.0	27.0	16.0
加热形式	天然气	电感应	电感应	0号柴油
加热功率/kW	$40m^3/h$	550+75	900+150	125kg/h
铸锭直径/mm	φ203	φ185	φ212	φ178
铸锭长度/mm	6000	6000	6000	6000
额定工作温度/℃		520	520	
加热能力/$t \cdot h^{-1}$		2	4	
使 用 厂	方舟铝业公司	南平铝厂	南平铝厂	广东有色金属加工厂

4.3.3.2 热剪机

热剪机用于将加热后的长锭按要求剪切成定尺短锭。几种长锭热剪机的主要参数见表4-20。

表4-20 长锭热剪机主要参数

参 数	挤压机能力/MN			
	22.7	8.0~16.0	16.0	27.0
锭坯直径/mm	φ203	φ127~203	φ203	φ254
锭坯长度/mm		350~760	350~800	300~1200
剪切力/MN	0.7	1.02	0.9	1.74
剪切行程/mm		368		
剪切速度/$m \cdot min^{-1}$		2.286		
铸锭推出力/MN	0.44	0.1		
长锭返回力/MN	0.44	0.1		
使 用 厂	方舟铝业公司	广东有色金属加工厂	南平铝厂	南平铝厂

4.3.3.3 铸锭热剥皮机

用于反向挤压前，需将已加热好的铸锭表皮剥去，剥皮厚度3~

8mm。热剥皮与机械车皮相比，碎屑重熔费用低，回收率高，铝锭表面能保持最佳状态。铸锭热剥皮机通常用于实心锭的剥皮。空心铸锭剥皮机应有精确的铸锭对中装置，否则剥皮后的铸锭偏心很严重，难以满足生产要求。一般空心铸锭剥皮后的壁厚偏差应不大于1.0mm，对要求高的管材应不大于0.5mm。空心锭常采用车皮方式除去表皮。几种铸锭热剥皮机技术参数见表4-21。

表4-21 铸锭热剥皮机主要技术参数

配套挤压机规格/MN		25	58.8	49	22.54	35.28
剥皮力/MN		1.5	7.35	4.41	1.95	1.176
剥皮最大速度/mm·s^{-1}		76	55	58	50	50
剥皮厚度/mm		6				
铸锭外径/mm	剥皮前	ϕ264，ϕ244	ϕ400.5～469.9		ϕ248	ϕ289
	剥皮后	ϕ254，ϕ234	ϕ381～450.8		ϕ242	ϕ284
铸锭长度/ mm		1000	635～2286	500～1500	400～1100	500～1200
主泵功率/kW		55				
制 造 商		日本UBE	日本神户制钢			
使 用 厂		西北铝加工厂				

4.3.3.4 挤压机机后辅机

挤压机机后辅机包括淬火装置、中断锯、牵引机、固定出料台、出料运输机、提升移料机、冷床、张力矫直机、张力矫直输送装置、贮料台、锯床输送辊道、成品锯、定尺台、检查台等。

几种挤压机机后辅机主要性能参数见表4-22和表4-23。

表4-22 国外几种挤压机机后辅机主要性能参数

规 格	挤压机能力/MN					
	16.2	22	16	27	36	65
输送型材长度/m	46	51.5	45	54	55	61.2
挤压－矫直中心距/m	6.34	6.45	4.5	5.5	5.7	

续表 4-22

规格		挤压机能力/MN					
		16.2	22	16	27	36	65
矫直－锯切中心距/m		4.01	3.60	3.2	3.3	2.5	
型材断面尺寸(宽×高)/mm×mm		180×150	300×180	200×150	360×220	440×200	635×381
输送形式		皮带输送式		皮带输送式			
中断锯	形式		移动式	固定式	固定式	在牵引机上	移动式
	锯片直径/mm			ϕ600	ϕ600	ϕ720	ϕ1150
冷却装置	水淬火长度/m	6	2	9	10	5	7.5
	风机台数/台	50	50		80		
牵引机	牵引力/N	200~1200	1800	3000	500~4000	双牵引 250~3000	双牵引 250~6800
	牵引速度/$m \cdot min^{-1}$	10~100	100(最大)	0~120	0~120	0.5~60	1.8~60
出料运输机	输送速度/$m \cdot min^{-1}$	10~100	10~100	0~90	0~90		
冷床形式		皮带式	步进梁式	皮带式	步进梁式	皮带式	步进梁式
张力矫直机	拉伸力/kN	200	300	350	500	1000	2500
	拉伸行程/mm	1500	1500	1500	1600	2500	
贮料台形式		尼龙带式	皮带式	皮带式	皮带式	皮带式	皮带式
锯床辊道形式		辊道式	辊道式	辊道式	辊道式	辊道式	
成品锯	锯片直径/mm	ϕ610		ϕ600	ϕ650/ϕ700	ϕ720	ϕ1150
	锯切规格/mm×mm	160×800	180×800	200×1000	220×1000	200×1200	(100~381)×(1270~787)
定尺台	定尺范围/m	1.5~7.5		2.0~8.5	2.0~9.0	2.0~14.0	2.0~24
制造厂		日本 UBE		意大利达涅利		德国 SMS	意大利 OMAV
使用厂		华加日铝业公司		南平铝厂			美国 Delair

表 4-23 国产挤压机机后辅机主要性能参数

规格		挤压机能力/MN										
		6.3	8	12.5	16	25.0	12.5	25	36	75	80/95	100
输送型材长度/m		26	26	39	38	45	39	45	30	54	36	60
设备宽度/m		5.5	6	6	7		6.85	8		14.7	16	
型材断面尺寸(宽×高)/mm×mm		80×70		130×120		200×170			480×200	700×400		820×300
固定出料台	形式	四级毛毡带	四级毛毡带	四级毛毡带	四级毛毡带	四级毛毡带	四级毛毡带	四级毛毡带	步进式			
	尺寸(长×宽)/mm×mm	7000×500	7000×500	7000×500	7000×500	7000×500	7000×500	7000×500				
	辊面材质	石墨滚筒		石墨滚筒	石墨滚筒		耐550℃毡	耐550℃毡				
中断锯	形式	移动手动锯	移动手动锯	移动手动锯	移动手动锯	移动手动锯				随动锯		随动锯
	锯片直径/mm	ϕ355		ϕ405	ϕ500		ϕ405	ϕ510	ϕ630			
风冷装置	风量×台数/(m³/min)×台	126×6 80×3	126×6 80×4	126×8 80×4	126×10 80×6	126×8 80×6	122×4	风、水淬火	水淬火	水淬火	水雾淬火	水淬火
牵引机	牵引力/N	0~800		0~1200		0~1800	0~1200	0~1800	4000	8000	8000	8000
	牵引速度/m·min^{-1}	0~60		0~60		0~60	0~100	0~100	约40	0~50	6~240	0.9~90
出料运输机	输送速度/m·min^{-1}	0~60		0~60		0~60				0~50		
	辊面材质	耐450℃毡	耐450℃毡	耐450℃毡	耐450℃毡	耐450℃毡	耐450℃毡	耐450℃毡	耐热毛毡			

续表 4-23

规格		挤压机能力/MN										
		6.3	8	12.5	16	25.0	12.5	25	36	75	80/95	100
移料装置	皮带材质	耐450℃毡	耐450℃毡	耐450℃毡	耐450℃毡	耐450℃毡	耐450℃毡	耐450℃毡				
冷床	皮带材质	耐450℃毡	耐450℃毡	耐450℃毡	耐450℃毡	耐450℃毡	耐450℃毡	耐450℃毡		皮带式		
张力矫直机	拉伸力/kN	100	200	200	500	400	200	500	1200	3500	3600	3600
	拉伸行程/mm	1050		1250	1650		1600	1600		2500		
矫直输送带	材质	耐250℃毡	耐250℃毡	耐250℃毡	耐250℃毡	耐250℃毡	耐250℃毡	耐250℃毡				
贮料台	材质	耐250℃毡	耐250℃毡	耐250℃毡	耐250℃毡	耐250℃毡	耐250℃毡	耐250℃毡				
锯床辊道	辊子材质	PVC	PVC	PVC	PVC	PVC	橡胶辊	橡胶辊				
成品锯	锯片直径/mm	ϕ355	ϕ406	ϕ405		ϕ457	ϕ405	ϕ510	ϕ630			
	锯切规格/mm × mm	125 × 450		125 × 500	200 × 550				200 × 480	380 × 700		
定尺台	定尺范围/m	1 ~ 7	1 ~ 7	1 ~ 7	1 ~ 7	1 ~ 7	1 ~ 7	1 ~ 7	1 ~ 12	6 ~ 26		6 ~ 28
制造厂		金达机械厂					洛阳有色金属加工设计院		太原重型机器厂		陕西压延厂	西安重机研究所
使用厂									宜兴天力	辽源麦达斯	西南铝	山东丛林

4.4 轧管设备

4.4.1 横向三辊热轧轧管机

横向三辊热轧轧管机用来生产热轧管坯，轧制过程没有减径量或减径量较小，轧制变形量较小，轧制硬铝合金管较困难。热轧管材的尺寸公差较大，内外表面的质量较差，但横向三辊热轧轧管机设备和工具都简单，制造容易，生产率高，生产大规格、壁厚较厚的管材较方便，其变换规格范围较大，调整也方便。因此，横向三辊热轧轧管机适合中、小企业生产纯铝或软合金的大直径厚壁管材或拉制管坯。

横向三辊热轧轧管机由轧机机头、主传动系统、进管装置、芯头和管子夹持机构组成。图4-18为横向三辊热轧轧管机结构示意图，图4-19为轧管机的机头总图。表4-24列出了一般形式的横向三辊热轧轧管机的技术性能参数。

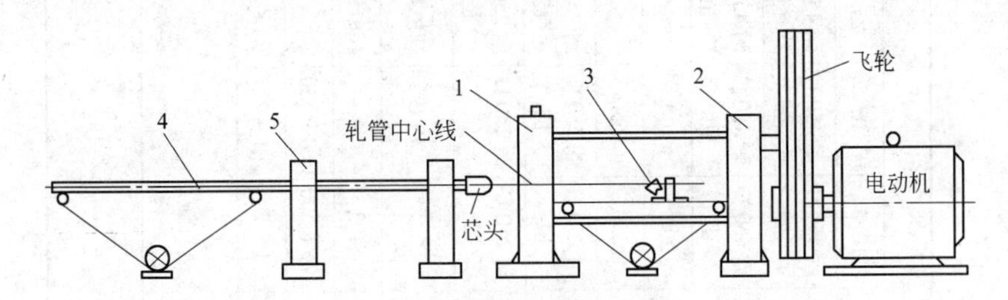

图4-18 横向三辊热轧轧管机结构示意图
1—轧机机头；2—主传动系统；3—进管装置；4—芯头传动装置；5—芯杆和管子夹持机构

表4-24 横向三辊热轧轧管机技术性能参数

项 目	参数	项 目	参数
管坯长度/m	0.8~1.3	轧出管子最薄壁厚/mm	5.5
轧出管子最大长度/m	4.5	轧辊调整角度范围/(°)	0~15
管子轧出速度/m·min^{-1}	2~8	主电动机容量/kW	215
轧辊转速/r·min^{-1}	183	进管顶头电动机容量/kW	2.8
轧出管子最大直径/mm	ϕ280	轧机平均班产量/t	1~1.5

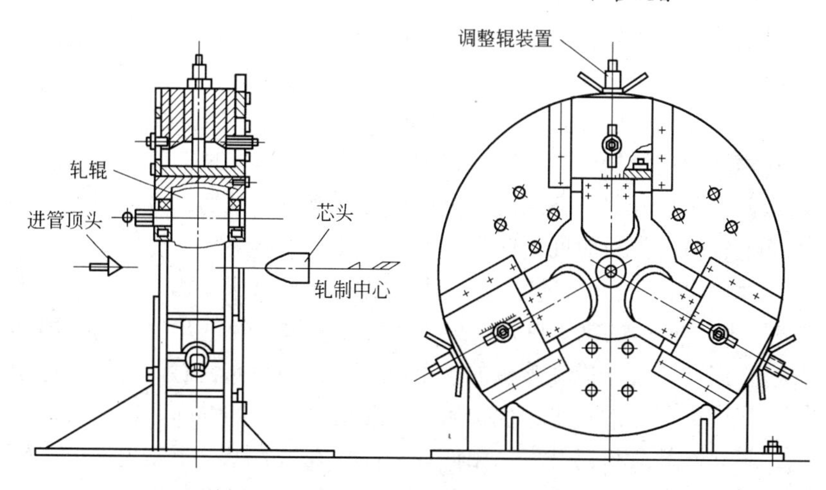

图 4-19 横向三辊热轧轧管机机头总图

4.4.2 二辊式冷轧管机

二辊式冷轧管机利用变断面孔型和锥形芯头在冷状态下轧制管材。二辊式冷轧管机道次加工率大，延伸系数可达 8 ~ 10，减壁和减径量都较大，可轧制难变形的硬铝合金，可一次轧制至接近成品尺寸，轧出管材的内外表面质量都较好，成品长度可达 30m 以上。

二辊式冷轧管机机械化和自动化水平都较高，生产率高，操作人员少，劳动强度低，但二辊式冷轧管机设备结构复杂，制造困难，投资和维修费用高；轧管工具的设计制作和生产中的更换比较困难，不适合频繁变更轧制规格的生产，对纯铝管和壁厚较厚管材的生产率不如拉伸方法高。因此二辊式冷轧管机适合用于大规模生产难变形的硬铝合金或壁厚较薄的软铝合金管材。

二辊式冷轧管机又称皮尔格冷轧管机，是一种用于钢材和有色金属无缝管材生产的通用设备，轧出的管材规格为 ϕ84 ~450mm。

二辊式冷轧管机的最高速度可达到 240 次/min 以上，采用了各种质量平衡装置减轻轧机的动负荷，降低了轧制功率，提高了轧制速度并使轧机工作平稳。二辊式冷轧管机的多线化是进一步提高生产率的有效方法，目前有二、三、四线甚至六线的冷轧管机。使用环形孔型代替旧式轧管机的半圆孔型，增加了工作行程长度，增大变形量和送料量，提高了轧机的生产效率。增加管坯长度可以减少装料的停车时间，提高轧机的效率，也可以轧出单根长度更长的管材。新型轧管机采用的坯料长度可达8~12m以上。除此之外，二辊式冷轧管机在自动送料和连续操作上也有了很大的改进，可以实现不停机装料的连续作业。采用开式机架或底座侧面板可以打开的结构，方便换辊，减少了换辊时的停机时间。

我国自行设计制造了LG型二辊式冷轧管机。L和G分别为“冷”和“管”的汉语拼音的第一个大写字母。经过几十年的发展和改进，国产二辊式冷轧管机的水平有了很大的提高，总体已接近德国第三代同类产品的水平，生产管材规格为ϕ15~200mm。目前，德国的二辊式冷轧管机已开发出第四代产品，在世界上处于领先地位，轧制管材规格为ϕ18~250mm。俄罗斯已开发出第三代产品，规格型号为XПT25~450，近20种。美国是最早使用二辊式冷轧管机的国家，拥有轧管机数量也最多，最大规格为ϕ450mm。

目前，我国主要研制和制造二辊式冷轧管机的厂家有西安重型机械研究所、洛阳矿山机器厂、太原重型机器厂、宁波机床厂、温州永得利设备制造有限公司。

二辊式冷轧管机由机座、工作机架、主传动系统、送进和回转机构、装料机构、卸料机构、液压和润滑系统等组成，如图4-20所示。

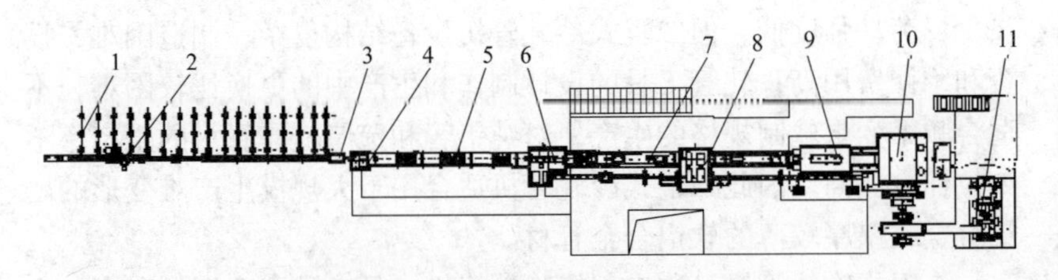

图4-20 LG90-GH二辊式冷轧管机总体布置图

1—上料台；2—推料装置；3—芯棒润滑装置；4—回转装置；5—中间床身；6—回转和凸轮装置；7—床身；8—送进装置；9—工作机架；10—曲轴及平衡装置；11—主传动装置

机座由底座、支架、滑轨、齿条等组成，工作机架由牌坊、轧辊、轴承、齿轮、轧辊调整装置等组成，如图4-21所示。现代的轧机为方便换辊，把工作机架的牌坊做成开式结构和机座侧面板可打开结构，工作轧辊可很方便地从上部吊出或从侧面移出，大大缩短换辊时间。工作机架在曲轴连杆机构带动下在底座的滑轨上往复滑动，与此同时，装在机架内的轧辊通过辊端上的齿轮与机座侧架上的齿条啮合，把机架的水平往复运动转变为轧辊的往复回转运动，以实现周期式的轧制过程。二辊式冷轧管机环形孔型轧制示意图见图4-22。

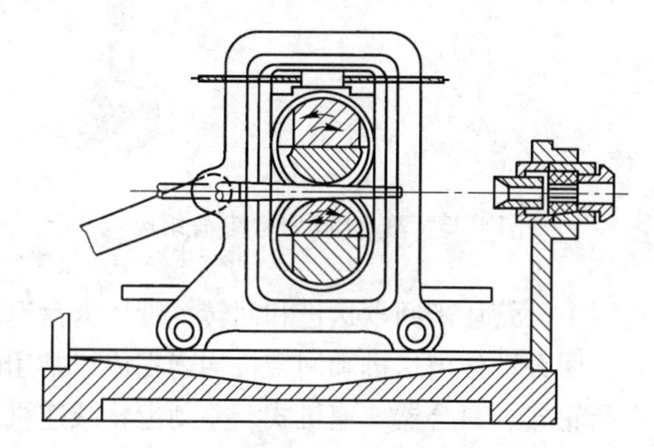

图4-21 轧管机的工作机架示意图

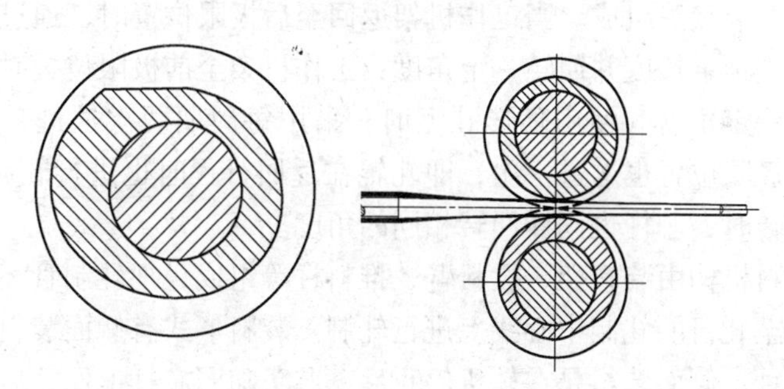

图4-22 二辊式冷轧管机环形孔型轧制示意图

主传动系统由主电动机、皮带传动装置、曲轴连杆机构、质量平衡装置等组成。主电动机通过皮带传动装置、曲轴连杆机构把动力传给工作机架并使其做往复运动。主电动机一般使用直流电动机，美国在大型轧机上使用液压驱动代替电动机-曲轴机构传动。为实现高速轧制，现代轧管机都采用了质量力平衡技术，其形式有水平质量平衡、双质量平衡、垂直质量平衡、气动平衡和液压平衡等，用得较多的是垂直质量平衡，其结构如图4-23所示。

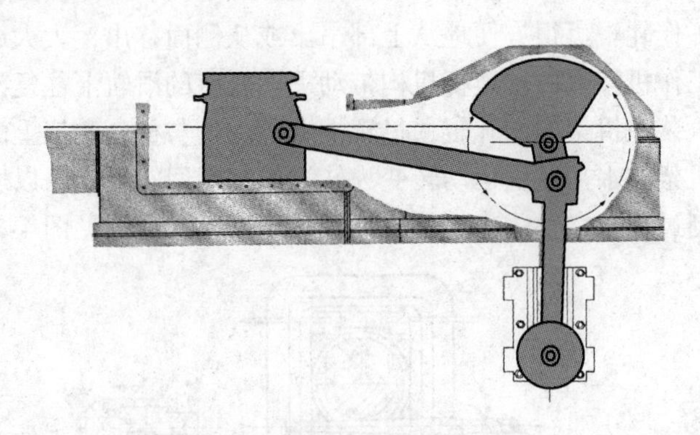

图4-23 垂直质量平衡装置结构

在轧制过程中，管坯需间歇送进和回转，管坯卡盘返回、芯杆的回转、送进、返回等动作由送进和回转机构来完成，常用的送进和回转机构形式有凸轮式、离合器减速机式、差动齿轮减速机式、直流电动机-液压传动式等。送进和回转机构由传动系统、前卡盘、管坯卡盘、芯杆卡盘等组成。当工作机架返回至后极限位置时，通过机构把管坯送进预定长度并回转一定角度；工作机架至前极限位置时，使管坯回转一定角度（使用环形孔型时，采用每周期两次送进，工作机架在前极限位置也送进一次，即轧辊在返回行程时也进行轧制），当管坯回转时，芯杆也同样回转相同的角度。

装料机构由装料架、拨料臂、推料杆等组成，把轧制管坯从装料架上装至轧机的轧制中心线上进行轧制。装料形式有侧面装料和后端装料两种。侧面装料是在轧机停止后，芯头随同芯杆退回至后端，管坯从侧面送入至中间的空档中，管坯装入后，芯杆穿进新装入的管坯中直至轧制位置，然后开机轧制；后端装料是轧机停止后，管坯从后端的空档装入，套到芯杆上并推到紧接前一根管坯，然后再开机轧制。侧面装料时芯杆需退回至后端位置，装料时停机时间长，侧面装料结构的轧管机长度相对较短，一般用于较大型的轧管机；后端装料结构的轧管机长度较长，装料时停机时间短，并可采用两套管坯卡盘和芯杆卡盘交替工作来实现不停机的连续装料，后端装料多用于中、小型的轧管机。

卸料机构由出料槽、在线锯切机、拨料装置、料台、卷取装置等组成。卸料机构是用来承接轧出的成品管并按要求进行切断或卷曲。卸料形式有直条出料和卷盘出料，在直条出料中，有配置在线锯切机按短定尺直条切断后装入料筐，铝管材轧制大多采用这种形式，可大大缩短出料台的长度。卷盘出料是在出料台侧或前部配置卷取机。在线卷取或轧出长直条后再卷取成盘。

液压和润滑系统由各自的油箱、液压泵、管道和阀门组成。液压系统给轧机的执行机构提供动力，润滑系统分别提供设备的润滑和轧制时的工艺润滑及冷却。

二辊式冷轧管机主要性能参数见表4-25～表4-28。

4.4.3 多辊式冷轧管机

多辊式冷轧管机是用于钢材和有色金属无缝管材生产的通用设备,尤其适合于脆性较大的金属薄壁管材的生产,其形式有三辊、四辊和五辊,同时轧制根数1～4根。目前世界上只有俄罗斯和我国发展多辊式冷轧管机。我国铝管材生产使用的多辊式冷轧管机并不多,只用来生产二辊式冷轧管机难以生产的中、小规格特薄壁管材。

多辊式冷轧管机使用等断面的孔型和圆柱形的芯头进行轧制。轧制过程中金属变形比较均匀,可轧制壁厚特别薄的管材,轧制的管材壁厚与直径之比可达1/100～1/250,也适合轧制难变形的金属。多辊式冷轧管机轧出的管材尺寸比较精确,内外表面质量好,粗糙度低,可直接轧出成品。多辊式冷轧管机由于使用等断面的孔型和圆柱形的芯头进行轧制,因此轧制时的减径量较小,道次变形量和送进量也较小,生产效率较低。多辊式冷轧管机结构相对简单,质量轻,轧制功率小。

多辊式冷轧管机的工作原理如图4-24所示。其主要工具是三个或三个以上在滑道上滚动的辊子和圆柱形芯头。三个工作辊被置于辊架中，并且靠在具有一定形状的滑道上，滑道装在厚壁套筒中，厚壁套筒本身就是冷轧管机的工作机架，安装在轻便的小车上。

在轧制过程中，小车、机架及辊架在摇杆的带动下做往复运动，辊架是通过下连杆和摇杆连接，小车是通过上连杆和摇杆连接，因此

表 4-25 洛阳矿山机器厂二辊式冷轧管机主要技术参数

型号	管坯直径/mm	管坯壁厚/mm	管坯长度/m	成品管直径/mm	成品管壁厚/mm	管坯送进量/mm	同时轧制根数/根	工作辊直径/mm	孔型长度/mm	机架行程/mm	机架行程次数/次·min^{-1}	主传动电动机功率/kW	外形尺寸/m×m	轧机质量/t
LG－30Ⅳ	φ22～46	1.35～6	1.5～5	φ16～32	0.4～5	2～30	1	φ300		388	80～120	75	43.65×4.4	52.4
LG－30GH	φ23～51	2.0～12	5～12	φ15～30	0.8～8	3～15	1	φ300	670	862	70～160	200	45×7.0	80
LG－55Ⅱ	φ38～73	1.75～12	1.5～5	φ25～55	0.6～10	2～30	1	φ364		534	68～90	112	44.39×4.5	64.4
LG－55G	φ54～76	小于12	小于10	φ25～60	大于1.0	4～16	1	φ364		623	70～130	200		107
LG－60H	φ30～80	2.5～13	5～12	φ25～60	1.0～10	4～20	1	φ370	730	903	60～80	144	58×6.0	
LG－60GH	φ38～80	2.5～16	5～12	φ25～60	1.0～12	4～24	1	φ370	800	1023	60～130	400	50×7.5	139
LG－80Ⅱ	φ57～102	2.5～20	1.5～5	φ40～80	0.75～18	2～30	1	φ434		605	60～70	130	44.57×4.6	77
LG－90GH	φ57～108	3.0～21	5～16	φ40～90	1.4～15	4～24	1	φ450	950	1184	50～110	510	66×8.0	195

注：G—高速；H—环形孔型、长行程。

表 4-26 宁波机床厂二辊式冷轧管机主要技术参数

型号	管坯直径/mm	管坯壁厚/mm	管坯长度/m	成品管直径/mm	成品管壁厚/mm	管坯送进量/mm	同时轧制根数/根	工作辊直径/mm	机架行程/mm	机架行程次数/次·min^{-1}	主传动电动机功率/kW	外形尺寸/m×m
LG－15－H	φ15～25	1.5～2.5	0.8～3.8	φ8～16	0.8～2.0		1			40～100		
LG－30－H	φ25～45	1.5～6	1.5～6	φ15～32	1.0～5		1			50～120		
LG－30X2－H	φ25～40	1.5～3.5	1.5～6	φ15～30			2			50～120		
LG－60－H	不大于79	不大于8	不大于5	φ25～60	1.0～6		1			60～100		
LG－60X2－H	不大于79	不大于8	不大于5	φ25～60	1.0～6		2			60～100		
LGG－60－H	不大于79	不大于8	不大于5	φ25～60	1.0～6		1			60～120		
LGK－60	不大于70	不大于7	不大于5	φ25～60	1.0～6	1～15	1	φ320	644	60～100	100/67	35.0×4.6
LG－90－H	φ60～108	2.5～20	2.5～5	φ50～90	2.0～18		1			60～90		
LG－150H	φ108～170	不大于28	不大于7	φ90～150	3.0～18		1			20～40		

注：G—高速；H—环形孔型，长行程；K—开坯。

表 4-27 前苏联产二辊式冷轧管机主要技术参数

型 号	管坯直径 /mm	管坯壁厚 /mm	管坯长度 /m	成品管直径 /mm	成品管壁厚 /mm	管坯送进量 /mm	同时轧制根数 /根	工作辊直径 /mm	孔型长度 /mm	机架行程 /mm	机架行程次数 /次·min^{-1}	主传动电动机功率/kW	轧机质量 /t
XПТ15－25	φ25～36	1.5～6	2～5	φ15～25	0.4～4	5～15	3				80～120	125	
XПТ32－3	φ22～46	1.35～6	1.5～5/8	φ16～32	0.4～5	2～30	1			452	80～150	70	73
XПТ2－40	φ25～60		5	φ15～40		3～40	2				150	250	
XПТ55－3	φ38～73	1.75～12	1.5～5/8	φ25～55	0.5～10	2～30	1			625	68～130	110	83
XПТ2－55	φ30～70	3.0～10	1.5～5/8	φ20～55	0.5～8	0～30	2			800	50～120	185	
XПТБ2－75	φ50～100	3.0～15	3.0～12	φ30～75	1.5～12	4～30	2	φ420	900	1080	40～100	250	288
XПТ2－75	φ50～100	3.0～15	3.0～12	φ30～75	1.5～12	4～30	2			1080	40～100	不大于 250	
XПТ90－3	φ57～102	2.5～20	1.5～5/8	φ40～90	0.75～18	2～30	1			705	60～100	150	100
XПТ90 Ⅱ	φ60～102	2.0～12	2.5～11	φ50～92	1.4～10	2～25	1			705		160	
XПТ2－90	φ50～125	2.0～20	5	φ32～90	0.75～18	4～45	2			1105	70～100	600	
XПТБ2－110	φ50～100	3.0～15	3.0～15	φ30～90	1.5～12	1～30	2	φ440	900	1080	40～100	350	
XПТ2－110	φ50～125	3.0～15	3.0～15	φ30～90	1.5～12	4～30	2			1080	40～100	350	
XПТ120 Ⅱ	φ89～140	4.0～24	2.5～8.5	φ80～120	1.5～20	2～25	1			755	60	125×2	
XПТ160	φ100～200	3.0～25		φ90～160	1.0～20		1			1004	80		450

注：Б—第二代产品。

表 4-28 德国曼内斯曼－梅尔公司二辊式冷轧管机主要技术参数

型号	管坯直径（最大）/mm	管坯长度/m	成品管直径（最小）/mm	管坯送进量/mm	同时轧制根数/根	工作辊直径/mm	孔型长度/mm	机架行程/mm	机架行程次数/次·min^{-1}	主传动电动机功率/kW
KPW18HMR（K）	ϕ21		ϕ4		1	ϕ130	270	380	350	30
KPW25VMR	ϕ28		ϕ8～20		1	ϕ185	360		100～260	37
KPW25VMR	ϕ32		ϕ10～23		1	ϕ205	365		100～260	45
KPW25HMR（K）	ϕ33		ϕ8		1	ϕ205	370	490	320	90
KPW50VM	ϕ51		ϕ14～38		1	ϕ280	370		75～190	90
KPW50VMR	ϕ51		ϕ14～38		1	ϕ300	600		75～190	165
KPW50DMR（K）	ϕ51		ϕ14		1	ϕ300	680	860	250	250
KPW75VM	ϕ76		ϕ20～60		1	ϕ336	455		60～160	180
KPW75VMR	ϕ76（80①）		ϕ20～60		1	ϕ370	740		60～160	300
KPW75DMR（K）	ϕ76（85）		ϕ20		1	ϕ370（375）	800	1020	190	400
KPW100VM	ϕ102		ϕ30～80		1	ϕ403	545		55～140	240
KPW100VMR	ϕ102（115①）		ϕ30～80		1	ϕ450	890		55～140	400
KPW100VMR（K）	ϕ102（115）		ϕ30		1	ϕ450	980	1203	140	500
KPW125VM	ϕ133		ϕ48～113		1	ϕ480	630		50～125	350
KPW125VMR	ϕ133		ϕ48～113		1	ϕ520	1000		50～125	550
KPW125VMR（K）	ϕ133		ϕ48		1	ϕ520	1050	1323	110	600

续表 4-28

型　号	管坯直径（最大）/mm	管坯长度/m	成品管直径（最小）/mm	管坯送进量/mm	同时轧制根数/根	工作辊直径/mm	孔型长度/mm	机架行程/mm	机架行程次数/次·min^{-1}	主传动电动机功率/kW
KPW150VMR	ϕ160		ϕ50		1	ϕ580	1100	1400	100	1000
KPW175VM	ϕ175		ϕ76～150		1	ϕ640	840		37.5～90	650
KPW225VM	ϕ230		ϕ114～205		1	ϕ760	950		37.5～75	1200
KPW250VM	ϕ260		ϕ140～230		1	ϕ800	950		20～45	1000
SKW50VMR	ϕ51		ϕ14～38		1	ϕ300	680		70～180	200
SKW2X50VMR	ϕ51		ϕ14		2	ϕ400	640		165	
SKM3X50VMR	ϕ51		ϕ14		3	ϕ400	640		165	
SKW75VMR	ϕ76（80①）	13	ϕ20～60	4～24	1	ϕ370	820	1023	60～150	350
SKW2X75VMR	ϕ76		ϕ20		2	ϕ490	800		150	
SKM3X75VMR	ϕ76		ϕ20		3	ϕ495	800		150	
SKW100VMR	ϕ102（115①）		ϕ30～80	4～24	1	ϕ450	950		50～130	500
SKW2X100VMR	ϕ102		ϕ35		2	ϕ575	960		135	
SKM3X100VMR	ϕ105		ϕ35		3	ϕ580	960		135	
SKM125VMR	ϕ133		ϕ48～113		1	ϕ520	1050		50～115	700
SKM150VMR	ϕ160		ϕ50～120		1	ϕ580	1100		40～100	960

注：VM—垂直质量平衡；HM—水平质量平衡；DM—双质量平衡；R—环形孔型；S—超长行程；K—连续上料。

① 用于铜管轧制。

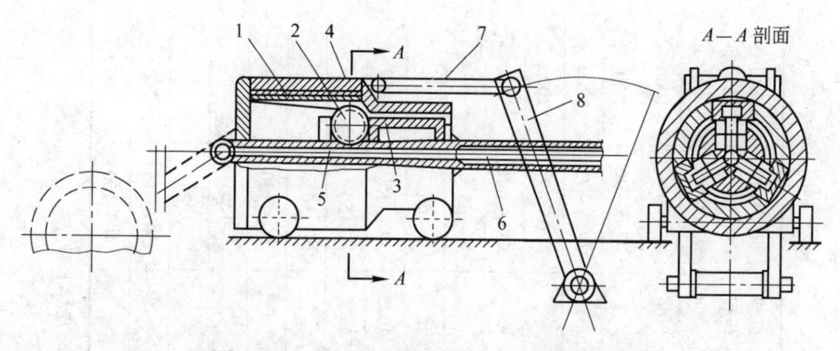

图 4-24 多辊式冷轧管机工作原理示意图

1—滑道；2—轧辊；3—辊架；4—工作机架；5—芯头；6—芯杆；7—连杆；8—摇杆

辊架（辊子）的线速度和沿轧制线的移动量要比小车的小一半左右。

由于辊架和机架（小车）的线速度差，所以辊子必然沿着滑道作滚动。滑道的工作面是倾斜的，当辊子运动到滑道的左端时，三个辊子互相离开得很大，这时可以实现管坯的送进和回转；当小车和辊架开始向右移动时，辊子受到滑道的约束，三个辊子间距逐渐缩小，这样便压缩套在芯头上的管坯，一直到小车行至最右端为止，然后小车和辊子又一起向左运动，重新精整一次所压过的管子，一直运动到最左端，此时管坯向前送进预定长度并和芯杆一起回转一定角度，下一周期的轧制又重新进行。

一般形式的多辊式冷轧管机设备简图见图 4-25，多辊式冷轧管机的设备组成基本与二辊式冷轧管机相同。除工作机架外，其他部分的结构与二辊式冷轧管机相似。多辊式冷轧管机的工作机架是一厚壁套筒，内装滑道和辊架，轧辊沿径向成等角度配置。多辊式冷轧管机广泛使用丝杠－马尔泰盘式送进回转机构，有的新型轧机采用无丝杠送进回转机构。

新型的多辊式冷轧管机也采用了一些新的结构以改善轧机的性能，如采用长行程、两套轧辊架和两套滑道结构，增大了轧制规格范围和道次变形量；采用垂直质量平衡装置以提高轧制速度；采用无丝杠送进回转机构和两套芯杆卡盘，实现装料时不停机的连续作业，送进量可无级调整。表 4-29 ~ 表 4-31 是我国和俄罗斯的多辊式冷轧管机的主要技术参数。

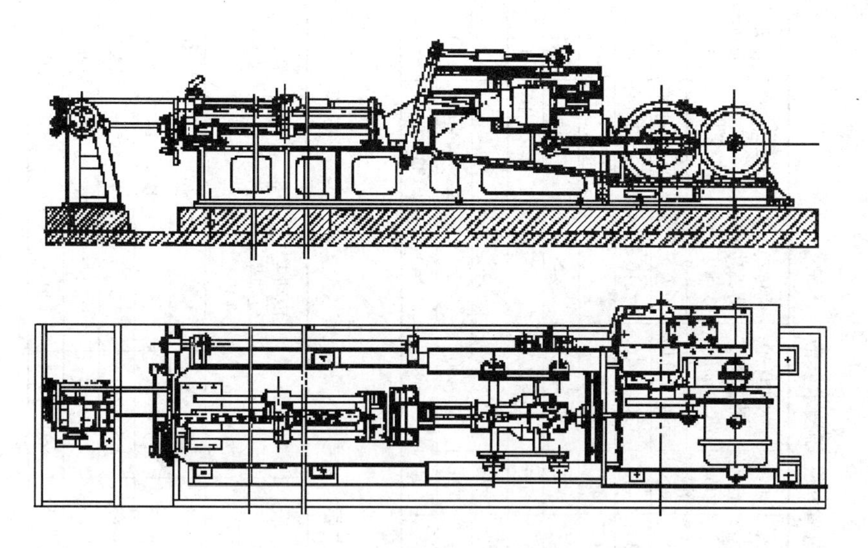

图4-25 多辊式冷轧管机设备简图

表4-29 宁波机床厂多辊式冷轧管机主要技术参数

型 号	管坯直径/mm	管坯壁厚/mm	管坯长度/m	成品管直径/mm	成品管壁厚/mm	同时轧制根数/根	工作辊数	机架行程次数/次·min^{-1}
LD-8	ϕ3.5~9	0.3~1.3	1.2~3.0	ϕ3~8	0.1~1.0	1	3	60~140
LD-12X4	ϕ6.5~14	0.4~1.2	1.0~3.0	ϕ6~12	0.2~1.0	4	3	60~140
LD-15X2	ϕ6.5~17	0.4~1.8	0.8~3.8	ϕ6~15	0.2~1.0	2	3	60~140
LD-30	ϕ17~34	0.5~2.5	2.0~5.0	ϕ15~30	0.3~2.0	1	3	30~120
LD-60	ϕ32~64	不大于4.0	2.0~5.0	ϕ30~60	0.3~3.0	1	3	50~100
LD-90	不大于98	不大于10	不大于5.0	ϕ50~90	不大于8.0	1	5	50~80
LD-150	ϕ96~160	不大于8	2.5~5.0	ϕ80~150	不大于7.0	1	4	50~80
LD-180	ϕ110~190	不大于13	3.0~7.0	ϕ110~180	2.0~7.0	1	5	30~60
LD-180A	ϕ110~210	不大于13	3.0~7.0	ϕ110~200	2.0~7.0	1	5	20~45

表 4-30 西安重型机械研究所多辊式冷轧管机主要技术参数

型号	管坯直径/mm	管坯壁厚/mm	管坯长度/m	成品管直径/mm	成品管壁厚/mm	同时轧制根数/根	工作辊数	机架行程/mm	机架行程次数/次·min^{-1}	主传动电动机功率/kW	外形尺寸/m×m	轧机质量/t
LD-8	φ3.5~12	0.2~1.2	1.2~3.5	φ3~10	0.1~1.0	1	3	450	不大于110	7.5	12.63×1.996	5.0
LD-15	φ9~17	0.2~1.8	不大于4	φ8~15	0.1~1.0	1	3	450	70~140	10	16.30×2.14	4.7
LD-15（新）	φ4~17	0.2~2.0	不大于4	φ3~15	0.1~1.0	1	3	450	不大于100	7.5		6
LD-30	φ17~34	0.5~2.5	不大于5	φ15~30	0.2~2.0	1	3	475	60~130	25		14
LD-30-WS	φ15~35	0.5~4.0	3~6（9）	φ13~32	0.2~3.0	1	3	605	60~100	30	15.34×3.10	17
LD-60	φ32~64	0.5~4.0	不大于5	φ30~60	0.3~3.0	1	3	603	50~100	55		27
LD-60-WS	φ32~74	0.5~6.0	3~6（9）	φ30~70	0.3~5.0	1	4	721	50~90	55	18.59×4.610	30
LD-120	φ64~127	2.0~8.0	3~6	φ60~120	0.5~7.0	1	5	904	50~80	160	39.33×5.78	85

注：WS—无丝杆、连续上料、长行程、长管坯。

表 4-31 俄罗斯多辊式冷轧管机主要技术参数

型号	管坯直径/mm	管坯长度/m	成品管直径/mm	成品管壁厚/mm	管坯送进量/mm	工作辊直径/mm	工作辊数	机架行程次数/次·min^{-1}	主传动电动机功率/kW	外形尺寸/m×m	轧机质量/t
ХПТР-4-8	φ4.5~9.5	1.0~1.5	φ4~8	0.04~1.0	1~8		3	50~98	4.5		5.0
ХПТР-8-15	φ9~16	1.0~4.0	φ3~15	0.1~1.5	1~9	φ36	3	70~140	8	7.04×1.14	6.0
ХПТР-15-30	φ16~33	2.5~5.0	φ15~30	0.15~2.5	2~12	φ62	3	65~130	28	14.4×1.50	14.0
ХПТР-30-60	φ31~68	2.5~5.0	φ30~60	0.3~0.4	3~15	φ83	3	60~120	40	16.76×2.825	20
ХПТР-60-120	φ65~130	2.5~5.0	φ60~120	0.5~0.6	2~15.6	φ180	4	60~96	100	17.72×3.895	30.6

4.5 拉伸设备

铝管、棒、型材拉伸设备，按拉出制品形式分为直线拉伸机和圆盘拉伸机两大类。直线拉伸机有链式、钢丝绳式和液压式三种传动方式，其中链式拉伸机是应用最广泛的一种拉伸设备，钢丝绳式和液压式拉伸机在我国较少用于铝管棒的拉制。圆盘拉伸机因能充分发挥游动芯头拉伸工艺的优越性，适合长管材生产，但目前我国在铝管材生产中基本上没有使用圆盘拉伸机。

拉伸线材的拉线机种类很多，但基本可分为单模拉线机和多模连续拉线机。目前，用于铝合金生产的拉线机主要是单模拉线机和多模积蓄式无滑动连续拉线机。

4.5.1 直线拉伸机

4.5.1.1 链式拉伸机

链式拉伸机按用途可分为管材拉伸机和棒材拉伸机，它们的不同点是管材拉伸机有一套上芯杆装置。一般链式拉伸机按传动链数量可分为单链拉伸机和双链拉伸机；按同时拉伸工件的根数可分为单线拉伸机和多线拉伸机。

A 单链拉伸机

单链拉伸机的拉伸小车是由一根链条带动，其结构见图 4-26，用于拉伸管材时，送料架上固定有芯杆。单链拉伸机的结构较简单，但卸料不方便，卸料方式有人工放料和拨料杆拨料两种。人工放料用于小型拉伸机，在制品拉拔完毕、拉拔小车脱钩、钳口自动张开的一瞬间由人工将制品放入料架中，工人劳动强度较大。拨料杆拨料的过程是：拨料杆的位置平时与拉伸机轴线平行，拉伸时逐一地在小车后面转动 90°与制品垂直，处于接料状态，拉伸完毕，制品落入拨料杆上并被拨入拉伸机旁的料架中。

B 双链拉伸机

双链拉伸机是近代拉伸机发展的一种新型结构，与单链拉伸机相比具有以下优点：

（1）拉伸后的制品可以从两根链条之间直接自由下落到料框中，

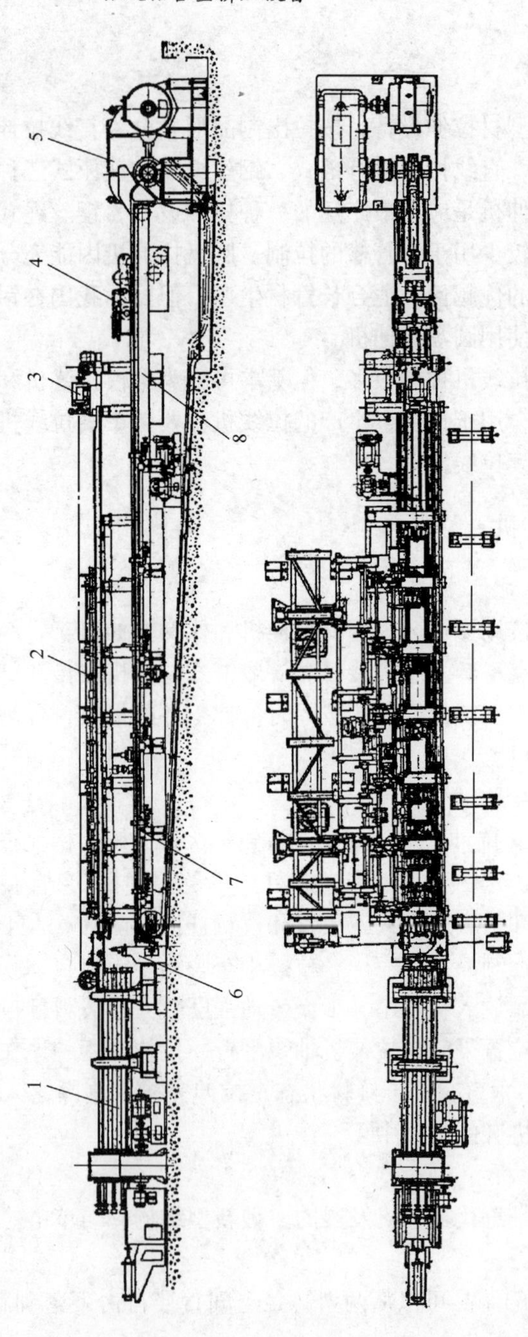

图 4-26 单链拉伸机结构示意图

1—送料架；2—坯料架；3—推料（穿芯杆）机构；4—拉伸小车；5—传动装置；6—模架；7—拨料杆；8—床身

无需专用的拨料机构，卸料也很方便，这对拉伸大而长的制品显示出更大的优越性。

（2）使用范围广。在一台设备上可拉伸大小规格的制品，消除了单链拉伸机的拉伸小车在拉伸力大时挂钩、脱钩困难的缺点。

（3）由于是两根链条受力，链条的规格大大减小，使中、小吨位的拉伸机可采用标准化链条。

（4）小车拉伸中心线与拉伸机中心线一致，克服了单链拉伸机拉伸中心线高于拉伸机中心线的弊病。因此拉伸平稳，拉出的制品尺寸精度、表面质量和平直度高。

双链拉伸机的工作机架采用C形机架，机架内装有两条水平横梁，其底面支承拉链和小车，侧面装有小车导轨。两条链条从两侧连在小车上，在C形机架之间的下部装滑料架，链条由导轮导向。双链拉伸机的结构见图4-27和图4-28。

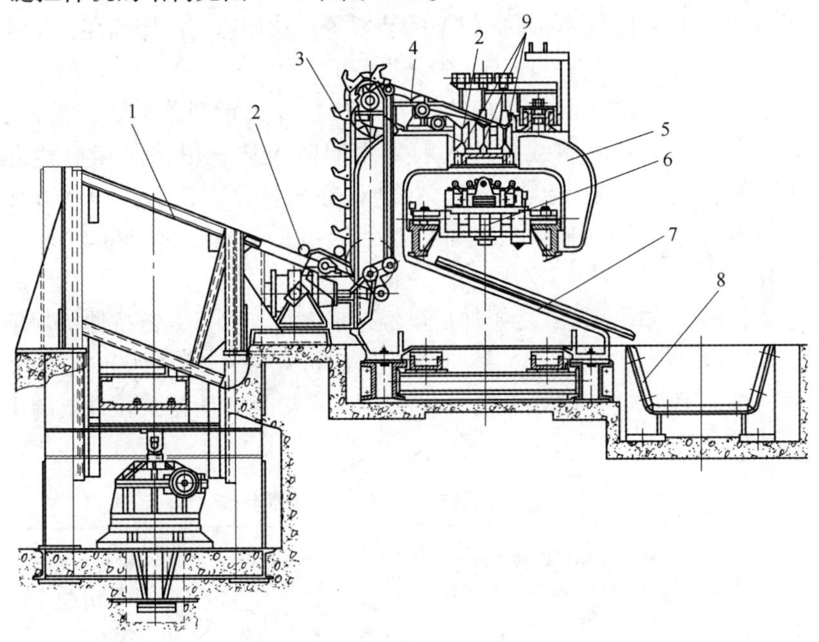

图4-27　双链管材拉伸机装卸架和C形机架结构图

1—可动料架；2—管坯；3—链式管坯提升装置；4—斜梁；5—C形机架；6—拉伸小车；7—滑料架；8—制品料架；9—滚轮

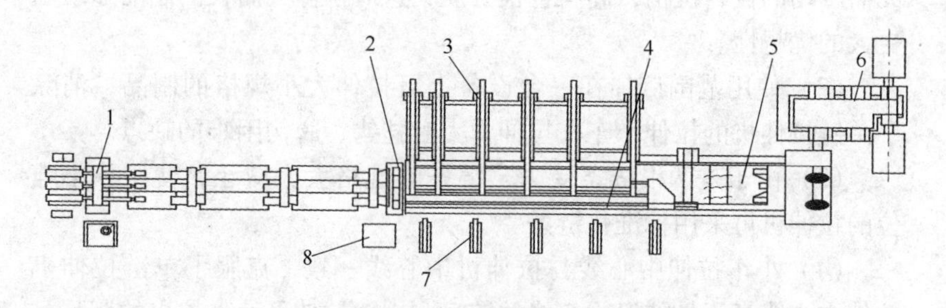

图4-28 多线回转式双链拉伸机平面图
1—回转盘；2—模架；3—上料架；4—床身；5—拉伸小车；
6—传动装置；7—制品料架；8—操作台

现代化链式拉伸机有各种先进的辅助装置，包括供坯机构、管坯套芯杆机构、拉伸小车自动咬料、挂钩、脱钩、小车返回重新咬料等机构和从小车上将制品推向料架的装置等。拉伸速度由低到高，平稳地增加，拉伸速度在各段工作中是可变的。

为了提高拉伸机的生产能力，近代拉伸机正朝着多线、高速、自动化方向发展。多线拉伸一般采用同时拉伸三根，最多可达九根；拉伸速度可达150m/min。拉伸机在机械化、自动化程度方面日趋完善，先进的拉伸机设备已达到装、卸料等工序全部实现自动化控制。

目前，我国双链式冷拉伸机已经形成系列，管材双链拉伸机规格从5～6000kN，共15个，棒材双链拉伸机规格从50～500kN，共5个，详见表4-32双链式冷拔机。表4-33～表4-35为链式拉伸机的主要技术参数。

表4-32 双链式冷拔机主要技术参数

产品型号		额定拔制力/kN	额定拔制速度/m·min^{-1}	拔制速度范围/m·min^{-1}	小车返回速度/m·min^{-1}	最大拔制直径/mm		拔制长度/m	拔制根数/根	主电动机功率/kW
						黑色	有色			
冷拔管机	LBG-0.5	5	40	3～80	80	5	8	8～15	1～3	4.5
	LBG-1	10	40	3～80	80	10	15	8～15	1～3	9

续表 4-32

产品型号		额定拔制力/kN	额定拔制速度/m·min^{-1}	拔制速度范围/m·min^{-1}	小车返回速度/m·min^{-1}	最大拔制直径/mm		拔制长度/m	拔制根数/根	主电动机功率/kW
						黑色	有色			
冷拔管机	LBG-3	30	40	3~80	80	15	20	8~15	1~3	30
	LBG-5	50	40	3~80	80	20	30	8~15	1~3	55
	LBG-10	100	60	3~100	100	40	55	9~28	1~3	126
	LBG-20	200	60	3~100	100	60	80	9~28	1~3	250
	LBG-30	300	60	3~100	100	89	130	9~28	1~3	360
	LBG-50	500	60	3~100	100	127	150	9~28	1~3	630
	LBG-75	750	40	3~60	60	146	175	12~18	1	630
	LBG-100	1000	30	3~60	60	168	200	12~18	1	630
	LBG-150	1500	30	3~60	50	180	300	12~18	1	2×470
	LBG-200	2000	20	3~40	40	219	400	12~18	1	2×420
	LBG-300	3000	20	3~40	40	273	500	12~18	1	2×630
	LBG-450	4500	12	3~20	20	351	550	12~18	1	2×560
	LBG-600	6000	12	3~20	20	450	600	12~18	1	2×750
冷拔棒机	LBB-5	50	30	3~60	60	16	25	13	1~3	31
	LBB-10	100	30	3~60	60	25	35	13	1~3	63
	LBB-20	200	30	3~60	60	50	65	13	1~3	126
	LBB-30	300	25	3~50	50	65	80	13	1~3	160
	LBB-50	500	25	3~50	50	90	110	13	1~3	263

表 4-33 洛阳中信重机公司生产的链式拉伸机的主要技术参数

型 号	额定拉制力/kN	拉制速度/m·min^{-1}	夹料启动速度/m·min^{-1}	小车返回速度/m·min^{-1}	拉制根数/根	坯料长度/m	坯料直径/mm	成品长度/m	成品直径/mm	传动形式	主电动机功率/kW	外形尺寸(长×宽×高)/m×m×m	设备质量/t
LB－1	10	6～45	6	60	1～2	2～7	ϕ6～10	8	ϕ4～9	双链	8.85	17.8×2.3×1.2	5.78
LB－1Ⅱ	10	12～68	6	85	2	2～8	ϕ6～18	9	ϕ4～15	单链	12	20.9×3.4×1.2	5.95
LB－1Ⅲ	10	3～25	3	85	2	2～8	ϕ6～18	9	ϕ4～15	单链	6.5	20.9×3.4×1.2	5.70
LB－3	30	6～24	6	85	1～3	2～8	ϕ6～23	9	ϕ5～20	单链	21	22.7×4.4×1.7	13.40
LB－3Ⅱ	30	12～60	6	85	1～3	2～8	ϕ6～23	9	ϕ5～20	单链	40	22.7×4.6×1.2	14.23
LB－3Ⅲ	30	6～24	6	85	1	6～16	ϕ45	18	ϕ43	单链	21	33.6×4.3×1.2	10.44
LB－3Ⅳ	30	3～75	3	85	1～3	2～8	ϕ6～23	9	ϕ5～20	单链	21	22.7×4.4×1.7	14.00
LB－5	50	3～35	3	50	1～3	8	ϕ15/25	9		双链	30	24×3.5×1.3	13.32
LB－5	50	3～50	3	80	1～3	2～8.5	ϕ20/30	9		双链	55	27.9×5.1×2.8	24.52
LB－8	80	7～28		85	1～3	2～8.5	ϕ12～40	12	ϕ10～38	单链	40	27.6×4.9×1.7	17.20
LB－8Ⅱ	80	3～15	3	85	1～3	2～8.5	ϕ12～40	12(空拉18)	ϕ10～38	单链	30	42×4.8×2.1	23.7
LB－8Ⅲ	80	3～28	3	60	1～3	2～8.5	ϕ12～40	12	ϕ10～38	双链	40	28.1×4.7×1.3	14.50
LB－8	80	12～60	3	80	1(芯拉) 4(空拉)	8	约 ϕ45	9	约 ϕ40	双链	55	22.5×4.6×1.7	12.66
LB10	100	6～48	3～6	60	1	8.5	ϕ40	10	ϕ12～33	双链	100	25.5×5.7×1.7	20.89
LB－10Ⅰ	100	6～48	3～6	60	1		ϕ40	15	ϕ12～33	双链	125	21.5×1.9×1.7	15.72
LB－10	100	3～35	3	50	1～3	2～8		9		双链	55	24×3.6×1.5	14.92

续表 4-33

型号	额定拉制力/kN	拉制速度/m·min^{-1}	夹料启动速度/m·min^{-1}	小车返回速度/m·min^{-1}	拉制根数/根	坯料长度/m	坯料直径/mm	成品长度/m	成品直径/mm	传动形式	主电动机功率/kW	外形尺寸（长×宽×高）/m×m×m	设备质量/t
LB－15	150	8～32	3	100	1	2～8.5	φ18～57	12	φ15～51	单链	100	30×6.2×1.8	40
LB－15Ⅱ	150	8～32	3	100	1～3	2～8.5	φ18～55	12	φ16～50	单链	75	24×6×1.8	23.8
LB－15Ⅲ	150	8～32	3	100	1	2～8.5	φ18～57	12	φ15～51	单链	100	28×4×2.4	26.5
LB－15Ⅳ	150	8～32	3	100	1～3	2～7.5	φ12～51	9	φ10～30	单链	75	24×6×1.5	23.16
LB－15	150	12～60	3	80	1～2		φ80	24		双链	100	55.3×4.8×2	59.85
LB－15	150	12～60	3	80	1（芯拉） 4（空拉）	约7.5	约φ80	9		双链	100	24.6×4.1×2.2	24.82
LB－20	200	10～30	6	50	1～2	2～6	φ10～60	9		双链	75	22.5×4×1.6	27.1
LB－20	200	6～48	3～6	60	1	8.5	φ73	10	φ20～58	双链	160	26×5.8×1.6	32.10
LB－20棒	200	3～15	1	50	1	2～6	φ10～60	9		双链	100	24.5×4.5×1.6	33.3
LB－20棒	200	3～15	3	50	1～3	2～8	φ10～50	9		双链	100	25.6×4×1.6	35.0
LB30	300	12～48	3	100	1	2.5～9	φ40～102	13	φ30～89	单链	2×125	32.9×6.3×1.85	44
LB－30Ⅱ	300	3～24	3	100	1	2.5～9	φ40～102	13	φ30～89	单链	2×75	23.9×6.4×1.8	45
LB－30Ⅲ	300	3～24	3	100	1	2.5～9	φ40～102	13	φ30～89	单链	2×75	32×7×1.9	41
LB－30Ⅳ	300	12～48	3	100	1	2.5～9	φ40～102	13	φ30～89	单链	2×125	30.8×5.8×2.4	34.8
LB－30Ⅴ	300	3～24	3	100	1	2.5～9	φ40～102	13	φ30～89	单链	2×75	30.8×5.8×2.4	34.8
LB－30	300	6～48	3～6	60	1	11	φ102	13	φ89	双链	250	31×6.2×1.8	42.6

续表 4-33

型 号	额定拉制力/kN	拉制速度/m·min⁻¹	夹料启动速度/m·min⁻¹	小车返回速度/m·min⁻¹	拉制根数/根	坯料长度/m	坯料直径/mm	成品长度/m	成品直径/mm	传动形式	主电动机功率/kW	外形尺寸(长×宽×高)/m×m×m	设备质量/t
LB－30	300	3～72	1～3	72	1～3	2～11	ϕ23～65	4～15		双链	250	39.6×5.5×2.6	60
LB－50	500	3～40	3	60	1～3	8.5	ϕ150	约10		双链	2×160	29.8×8.7×2.8	109
LB－50Ⅱ	500	3～40	3	60	1	6～7.5	ϕ70～100	8	ϕ50～80	双链	2×160	27.4×7.7×1.8	～90
LB－75	750	3～30	6	60	1	8.5	ϕ175	10		双链	2×200	42.3×9.7×2.3	102
LB－75	750	3～30	3	60	1	9.5	ϕ83～120	13		双链	2×200	39.2×9.8×2.7	148
LB－100	1000	5～35	5	20～60	1	3～9	ϕ230	13	ϕ220	单链	2×200	43.8×10.7×1.3	175

表 4-34 苏州新长光公司生产的链式拉伸机主要技术参数

型 号	额定拉制力/kN	额定拉制速度/m·min⁻¹	传动形式	管坯外径/mm	管坯长度/m	拉伸最大管材直径/mm	拉伸管材长度/m	拉制根数/根	返回速度/m·min⁻¹	总功率/kW
RSL3	30	30	单链	ϕ30	6	ϕ25	9	1	57	22.325
RSL5	50	30	单链	ϕ40	6	ϕ30	9	1	57	33.525
RSL6	60	30	单链	ϕ46	12	ϕ40	16	1	57	40.825
RSL10	100	29	单链	ϕ60	11	ϕ25	15	1	57	58.825
RSL15	150	27	单链	ϕ55	11	ϕ50	15	1	62	81.725
RSL15D	150	0～72	双链	ϕ45	18	ϕ40	25	1～3	90	114.525
RSL30	300	0～72	单链	ϕ80	18	ϕ75	25	1～3	112	232.625

表 4-35 波兰扎梅特公司三线链式拉伸机主要技术参数

型 号	CR20/3	CR25/3	CR35/3	CR40/3	CR45/3
最大拉伸力/kN	200	250	350	400	450
最大拉伸长度/m	12	24	16	12	36
恒功率时的拉伸速度/$m \cdot min^{-1}$	37 ~ 66	45 ~ 80	37 ~ 127	46 ~ 143	46 ~ 143
拉伸管材最大直径/mm	ϕ70	ϕ75	ϕ80	ϕ80	ϕ80
拉伸管材最小直径/mm	ϕ15	ϕ15	ϕ20	ϕ20	ϕ20
同时拉伸管材数量/根	3	3	3	3	3
电动机装机功率/kW	215	200	260	350	350

4.5.1.2 液压拉伸机

液压拉伸机具有传动平稳，拉速调整容易，停点控制准确的优点，最适宜于拉伸难变形合金和高精度、高表面质量的异型管和型材。图 4-29 为液压拉伸机结构示意图。表 4-36 为常用的液压拉伸机的技术性能参数。

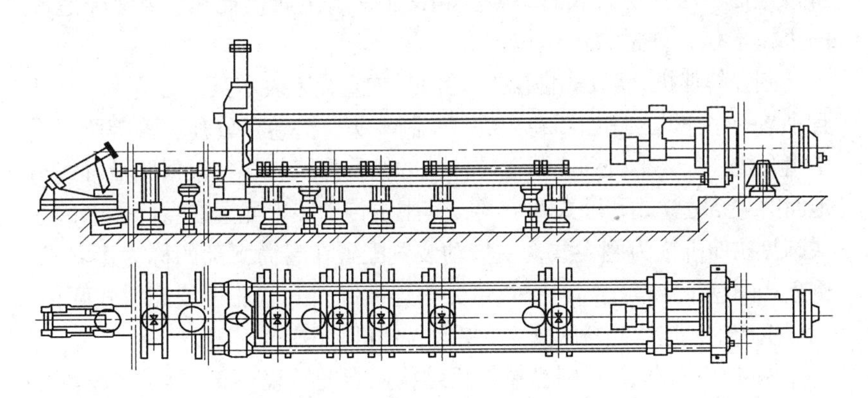

图 4-29 液压拉伸机结构示意图

表 4-36 液压拉伸机技术性能参数

额定拉伸力/kN	300	500	500	750
拉伸速度范围/$m \cdot min^{-1}$	2 ~ 28	4 ~ 24	1 ~ 24	16 ~ 23
额定拉伸速度/$m \cdot min^{-1}$	28	12	20	16

续表 4-36

小车返回速度/m·min^{-1}	40	40	40	40
同时每次拉伸根数/根		1~3	1	1
坯料长度/mm	2~7500	3500~6000	3500~6000	2500~8500
坯料直径/mm	ϕ40~130	ϕ35~100	ϕ75~120	ϕ110~200
成品长度/mm	9000	8000	8000	2800~9000
成品直径/mm	ϕ35~120	ϕ30~98	ϕ60~110	ϕ100~180
主电动机型号	JS-125-6	JO-92-6	JS-126-6	JS-125-6
功率/kW	2×130	2×75	2×155	2×130

4.5.2 圆盘拉伸机

圆盘拉伸机是生产长管棒材不可缺少的设备，因能充分发挥游动芯头拉伸工艺的优越性，多应用于管材生产。这种拉伸机的优点是设备占地面积小，可拉长管，减少辅助工序、金属损耗和往复运输造成的机械损伤，并适合高速拉伸。

圆盘拉伸机一般是用圆盘（卷筒）的直径来表示其能力的大小，并且多与一些辅助工序如开卷、矫直、制夹头、盘卷存放和运输等所用设备组合成一个完整机列。圆盘拉伸机的结构形式较多，根据圆盘轴线与地面的关系分立式和卧式两大类；其中主传动装置配置在卷筒上部的立式圆盘拉伸机称为倒立式，主传动装置配置在卷筒下部的称为正立式。倒立式圆盘拉伸机按卸料方式可分为连续卸料式和非连续卸料式两种。现代生产中，连续卸料的倒立式圆盘拉伸机应用较为广泛。

图 4-30 为倒立式圆盘拉伸机结构示意图。表 4-37 为立式圆盘拉伸机的主要技术性能参数。

表 4-37 立式圆盘拉伸机的主要技术性能参数

参 数	750 型	1000 型	1500 型	2800 型
拉伸速度/m·min^{-1}	100~540	85~540	40~575	40~400
在 100（80）m/min 时拉伸力/kN	15	25	80	(150)

续表 4-37

参　数	750 型	1000 型	1500 型	2800 型
卷筒直径/mm	ϕ750	ϕ1000	ϕ1500	ϕ2800
卷筒工作长度/mm	1200	1500	1500	
管材直径/mm	ϕ8 ~ 12	ϕ5 ~ 15	ϕ8 ~ 45	ϕ25 ~ 70
管材长度/m	350 ~ 2300	280 ~ 800	130 ~ 600	100 ~ 500
主电动机功率/kW	32	42	70	250
设备质量/t	22.15	30.98	40.6	

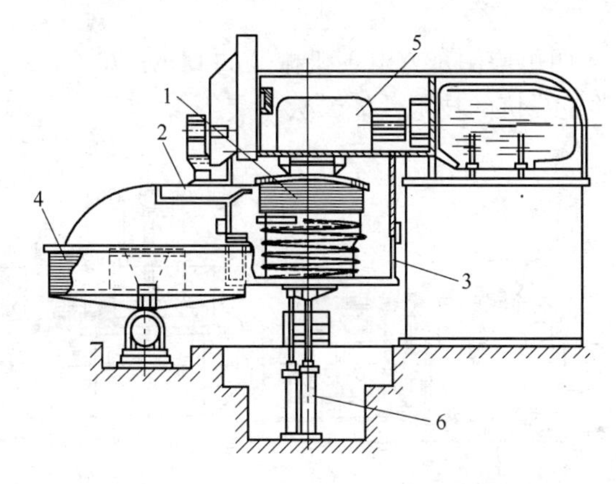

图 4-30　倒立式圆盘拉伸机结构示意图

1—拉伸卷筒；2—横座；3—受料盘；4—放料架；5—驱动装置；6—液压缸

4.5.3　线材拉伸机

线材拉伸机简称拉线机，拉线机的种类很多，从类型上分，有单模拉线机和多模连续拉线机；从同时拉制的根数可分单线拉线机和多线拉线机；从绞盘放置方向分卧式拉线机和立式拉线机，等等。

目前，用于铝合金生产的拉线机主要是单模拉线机和多模积蓄式无滑动连续拉线机。一般情况下，单模拉线机用于生产成品直径较大、强度较高、塑性较差而且线坯不焊接的线材，而多模积蓄式无滑动连续拉线机则常用于生产较小规格或中等强度的铝合金线材及纯铝线。

4.5.3.1 单模拉线机

单模拉线机只配置一个模座和一个绞盘，故同时只能拉某一根线的某一道次。单模拉线机的特点如下：

（1）结构简单，制造容易；

（2）拉伸速度较慢；

（3）劳动强度较大，自动化程度低；

（4）生产效率不高，辅助时间多；

（5）适于拉制短的、强度高、塑性低并且中间退火工序多的线材。

图4-31为四川德阳东方电工机械厂的LDL－700/1型单模拉线机外形图。这类拉线机的技术性能参数见表4-38。

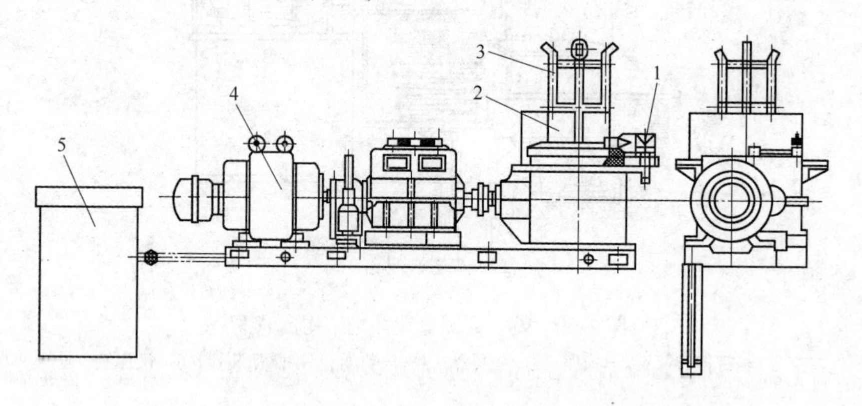

图4-31 东方电工机械厂的LDL－700/1型单模拉线机外形图

1—模座；2—绞盘；3—下线架；4—电动机；5—油箱

表4-38 单模拉线机的技术性能参数

型号	绞盘/mm	进线（最大）/mm	出线（最小）/mm	拉速/m·min^{-1}	拉力/kN	主电动机/kW	总重/t	生产厂家
600/1	550/600	8	3.5	81,115,164,226		115	10.8	东方电工机械厂
700/1	700	12	5	64.5,89,126,173.7		80	10.65	

续表 4-38

型号	绞盘 /mm	进线(最大) /mm	出线(最小) /mm	拉速 /m·min^{-1}	拉力 /kN	主电动机 /kW	总重 /t	生产厂家
450/1	450	3.4	1.6	69,80,120		7,9,12	2.2	西安拉拔设备厂
560/1	560	8	2	67.7		18.5	1.87	
610/1	610	12	5	83.4		75	6.8	
750/1	750	12	6	58.8		80	7.06	
800/1	800	14	6	61		80	7.06	
850/1	850	14	6	61		80	7.2	
900/1	900	20	6	48		95	7.4	
200/1	200	1.6	0.4	30~270	0.3			
250/1	250	2	0.6	30~270	0.6			
350/1	350	3	1	30~270	2.5			
450/1	450	6	2	60~180	5.0			
550/1	550	8	3	30~180	10			
650/1	650	16	6	30~180	20			
750/1	750	20	8	30~90	40			
1000/1	1000	25	10	30~90	80			

4.5.3.2 多模积蓄式无滑动连续拉线机

多模连续拉线机的工作特点是：线材在拉制时，连续同时通过多个模子，而在每两个模子之间有绞盘；工件以一定的圈数缠绕于其上，借以建立起拉伸力。根据绞盘上工件收线速度、放线速度、绞盘速度三者相对关系的不同，多模连续拉线机可分为积蓄式无滑动连续拉线机、非积蓄式无滑动连续拉线机和滑动连续拉线机。其中用于铝合金生产的主要是积蓄式无滑动拉线机。

积蓄式无滑动连续拉线机是由若干台(2~13台)立式单模拉线机组合而成。一般每个绞盘都由独立的电动机拖动,既可以单独停止和开动,也可集体停止和开动。线材从上一绞盘的引线滑环中引出,经上导向轮和下导向轮,进入下一道次模子和绞盘,进行下一道次的拉制。

滑环压在绞盘的上端面上，二者具有相同的转动中心，但相对自由，即滑环可在绞盘摩擦力的带动下随绞盘转动，也可在引出工件的拖动下，克服绞盘摩擦力作反方向转动。由于滑环的存在，向绞盘缠绕工件，和由绞盘引出的工件，二者速度可相等也可不等。一般安排成缠绕稍多于引出，于是绞盘上的工件就逐渐增多，正因为此，称之为“积蓄式”拉线机。这种拉线机有如下特点：

（1）拉伸中，常产生张力和活套，所以不适于拉伸细线和特细线；

（2）因有扭转，不适于拉伸异型线材；

（3）由于工件与绞盘之间无滑动，所以适于拉伸抗拉强度不大和抗磨性差的金属线材；

（4）为实现连续拉线，必须配合线坯的焊接，因此不适合拉制焊接性的合金。

图 4-32 为 LFD450/8 型积蓄式多模拉线机外形图，表 4-39 是四川德阳东方电工机械厂生产的铝线积蓄式多模连续拉线机的技术参数。

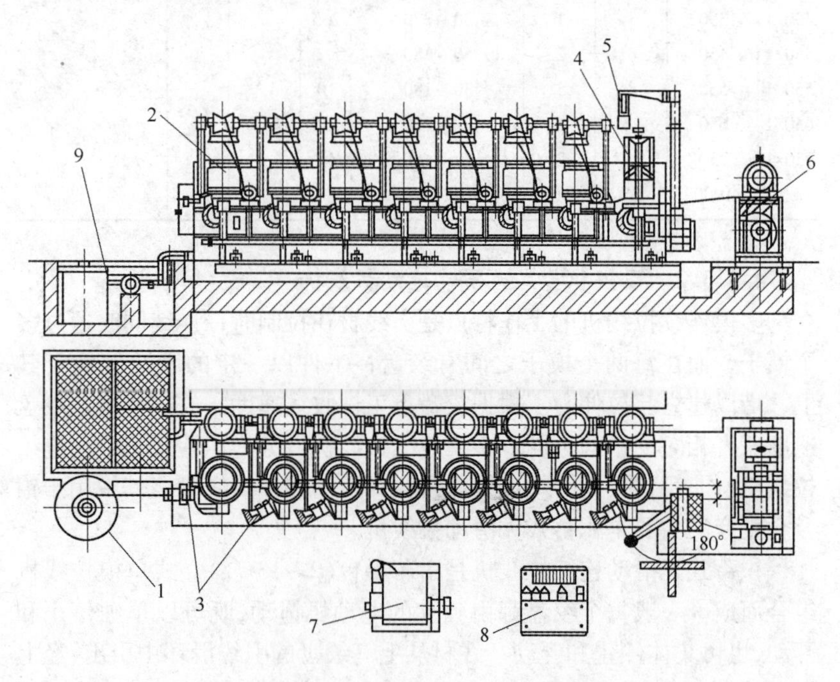

图 4-32　LFD450/8 型积蓄式多模拉线机外形图

1—放线架；2—绞盘；3—模座；4—下线吊钩；5—下线吊车；6—收线机；7—碾头机；8—操作台；9—润滑油箱

表4-39 德阳东方电工机械厂铝线积蓄式多模连续拉线机技术参数

型　号	LFD450/8	LFD450/10	LFD400/13
进线直径/mm	φ9.0	φ9.0	φ9.0～9.5
出线直径/mm	φ1.7～4.0	φ1.7～2.25	φ1.8～4.5
模子数	8	10	13
绞盘直径/mm	φ450	φ450	φ400
出线速度/$m \cdot s^{-1}$	6.08/8.05/12.24	6.08/8.05/12.24	14.7/23.6/30.0
电动机功率/kW	7.5/10/11	7.5/10/11	DC220
电动机转速/$r \cdot min^{-1}$	730/960/1460	730/960/1460	
外形（长×宽×高）/mm×mm×mm	10500×3850×2750	12700×3800×2700	22800×4500×3820
总重/t	17	18.5	36.5
收线盘尺寸/mm×mm×mm	φ400×160×250	φ400×160×250	PND500、PND560、PND630

4.5.4 拉伸辅助设备

4.5.4.1 管、棒材拉伸辅助设备

通常在拉制管、棒材之前，先将制品一端的断面减小，以顺利穿模孔，该工序称为制头。常用的制头设备有以下几种：

（1）碾头机。碾头机是采用上、下辊形成变断面孔型并将送入的管、棒材碾成尖形的一种机械。该碾头机可碾多种规格的制品，设备性能参数如表4-40所示。

（2）空气锤。空气锤的设备性能参数如表4-41所示。

（3）旋转打头机。旋转打头机实质是由一对旋转锻模组成的模锻设备。表4-42为φ30mm旋转打头机的主要技术性能参数。

（4）液压压头机。液压压头机具有结构紧凑，承载能力大，效率高，噪声低等特点。表4-43为北京京圣工业技术开发公司生产的液压压头机的主要技术性能参数。

表 4-40 碾头机主要技术性能参数

辊子直径 /mm	辊子工作部分长度 /mm	碾头机孔型数目 /个	碾头机规格 /mm	转速 /r·min⁻¹	电动机功率/kW
ϕ200	500	11	1550		14
ϕ200	500	15	8~48		20
ϕ200	500	19	8~38		10
ϕ200	500	18	7~25		10
ϕ100	210	12	5~13		2.8
ϕ100	210	12	3~12		4.5
ϕ125	220	15	4~12	80	3.0
ϕ125	220	9	8~24	80	4.0

表 4-41 空气锤主要性能参数

名 称	型号	气锤质量 /kg	锤头行程 /mm	锤头次数 /次·min^{-1}	最大锤件尺寸 /mm	电动机功率 /kW	外形尺寸（长×宽×高） /m×m×m	质量 /t
65kg 空气锤	C41-65	65	310	200	ϕ85	7.5	1.4×0.8×1.8	3.8
75kg 空气锤	C41-75	75	350	210	ϕ85	7.5	1.5×1.5×1.9	2.33
150kg 空气锤	C41-150	150	350	180	ϕ145	14	1.9×1.2×2	5.44
250kg 空气锤	C41-250	250	385	140	ϕ175	22	2.6×1.2×2.5	8
750kg 空气锤	C41-400	400	700	120	ϕ220	40	3.2×1.4×2.8	15
400kg 空气锤	C41-560	560	600	115	ϕ280	40	1.5×3.4×2.8	20
560kg 空气锤	C41-750	750	840	105	ϕ300	55	4×1.3×3.2	26

表 4-42 ϕ30mm 旋转打头机的主要技术性能参数

参 数	单位	数值	参 数	单位	数值
最大管料直径	mm	30	主轴转速	r/min	270
最小管料直径	mm	6	坯料给进速度	mm/s	24
滚柱数目	个	6	电动机功率	kW	10
滚柱直径	mm	50	外形尺寸	mm×mm×mm	1360×1560×1230
滑块数目	个	2	设备质量	kg	1478.5
最大压下量	mm	1			

表 4-43 北京京圣工业技术开发公司的液压压头机的主要技术性能参数

型号	管坯直径/mm	最大壁厚/mm	压头长度/mm	最大压力/kN	电动机功率/kW	外形尺寸/mm×mm×mm	质量/t
YDA30	ϕ6～32	2	约 150	800	7.5	1100×650×1140	1.3
YDA50	ϕ8～56	3	约 170	800	7.5	1100×650×1250	1.4
YDA60	ϕ15～60	4.8	约 200	960	18.5	1320×950×1470	2.7
YDA80	ϕ20～85	6.2	约 240	1200	18.5	1400×1000×1500	3.3
YDA120	ϕ20～125	8	约 250	1200	18.5	1500×1100×1600	3.5

4.5.4.2 线材拉伸辅助设备

A 焊接机

为提高生产率，常对挤压的铝合金线坯进行焊接，以增加线坯的长度。主要采用的焊接设备为电阻式对焊机。表 4-44 列出部分对焊机的主要技术性能参数。

表 4-44 对焊机的主要技术性能参数

型 号	UN－10	UN－25	UN－50
额定容量/kV·A	10	25	50
电源电压/V	220/380	220/380	380
额定负载持续率/%	20	20	20～30
次极电压调节级数	8	7	7～8
最大顶锻力/N	350	950～1000	15000
最大夹紧力/N	900	1000～1900	1000
夹具最大展开度/mm	30	20～50	50～80
最大焊接截面/mm²	50	120	200

B 碾头机

制作线材夹头的碾头机一般采用辊轧机。表 4-45 为线材辊轧式碾头机的主要技术性能参数。

表 4-45 线材辊轧式碾头机主要技术性能参数

参 数	8-24 型	4-10 型	1-5 型	1.6-12.0 型
最大轧制力/N	19600	6860	6076	14700
电动机功率/kW	14	2.5	2.8	2.8
电动机转速/$r \cdot min^{-1}$	1460	1460	1430	1420
传动速比	22.5	24	23	23.6
轧辊转速/$r \cdot min^{-1}$	65	60	62	60
线材速度/$m \cdot s^{-1}$	0.68	0.36	0.24	0.47
轧辊尺寸/mm×mm	ϕ200×475	ϕ120×450	ϕ76×150	ϕ150×170
碾头直径/mm	ϕ8~24	ϕ4~10	ϕ1~5	ϕ1.6~12.0

4.6 热处理与精整设备

4.6.1 热处理设备

铝及铝合金挤压材的热处理设备根据热处理工艺不同可分为退火炉、淬火炉和时效炉。挤压材热处理所使用的为周期式作业的强制空气循环的炉子，常用的结构形式有箱式、台车式、井式、立式等，加热方式有电阻加热、燃油或燃气加热。铝材的热处理炉多为非标准设备，制造厂可根据用户的不同要求设计制造。制造铝材热处理炉比较有实力和经验的厂家有西安电炉研究所、苏州新长光工业炉有限公司、哈尔滨松江电炉厂、中航公司安中机械厂等。

4.6.1.1 退火炉

A 箱式退火炉

箱式退火炉是强制空气循环、固定炉底的电阻加热炉，如图 4-33 所示。箱式退火炉的炉体为长方体箱形结构，由钢焊接结构外壳及耐火砖、隔热材料、耐热钢板制成的内壳组成，顶面为可移动的炉盖，电热元件配置在炉壁两侧或炉顶，炉子一端装有离心式鼓风机。退火制品装入料筐后用起重机吊入炉内进行退火。这是一种早期使用的老式结构，其结构简单，制作容易，价格低，但这种结构的炉子装料和出料的操作不方便，装料量一般都比较小。

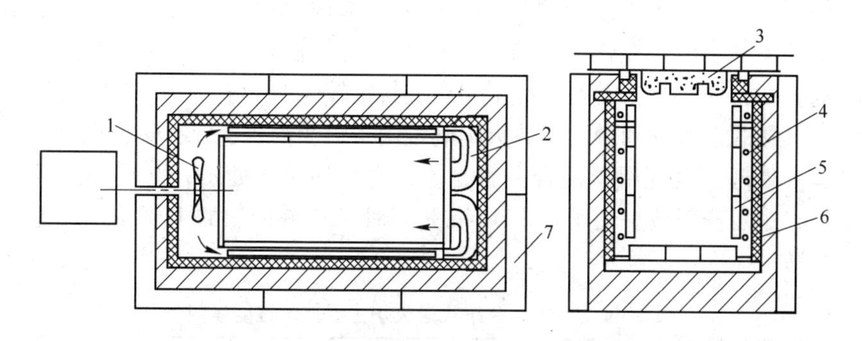

图 4-33　铝材箱式退火炉结构示意图

1—风机；2—导风装置；3—炉盖；4—加热元件；5—内衬；6—炉墙；7—外构架

B　台车式退火炉

台车式退火炉也是一种箱形结构的炉子，只是炉门设在一端或两端，炉底上设有轨道，活动的台车由牵引装置驱动沿轨道进入或移出炉膛。如图 4-34 所示，台车式退火炉由炉体、炉门及提升机构、循环鼓风机、加热器、台车及其牵引装置等组成。新型结构的炉子不采用耐火砖结构，炉壁由轻型结构的壁板拼装而成，壁板内外层为钢板，中间充填具有良好隔热和保温性能的轻质材料。空气循环的鼓风机设在炉膛一端或炉子顶部（两端开门的通过式结构），空气循环的风道设在炉膛上方，加热器设在风道中；炉门由电动提升机构升起，台车由电动牵引装置驱动进出炉内。退火制品的装卸料都在炉外的台车上进行，操作起来比较方便。台车式退火炉既可利用电阻加热，也可采用燃油或燃气的加热形式。台车式退火炉还可以设计成两端开门的双台车结构，两台台车交替装出料，炉子的利用率高，操作更加方

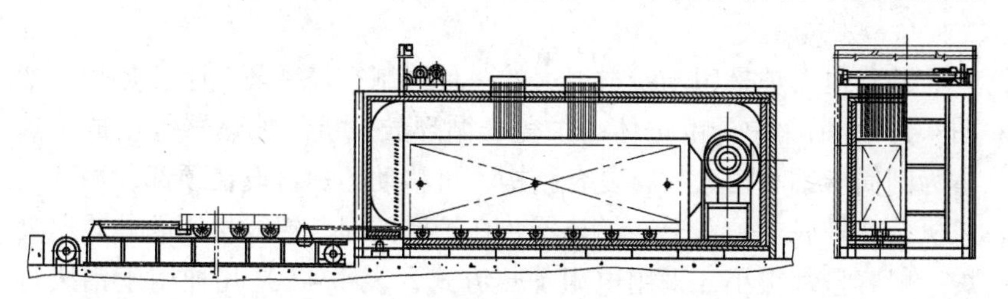

图 4-34　铝材台车式退火炉结构示意图

便。台车式退火炉与箱式炉相比，炉子结构相对较复杂，价格也更高，但其装出料操作比较方便，炉温的均匀性和炉子的热效率都较高，而且便于根据需要设计出一次装料量较大的炉子。

箱式退火炉和台车式退火炉既可用于铝及铝合金管、棒、型材的退火处理，也可用于铝合金管、棒、型材的时效处理，既可作退火炉，也可作时效炉使用。表4-46是两种结构退火炉的主要技术性能参数。

表4-46 箱式、台车式退火炉主要技术性能参数

炉子名称	退火炉	退火时效炉
炉子形式	箱式	单门台车式
加热方式	电阻	天然气
最大装料量/kg·炉$^{-1}$	2000	4000
制品最大长度/mm	8500	6000
制品加热温度/℃		500
炉子最高温度/℃	500	
加热总功率/kW	240	
循环风机能力/kW		25
炉膛有效尺寸/mm×mm 或 mm×mm×mm	ϕ980×8680	6.2×2.1×1.8
制造单位	哈尔滨松江电炉厂	苏州新长光工业炉有限公司

C 井式退火炉

井式退火炉是用于线材退火的一种强制空气循环电阻加热炉，如图4-35所示。炉子由炉体、炉盖、循环鼓风机、加热器等组成。炉体为圆筒形钢和耐火材料复合结构，可移动的炉盖设在顶部，循环鼓风机装在炉底或炉盖上，加热器装在炉壁四周。铝线材用的井式退火炉一般容量都很小，采用电阻加热方式，表4-47是几种用于铝线材退火的井式电阻炉的主要技术性能参数。井式电阻炉既可用于线材的退火处理，也可用于线材淬火的加热和人工时效处理。

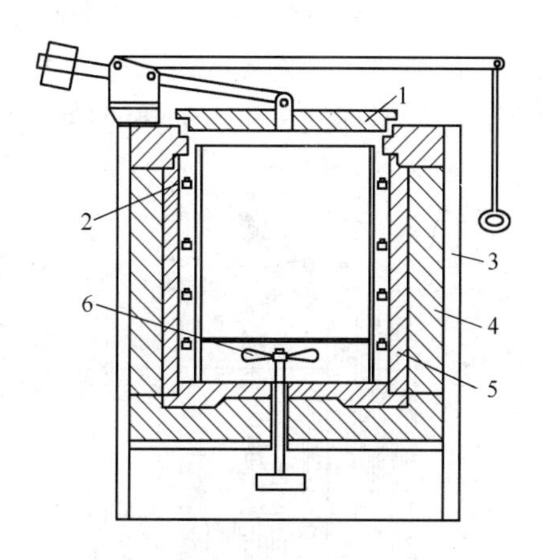

图 4-35 铝线材井式退火炉结构示意图

1—炉盖；2—加热元件；3—炉子外壳；4—炉子外墙；5—炉子内墙；6—风机

表 4-47 井式电阻炉主要技术性能参数

型 号	加热功率/kW	电压/V	相数	最高工作温度/℃	炉膛尺寸/mm × mm
RJ - 36 - 6	36	380	3	650	ϕ500 × 650
RJJ - 55 - 6	55	380	3	650	ϕ700 × 950
RJJ - 75 - 6	75	380	3	650	ϕ950 × 1200

D 中频感应退火炉

中频感应退火炉是 3A21 合金管材快速退火的专用设备，使用的电源频率在 2500Hz 左右。炉子由感应加热线圈、送料辊道、出料辊道、喷水装置及电源等组成。管材单根或成小捆由送料辊道送入感应线圈内进行快速加热，出感应线圈后即喷水冷却。

4.6.1.2 淬火炉

淬火炉用于硬合金管、棒、型和线材的淬火处理，炉子结构形式有立式、卧式和井式，加热方式主要为电阻加热，也可燃油或燃气加热。立式和卧式淬火炉用于管、棒、型材淬火处理，井式淬火炉用于线材淬火处理。

A 立式淬火炉

立式淬火炉是管、棒、型材淬火处理的主要炉型，被处理的制品垂直悬吊在炉膛内进行加热。如图 4-36 所示，炉子由圆筒形结构的炉体、活动的炉底、空气循环鼓风机、加热元件、卷扬吊料机构、淬

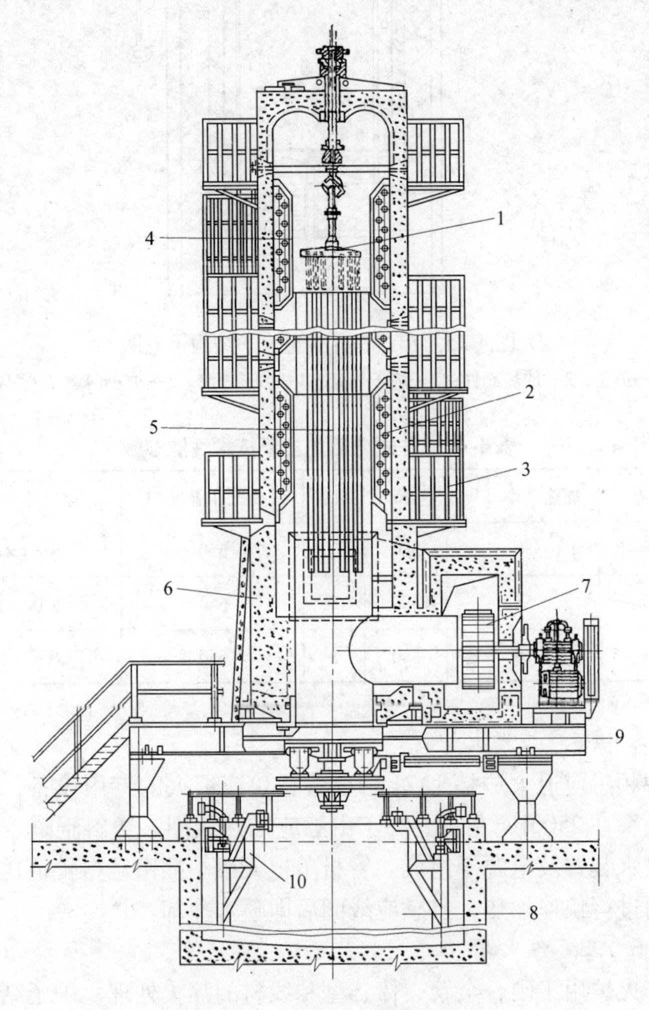

图 4-36 立式空气淬火炉结构图

1—吊料装置；2—加热元件；3—炉子走梯；4—隔热板；5—被加热制品；6—炉墙；7—风机；8—淬火水槽；9—活动炉底；10—摇臂式挂料架

火水槽和摇臂式挂料架等组成。淬火炉的炉体支承在水槽上房的平台上，炉顶上的卷扬吊挂机构把制品由水槽吊入炉内进行加热，加热好的制品由吊料机构放下落入水槽中淬火；摇臂式挂料架把制品移至炉子中心的下方或移出至炉外起重机的起吊位置；炉子的空气循环风机一般设置在炉外侧下方，热风由炉膛下方送入，小型的炉子也可把循环风机设在炉顶上；加热器分段设置在炉膛四周。加热方式一般采用电阻加热，也可采用燃油、燃气等其他加热形式。

立式淬火炉一般都较高，需要有较高的厂房和较深的地下水槽，设备价格和厂房建设费用都较高。但立式淬火炉占地面积小、效率高、加热温度均匀，制品加热后转移至水槽淬火的时间短，而且很方便，制品在水槽中的冷却也比较均匀、变形小，因此，立式空气淬火炉是管、棒、型材淬火的首选设备。表4-48是几种立式淬火炉的主要技术性能参数。

表4-48 立式淬火炉主要技术性能参数

炉子名称	单位	7m 立式淬火炉	9m 立式淬火炉	22m 立式淬火炉	24m 立式淬火炉
加热方式		电阻	电阻	电阻	电阻
最大装料量	kg/炉	1000	2000	1200	1500
制品最大长度	mm	7000	10000		
制品加热温度	℃	500±4	500	530	530
炉子最高温度	℃	600	600		
加热总功率	kW	300	525	750	850
循环风机功率	kW	42/30	42/30	115	115
循环风机风量	m^3/h	10000	10000		
炉膛有效尺寸	mm×mm	ϕ1600×9000	ϕ1600×11000	ϕ1250×12000	ϕ1250×14000
外形尺寸	mm	14680（H）	7007×4660×17680（H）	24000（H）	26300（H）
水槽尺寸	mm×mm	ϕ4000×11325	ϕ4000×14325		
制造单位		苏州新长光	苏州新长光	西电公司	西电公司

B　卧式淬火炉

卧式淬火炉也是一种箱形结构的炉子，用于管、棒、型材的淬火处理，如图4-37所示，炉子由送料和出料传动装置、炉体和淬火装置三部分组成，空气循环风机安装在炉子进口端顶部。淬火处理的操作过程是：先把需淬火的制品放在进料传送链上，传送链把制品送入炉内进行加热。需淬火时，淬火水槽的水位上升，靠水封喷头将水封住，达到设定水位后，多余的水经回水漏斗流回循环水池，打开出口炉门，传送链即可把制品送入水槽中淬火。卧式淬火炉也可作退火和时效处理，只要把水槽中的水位降至传送链以下即可。

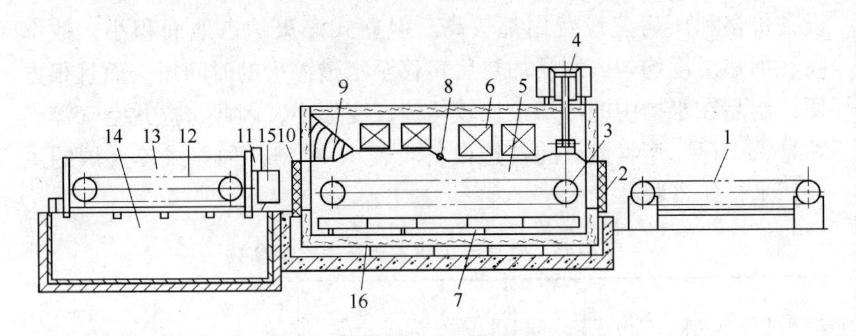

图4-37　卧式淬火炉结构示意图

1—进出料传动装置；2—进料炉门；3—炉内传动链；4—风机；5—炉膛；6—加热器；7—炉下室；8—调节风阀；9—导风装置；10—出料炉门；11—水封喷头；12—出料传动链；13—淬火水槽；14—循环水池；15—回水漏斗；16—下部隔墙

卧式淬火炉不需要高厂房和深水槽，但其占地面积相对较大，最大的缺点是制品淬火时沿横断面的冷却不均匀而造成变形很严重，因此卧式淬火炉在挤压材中很少被采用。

C　井式淬火炉

井式淬火炉用于线材淬火的加热，与井式退火炉相同，可单独使用，也可一炉多用。需淬火的线卷置于料架上吊入炉内进行加热，加热好的线卷吊出至水槽中进行淬火。

4.6.1.3　时效炉

时效炉用于铝合金管、棒、型材和线材淬火后作人工时效处理。时效炉和退火炉的结构相同，只是时效炉要求的控制温度较低，工作温度在100～200℃，一般的退火炉都可作时效炉使用。时效炉同样有箱式、台车式、井式结构，箱式、台车式用于管、棒、型材的人工时效处理，井式用于线材的人工时效处理。由于建筑铝型材和工业铝型材的发展，促使了时效炉的专业化，设计制造了大量专用的时效炉。为了满足一些如车辆型材等的特殊需要，设计制造了可满足处理30m特长型材，一次装料量超过20t的特大型时效炉。新结构的时效炉都为台车式，有单端开门的，也有双端开门的通过式；加热形式有电阻加热，也有燃油或燃气加热。图4-38为双门台车式时效炉结构示意图。表4-49为几种时效炉的主要技术性能参数。

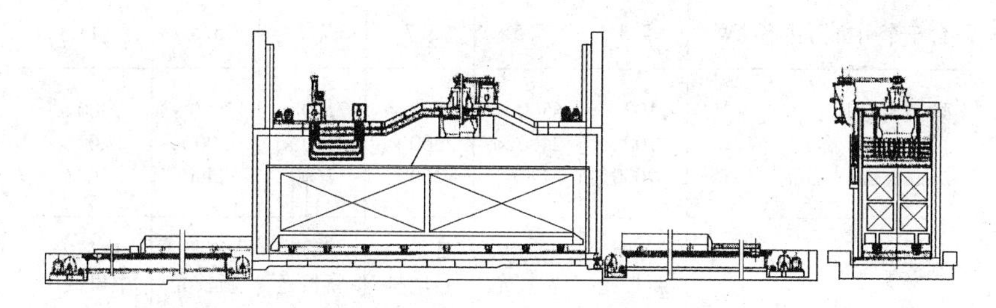

图4-38　双门台车式时效炉结构示意图

表4-49　铝型材时效炉的主要技术性能参数

炉子名称	3t 时效炉	4t 时效炉	4.8t 时效炉	6t 时效炉	8t 时效炉	12t 时效炉
炉子形式	单门、 台车式	单门、 台车式	双门、 台车式	单门、 台车式	双门、 台车式	双门、 台车式
加热方式	电阻	燃油气	电阻	电阻	燃油	电阻
最大装料量/kg·炉$^{-1}$	3	4	4.8	6	8	12
型材最大长度/mm	7000	6200	7000	7000	6200	26000
型材加热温度/℃	(170～200)±3	(180～220)±3	200±3	(170～200)±3	(180～220)±3	(180～200)±3
炉子最高温度/℃	250	250	250	250	250	250

续表 4-49

加热升温时间/h	1~2	1~2	1.5	1~2	1~2	1~2
加热总功率/kW	240	-	480	420	-	1020
烧嘴能力/kJ·h^{-1}		18×4.18×21000			68×4.18×9600	
循环风机功率/kW	37	37	90	55	90	75×2
循环风机风量/m^3·h^{-1}	72000	72000	174000	90000	145600	100000×2
台车牵引机构功率/kW	5.5	5.5	3.7	7.5	5.5	11
炉膛有效尺寸（长×宽×高）/mm×mm×mm	7100×1700×2000	6500×2400×1796	7500×2300×2600	7100×2100×2600	12680×3300×2490	2800×2200×1600
制造单位	苏州新长光	苏州新长光	日本白石电机	苏州新长光	苏州新长光	中航安中机械厂

4.6.2 精整设备

4.6.2.1 矫直设备

矫直设备用于矫正管、棒、型材的弯曲和扭拧等尺寸缺陷。常用的矫直设备有张力矫直机、辊式管棒矫直机、辊式型材矫直机、压力矫直机等。

A 张力矫直机

张力矫直机是通过拉伸和扭转消除制品的弯曲和扭拧。矫直张力取决于制品的断面积及其屈服强度，矫直变形程度一般为1%~3%。矫直机的吨位一般为0.1~30MN之间。

张力矫直机多配置在挤压机列中，而在生产一些硬铝合金制品时，制品一般在淬火炉中淬火，随后进行矫直，在这种情况下，张力矫直机需单独配置。

目前大多数张力矫直机机头带扭拧装置，对于不带扭拧装置的张力矫直机，制品进行张力矫直前，应先在专门的扭拧机上进行扭拧，然后矫直。张力矫直机多为床身式结构，由拉伸扭拧头架、移动头架(尾座)、机身、液压站等部分组成，移动头架通过电动机驱动或手动移到所需的位置，以适应不同的料长。床身式结构的张力矫直机见图4-39。

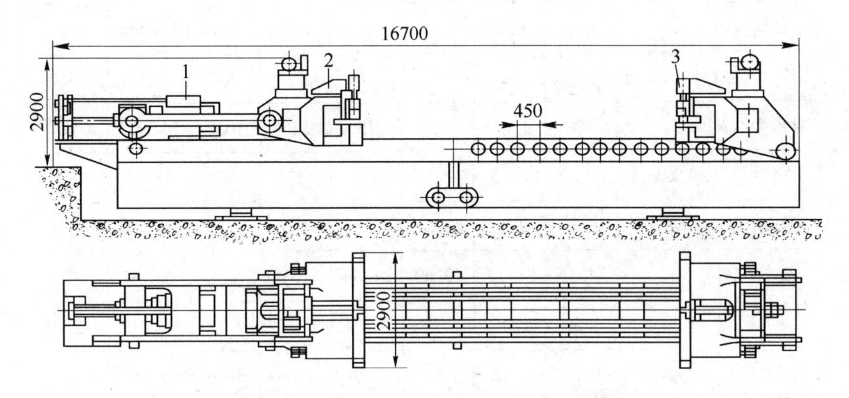

图4-39 1MN液压张力矫直机结构示意图

1—液压缸；2—拉伸扭拧头；3—固定架

大型张力矫直机也有采用柱子式结构，包括机架、拉伸头、扭拧头、液压站等，见图4-40。几种张力矫直机主要性能参数见表4-50。

表4-50 几种张力矫直机主要性能参数

参数	矫直张力/kN							
	150	250	300	1000	2500	4000	15000	1600
液体压力/MPa	13.5	9.75	20	20	20	20	20	13
钳口开度/mm		0~150	160	170~240	160~200	310~360	1000~1120	170~240
制品长度/m	4~31	4.6~44	15~41	4.5~13.48	2.6~15.2	6~12	3.5~36	2~15
最大拉伸行程/mm	1250	1600	1200	1500	1500	1500	3000	1200

续表 4-50

参数		矫直张力/kN							
		150	250	300	1000	2500	4000	15000	1600
拉伸速度/mm·s^{-1}		0~56	0~55	18	15	25	15	8.5	20
最大扭矩/kN·m			2.33	6	7.5	5	15	350	10
扭拧转速/r·min^{-1}			6.2	3	6	0.4	5.2	1~1.4	4
扭拧角度/(°)							360	360	360
回程力/kN					75	510	1050	1500	200
主电动机功率/kW		11	18.5		20	17	75	75×2	
扭拧电动机功率/kW			1.5	2.2	7.5	4.5	22	30×4	
外形尺寸/m	长	34.36	51.17	49.69	24.88	32.38	27.42	68.00	30.44
	宽	0.56	1.35	1.22	1.76	6.15	7.75	11.75	2.00
	高	1.17	2.42	1.57	2.06	2.95	3.05	5.80	2.76
设备总重/t		5.92	11.89	17	36.8	133.8	128.7	1085	107.67
制造厂商		中色科技股份公司		沈阳重型机械厂					陕西压延设备厂

B 辊式管棒矫直机

辊式管棒矫直机是使管、棒材通过不同辊型的工作辊之间产生反复弯曲，从而达到校正的目的。常用的辊式管棒矫直机有斜辊式管棒矫直机、辊压式管棒矫直机和正弦矫直机三种。

a 斜辊式管棒矫直机

对于直径在 300mm 以下的管材和直径在 100mm 以下的棒材一般多采用斜辊式矫直机。斜辊式矫直机按辊子数目分为：二辊、三辊、五辊、六辊、七辊、九辊、十一辊，一般多用六辊和七辊，其辊子排列见图 4-41。

斜辊式管棒矫直机的特点是两排工作辊交叉斜着排列，工作辊具有双曲线或某种空间曲线形状。当工作辊旋转时，制品前进并旋转，在辊子间反复弯曲，这样就完成了轴线对称的矫直。此类矫直

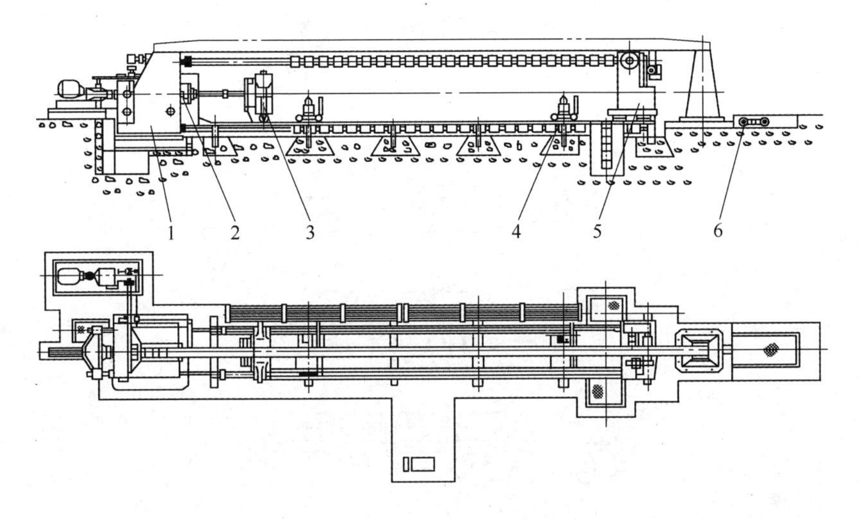

图 4-40 张力矫直机结构示意图（柱子式）
1—机架；2—工作缸；3—拉伸头；4—升降小车；
5—扭拧头；6—扭拧头移动机构

机结构和调整简单，但矫直时，制品旋转摆尾大，易碰伤制品，且噪声大。

辊式矫直机有立式和卧式之分，立式辊式矫直机的辊子水平交叉斜放，辊间距上下垂直调整，其上、下辊多为主传动，传动力大，适合矫直高强度厚壁管材。卧式矫直机的辊子垂直交叉斜放，辊间距前后水平调整。

几种斜辊式管棒矫直机性能参数见表 4-51。

b 正弦矫直机

对于直径为 15mm 以下的成卷棒材和外径为 20mm 以下的成卷管材宜用正弦矫直机。

正弦矫直机结构示意图，见图 4-42。它有一个转动框架，框架内装有 5 个导管，通过调整螺丝使中间 3 个导管偏离框架的轴线而呈类似正弦曲线的形状。正弦矫直机通常也称回转式矫直机。其工作时，制品由导辊驱动，经预矫辊辊压后进入框架，框架转动，带动其内的导管绕框架的轴线做圆周运动，穿过导管的制品在框架内经不同方向

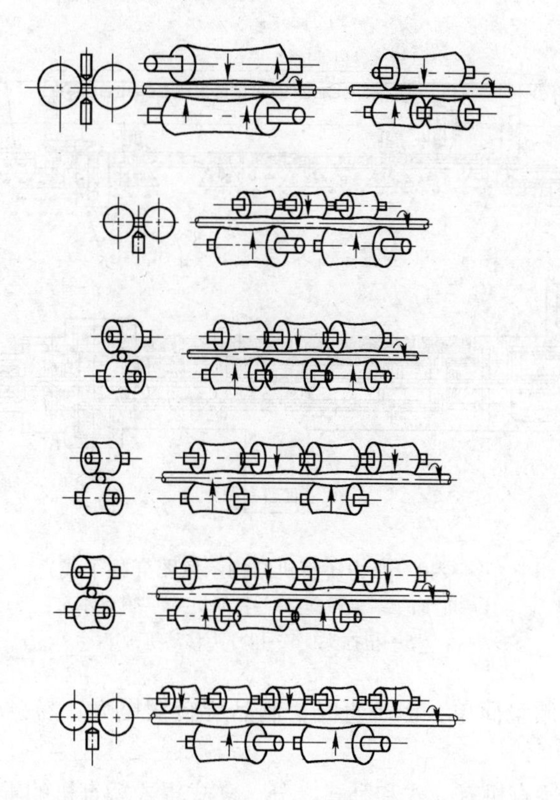

图 4-41 斜辊式管棒矫直机辊子排列示意图

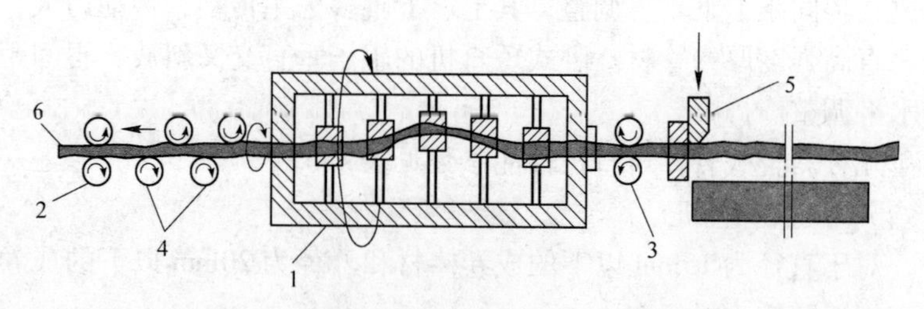

图 4-42 正弦矫直机结构示意图

1—带旋转套筒机架；2，3—导辊；4—预矫辊；
5—剪刀；6—制品

的反复弯曲而被矫直。正弦矫直机矫直时制品不旋转，不会磕碰伤制品，生产时噪声小。几种正弦矫直机的性能参数见表 4-52。

表 4-51 几种斜辊式管棒矫直机主要性能参数

设备名称	矫直范围					矫直速度/m·min^{-1}	制品弯曲度/mm·m^{-1}		主电动机功率/kW	外形尺寸/m			设备质量/t	制造厂商
	屈服强度/MPa	管材外径/mm	棒材外径/mm	管材壁厚/mm	最小长度/m		矫直前	矫直后		长	宽	高		
卧式七辊矫直机	不大于340	ϕ10～40	ϕ10～30	5（最大）	2.5	30～60	不大于30	不大于1	7.5	1.6	1.2	1.2	2.4	太原矿山机器厂
	不大于280	ϕ25～75	ϕ25～50	7.5(最大)	2.5	14.6/29.6	不大于30	不大于1	20	2.3	2.7	1.1	6.44	
	不大于280	ϕ60～160	ϕ60～100	7（最大）	2	14.7～33.4	不大于30	不大于1	40	3.5	2.3	1.5	12.32	
立式六辊矫直机	不大于500	ϕ3～12				27			0.8×2	1.3	0.75	0.91	0.46	
立式管材矫直机	不大于400	ϕ5～20	ϕ5～16	6（最大）		32	小于30	不大于1	1.5×2	1.68	0.81	1.32	1.06	
立式七辊管材矫直机	不大于350	ϕ15～60		4.5(最大)		35/70			22×2	3.23	2.22	1.56	5.88	
立式六辊矫直机	不大于400	ϕ20～80		12.5（最大）		60/90/120/180			40×2	5.96	3.34	2.86	15.67	
卧式七辊管材矫直机	不大于340	ϕ6～40		5(最大)		30～60			7.5				2.4	洛阳矿山机器厂
立式六辊管材矫直机	不大于490	ϕ30～70		15(最大)		约60			22×2	7.2	2.7	2.9	16.2	
	不大于300	ϕ20～159		25(最大)		30～72			55×2	2.4	1.5	2.8	33	
高精度管材矫直机		ϕ18～76		0.7(最小)	3.5	25/60		不大于0.2			7.6			西安重型机械研究所
		ϕ40～160		1(最小)	3.5	25/40		不大于0.35			9			
		ϕ60～250		1.5(最小)	3.5	25/40		不大于0.5			10			

表 4-52 几种正弦矫直机技术性能参数

矫直范围					矫直速度 /m·min^{-1}	制品弯曲度 /mm·m^{-1}		矫直辊			转筒转速 /r·min^{-1}	主电动机功率 /kW	外形尺寸/m			设备质量 /t	制造厂
屈服强度 /MPa	管材外径 /mm	棒材外径 /mm	管材壁厚 /mm	最小长度 /m		矫直前	矫直后	辊径 /mm	辊长 /mm	辊数			长	宽	高		
不大于500	ϕ3~10	ϕ3~10		1.4	1.5~12	3~5	0.5~0.75	ϕ100	150		500~1000	3.5	1.81	1.1	0.93	2.54	太原矿山机器厂
不大于500	ϕ5~20	ϕ5~15		1.4	5.75~23	不大于30	不大于0.5	ϕ100	150		500~1000	5.5	1.81	1.1	0.93	2.61	
不大于400	ϕ10~40		1~8	1.8	3.32~27.5	不大于30	不大于0.5	ϕ140			600	11				5.01	
不大于450	ϕ20~55		1.25~8	2.5	13~50	4~6	不大于0.5	ϕ190			600	30				14.81	
	ϕ8~30		0.35~3	3	5~30	不大于30	1	ϕ80	249	8		15	3.5	1.8	1.2	3.6	长光集团冶金公司
	ϕ20~60		0.5~5	3	5~20	不大于30	1	ϕ100	250	8		22					
	ϕ40~100		0.8~10	3	5~15	不大于30	1	ϕ130	300	8		30	5	2.6	1.5	约12	
	ϕ2~12		0.1~0.8		12~30			ϕ25	35	7		2.8					西安重型机械研究所
	ϕ2~20		0.1~1.0		22.2~82.8			ϕ25	35	8		2.8					
	ϕ20~60		0.25~1		10.6~74.7			ϕ50	125	10		4.5					

c 型辊式管棒矫直机

型辊式矫直机通常用来矫直直径在30mm以下的管、棒材和对称断面的异型管。

型辊式管棒矫直机结构见图4-43。其工作辊通常做成带有半圆形和半六角形及半个方形的沟槽。电动机带动辊子旋转，通过摩擦带动管材直线前进，管材通过辊子时，发生不同方向的反复弯曲，实现矫直的目的。矫直时，由于管材不旋转，矫直一次若达不到要求，便重新转一个角度再矫直一次。当矫直管材规格变换时必须重新换辊。

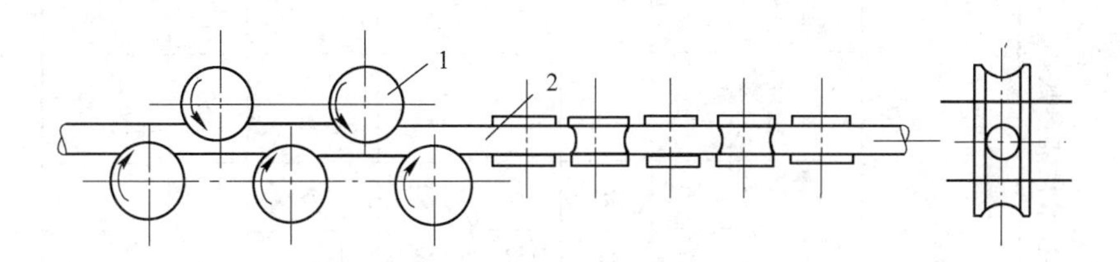

图4-43 型辊式管棒矫直机结构示意图
1—矫直型辊；2—管子

C 辊式型材矫直机

辊式型材矫直机用于消除张力矫直后尚未消除的不合要求的角度、扩口等缺陷。矫直机多为悬臂式，有多对装配式矫直辊，矫直辊由辊轴和可拆卸的带有孔槽的辊圈组成，型材在矫直辊孔槽并与其断面相应的孔型中进行矫直。几种辊式型材矫直机性能参数见表4-53。

D 压力矫直机

压力矫直主要消除一些大断面制品在经过张力矫直后仍未消除或因设备所限不能进行矫直的局部弯曲。矫直机多采用立式液压机，常用的有单柱式和四柱式两种液压机。几种压力矫直机的性能参数见表4-54。

4.6.2.2 锯切设备

A 圆锯床

圆锯床用于锯切型、棒材和直径较大的厚壁管，主要由锯切机构、送进机构、压紧机构和工作台组成。其性能参数见表4-55。

表 4-53 辊式型材矫直机主要技术性能参数

设备名称	被矫型材				矫直速度 /m·min^{-1}	矫直辊/mm						主电动机功率 /kW	设备外形尺寸/m			设备质量 /t
	屈服强度 /MPa	宽 /mm	高 /mm	壁厚 /mm		辊径	辊中心距	辊调整量		辊工作长度	辊轴直径		长	宽	高	
								上	下							
十二辊	不大于400	800	150		7/14	φ300～360	350	150	50	-		28	6.81	3.73	2.37	
十二辊	不大于400	600	200		4/8	φ500～600	700	200	100			45	9.08	6.55	3.94	
十辊	不大于450	100	100		6.8/13.6/27.2	φ200	350	100	50	200	φ70	5.5				13.5
八辊		60×60×80（角形材）			7/5/25		450	150	150			36.75				10.5
六辊		350	250		0～100		350			450	φ70					
型材	不大于350	650	300	2～12	5～50		340～700			100～750		约30				

表 4-54 几种立式压力矫直机主要技术性能参数

参数		公称吨位/kN			
		630	1000	1600	3150
柱塞行程/mm		400	450	500	650
工作台面尺寸(长×宽)/mm×mm		2500×400	2400×460	3000×500	3500×900
压头到工作台距离/mm		550	600	750	900
柱塞速度/mm·s^{-1}	空程	50		45	26.4
	负载	1.5		1.58	1.5
	返回	22		40	23.8
矫直范围/mm	管材	ϕ50~150		ϕ80~200	最大高度 600
	棒材	ϕ30~120		ϕ60~160	
制造厂		合肥锻压机床厂	合肥锻压机床厂	天津锻压机床厂	
使用厂		西南铝加工厂			西南铝加工厂

表 4-55 圆锯床主要技术性能参数

参数		ϕ350	ϕ510	G607	G601	G6014
锯片直径/mm		ϕ350	ϕ510	ϕ710	ϕ1010	ϕ1430
最大锯切规格/mm		80×400(高×宽)		ϕ240	ϕ350	ϕ500
主轴转速/r·min^{-1}		3000		4.75/6.75/9.5/13.5	2/3.15/5/8.1/12.4/20	1.46/2.37/4.04/5.78/9.31/15.88
进给速度/mm·min^{-1}		900~9000	0~9000	25~400	12~400	12~400
主电动机功率/kW		4	15	7.125	13.15	16.15
外形尺寸/mm	长	1600	1410	2350	2980	3675
	宽	668	600	1300	1600	1940
	高	1104	2535	1800	2100	2356
设备质量/t		0.584		3.6	6.2	10.0
制造厂		中色科技股份公司		湖南机床厂		

B　简易圆锯

简易圆锯适用于锯切直径 50mm 以下的棒材、小型材和薄壁管材。简易圆锯由锯片、皮带、电动机和工作台组成，其主要性能参数如表 4-56 所示。

表 4-56　简易圆锯主要技术性能参数

参　数	棒材和小型材用简易圆锯	管材用简易圆锯
锯片直径 /mm	ϕ350	ϕ250 ~ 300
锯片厚度 /mm	1.7	0.5 ~ 1.5
锯片齿数/个	220	125 ~ 150
锯片转速/$r \cdot min^{-1}$	1920	5000
电动机功率 /kW	4.5	3 ~ 4
电动机转速 /$r \cdot min^{-1}$	960	2900

C　杠杆式圆锯

杠杆式圆锯适用于小断面的挤压型材和棒材的热锯切和小断面半成品制品的锯切，它由带锯片的摆动框架、摆动轴、电动机组成。锯片的送进和返回是通过扳动摆动框架上的手柄，使摆动框架绕摆动轴转动来实现，见图 4-44。

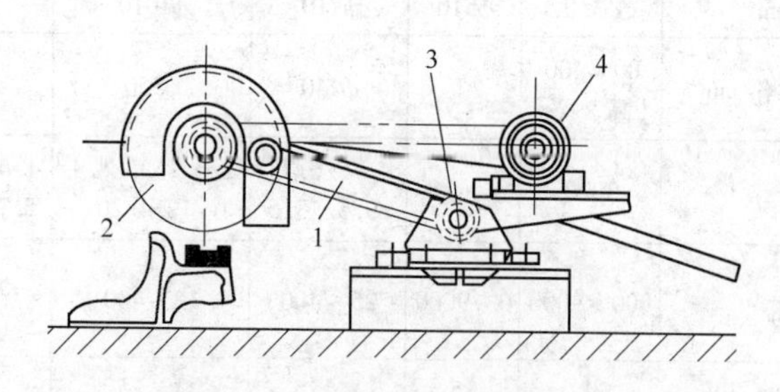

图 4-44　杠杆式圆锯结构示意图

1—摆动框架；2—锯片；3—摆动轴；4—电动机

D　带锯机

带锯机有卧式带锯机和立式带锯机。卧式带锯机通常用于制品的切断，立式带锯机通常用于切割不规则的曲线零件和锯切制品端头。

带锯机用于管、棒、型材锯切，具有切断速度快、锯缝小等优点，但由于带锯条的使用寿命不如圆锯长，因此应用范围并不广泛。

管材生产多使用立式普通木工带锯机，对轧管或拉伸毛料的张力矫直夹头进行锯切。一般锯条宽度为35mm，厚度为0.75～1.25mm，每100mm长度的锯条上有15～30个锯齿，锯带全长7～8m。带锯条齿数参考值见表4-57。为使切口清洁，制品端部不受揉挤，应根据管材的壁厚，选择相应齿数的带锯条，带锯条的松紧由上导轮的上下移动和前后窜动来调整。几种带锯机主要性能参数见表4-58。

表4-57 带锯条齿数参考值

管材壁厚/mm	1.5以下	1.6～3.0	3.0以上
每100mm长度上的齿数	30	24	15～18

表4-58 几种带锯机主要性能参数

型 号		MJ318立式木工带锯机	G4022×40卧式带锯床	G4030卧式带锯床	G4516卧、立式两用带锯床	GB4025卧式带锯床	GB4035卧式带锯床	GB4250卧式带锯床
最大加工件/mm×mm或mm	○		$\phi 220$	$\phi 300$	$\phi 178$	$\phi 250$	$\phi 350$	$\phi 500$
	□	715×570	220×400			230×250	300×350	500×500
锯带规格/mm×mm×mm			27×0.9×3050	25×0.9×3840	19×0.9×2718	27×0.9×3505	34×1.1×4115	41×1.3×5600
锯削速度/m·min^{-1}			21、34、43、60		18、26、44、62	27、40、54、68、80	20、40、60、78、88	20、40、66
电动机功率/kW		4.5	1.1	2.2		1.72	3.59	5.72
外形尺寸/mm	长	1854	1600	1995	600	1800	2150	2850
	宽	943	610	810	1470	1000	1150	1450
	高	2650	1130	1295	1750	1140	1250	1880
设备质量/t		0.92	0.30	1.00	0.20	0.70	1.40	2.6
制 造 厂		沈阳带锯机床厂	湖南机床厂			上海荷南带锯床机械有限公司		

4.7 模具加热设备

挤压机模具加热通常用电加热炉，按加热方式分电阻加热炉和感应加热炉；装炉方式有上开盖式和台车式两种形式。几种模具加热炉性能参数见表4-59。

表4-59 模具加热炉主要技术性能参数

规格		配挤压机能力/MN			
		6.3	12.5	25	35
加热方式		电阻加热，热风循环	电阻加热，热风循环	电阻加热，热风循环	电阻加热，热风循环
形式		1炉2室，每室2套	1炉2室，每室2套	1炉2室，每室2套	1炉3室，每室3套
加热器功率/kW		25.2	25.2×2	30×2	36×3
模具尺寸/mm×mm		ϕ200×100	ϕ280×150	ϕ457×250	ϕ530×(200~300)
工作温度/℃		450~550	450~550	450~550	450~550
模具温差/℃		450±5	450±5	450±5	450±5
加热时间/h		4	4	4	4
炉膛有效尺寸(1个膛尺寸)/mm	长	600	600	800	1500
	宽	600	700	800	1200
	高	700	700	800	900
制造厂		中色科技股份公司新长光工业炉公司			

5 铝合金锻压设备

5.1 铝合金锻件的生产方式与工艺流程

5.1.1 铝合金锻件的生产方式

锻压生产是向各个工业行业提供机械零件毛坯的主要途径之一，其工作原理是利用铝合金的塑性，使坯料在工具的冲击或压力作用下，获得具有一定形状和组织性能锻件的塑性成型过程。锻压生产的优越性在于：它不但能获得机械零件的形状，而且能改善材料内部的组织，提高机械零件的力学性能。一般来讲，受力大、力学性能要求高的重要机械零件，多数采用锻压方法来制造，如飞机、坦克、汽车上锻压件都用得很多，电力工业中的水轮机主轴、透平叶轮、转子、护环等均是锻压而成。

铝合金可以在锻锤、机械压力机、液压机、顶锻机、扩孔机等各种锻造设备上锻造，也可以自由锻、模锻、顶锻、环锻、滚锻和扩孔。一般来说，尺寸小、形状简单、偏差要求不严的铝锻件，可以很容易地在锤上锻造出来，但是，对于变形量大、要求剧烈变形的铝锻件，则宜选用水压机来锻造。对于大型复杂的整体结构的铝锻件，则采用大型模锻液压机来生产。

由于计算机技术在液压机上的应用获得成功，现在世界上已经有了装备厚度自动程序控制装置的液压机，用它可以自动完成开坯和锻出圆形、方形或矩形截面的预制坯。

液压机既可用于自由锻，也可用于模锻，其特点是：

（1）在液压机的整个工作行程中都可以获得最大载荷，因此，可以用它获得较大能量来完成变形，特别是最难模锻的薄壁高筋整体壁板等铝合金锻件。

（2）因为溢流阀可限制作用在柱塞上的液体压力，在液压机的能力范围内，最大载荷可受到限制，而使模具得到保护。

（3）与锻锤、机械压力机和螺旋压力机相比，液压机的工作速度较慢，通常为30～150mm/s，因为金属在慢速的静压力作用下流动比较均匀，特别适合铝合金的变形要求，锻件组织也比较均匀。

（4）在液压机上容易安置模具保温器，使模具维持较高的温度，同时由于液压机的工作速度较慢，活动横梁的速度可以调节，可以持续提供载荷，实现保压，因此，可以在液压机上进行等温模锻和等温超塑模锻。

必须指出：液压机的主要缺点是横梁速度慢，引起了较大的模具激冷作用，从而限制了它能锻成的最小截面厚度。此外，在锻造钢和其他易生氧化皮的合金时，氧化皮常常易被压入工件表面。

5.1.1.1 自由锻

自由锻和模锻的区别主要在于模具几何形状的复杂程度。自由锻一般是在没有模腔的两个平模或型模之间进行。它使用的工具形状简单、灵活性大、制造周期短、成本低，但是，劳动强度大、操作困难、生产率低，锻件的质量不高、加工余量大，因此，它仅适于对制件性能没有特殊要求且件数不多的情况下采用。对于批量大的大型铝锻件，自由锻主要作为制坯工序。自由锻制坯工序可把坯料锻成阶梯形棒料，或者用镦粗或压扁的方法把坯料制成圆饼形、矩形等简单形状，如铝合金支架件，在铸锭开坯之后进行自由锻制坯，使之成为如图5-1*b*所示的形状，再进行预锻，最后在模锻液压机上经两次模锻，

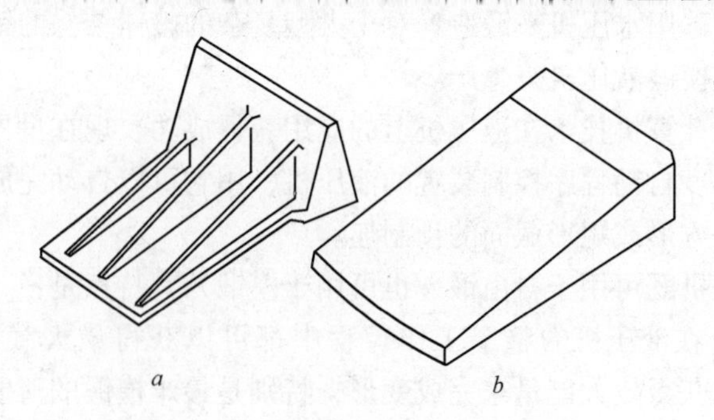

图5-1 铝合金支架件及其预制坯形状

a—锻件；*b*—毛坯

成形为图 5-1*a* 所示的支架件。

5.1.1.2 开式模锻（有毛边模锻）

与自由锻不同，坯料是在两块刻有模腔的模块间变形，锻件变形被限制在模腔内部，多余的金属从两块模具之间的窄缝中流出（图 5-2），在锻件四周形成毛边。在模具和四周毛边阻力作用下，金属被迫压成模腔的形状。开式模锻是液压机生产铝合金锻件最广泛采用的一种方法。

5.1.1.3 闭式模锻（无毛边模锻）

与开式模锻不同，模锻过程中，没有与模具运动方向垂直的横向毛边形成。闭式锻模的模腔有两个作用：一部分用来给毛坯成型，另一部分则用来导向（图 5-3）。

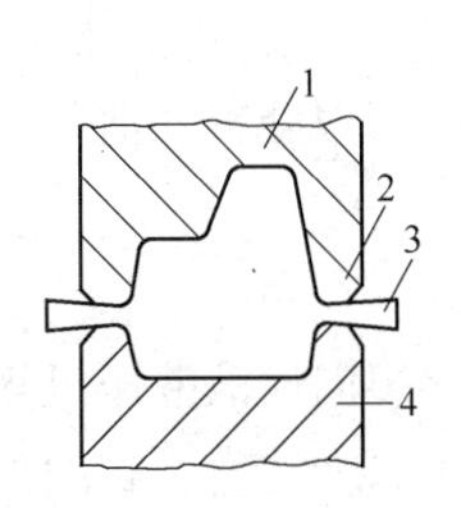

图 5-2 有毛边的模锻示意图
1—上模；2—毛边桥部；
3—毛边；4—下模

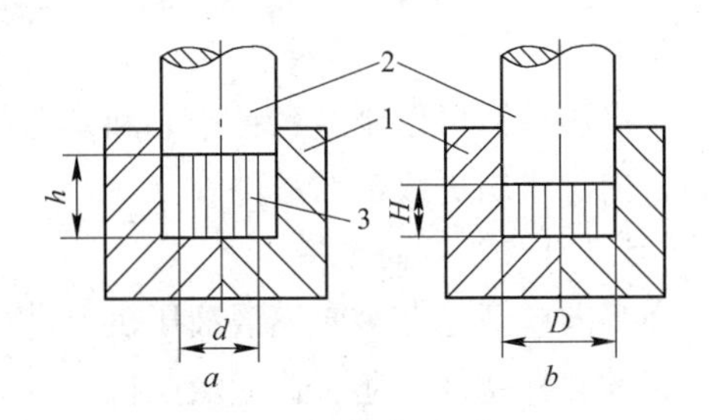

图 5-3 无毛边的模锻示意图
1—下模；2—上模；3—毛坯

在闭式模锻时，有两个问题需要注意：

（1）锻件出模问题。这需要在凹模内设置顶杆或者将凹模做成两半组合的。

（2）形成纵向毛刺问题。如果坯料体积计算过多或者模腔设计不合理，则在行程终了时少量金属将挤入凸凹模的缝隙之中，形成与模具运动平行的纵向毛刺。这种毛刺不能用以后的切边工序去除，只能用手工铲除或用切削机床车掉或铣掉，因此，对坯料尺寸精度要求较高。但是，由于不形成横向毛边，不仅可节约金属，而且能保证锻件内的纤维完整而不被切断，这一点对于提高超硬铝制件的抗应力腐蚀开裂性能是十分重要的。

5.1.1.4 挤压模锻

挤压模锻，即利用挤压法模锻，有正挤模锻和反挤模锻两种(图5-4)。

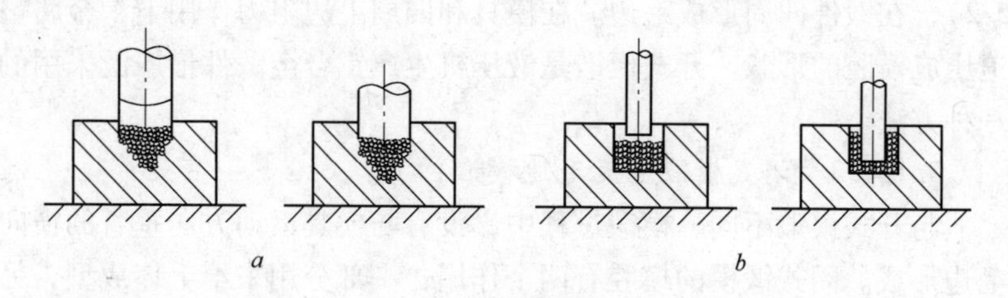

图5-4 挤压模锻示意图

a—正挤；b—反挤

挤压模锻可以制造各种空心和实心制件，可以获得几何尺寸精度高，内部组织更致密的锻件。

5.1.1.5 多向模锻

多向模锻是在多向模锻液压机上进行的。多向模锻液压机除了有垂直冲孔柱塞外，还有普通液压机没有的两个水平柱塞，它的顶出器也可以用来冲孔（图5-5)，该顶出器的压力比普通液压机的顶出器的压力要大得多。

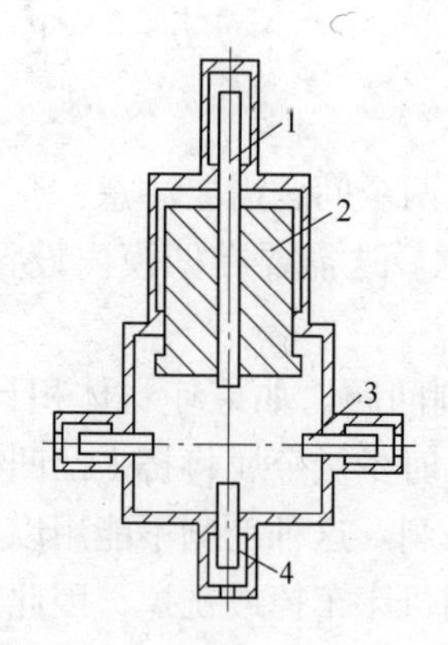

图5-5 多向模锻液压机示意图

1—垂直冲孔柱塞；2—主横梁；3—水平柱塞；4—顶出器式下冲孔柱塞

多向模锻时，滑块从垂直和水平两个方向交替联合地作用在工件上，并且用一个或多个穿孔冲头使金属从模腔中心向外流动，以达到充满模腔的目的。在筒形件的分模线上没有普通锻件的毛边，这对应力腐蚀比较敏感的硬铝和超硬铝合金具有很重要的意义。

5.1.1.6 分部模锻

为了能在现有的液压机上锻出大型整体模锻件，可采用分段模段、垫板模锻等分部模锻法。分部模锻法的特点是对锻件逐段加工，每次加工一个部位，因此所需设备吨位可以小得多。一般来说，采用这种方法可以在中型液压机上加工出特大型的锻件。

5.1.1.7 等温模锻

等温模锻的特点是把模具也加热到毛坯的锻造温度，并且在整个模锻过程中模具和毛坯温度保持一致，这样便可以在很小变形力的作用下获得巨大的变形量。等温模锻和等温超塑模锻极其相似，所不同的是，后者在模锻前，毛坯须经过超塑处理，使之具有细小等轴晶粒。

5.1.2 工艺流程及主要工序

5.1.2.1 模锻的工艺流程及主要工序

A 原材料的种类及制备

用作铝合金锻件和模锻件的原坯料主要有下列三种：铸锭 、轧制板坯与挤压毛坯，相应地由熔铸、轧制与挤压法制备。

B 下料

原始毛坯尺寸和形状应尽可能与锻件尺寸和形状接近，以减小工艺上的复杂程度和产生最少的毛边废料。下料时，要求长度方向的精度要合格，端面要平整。

C 加热

铝合金的锻造温度范围窄，其加热温度又比较接近其过热、过烧温度，因此，要求加热炉必须保持精确的温度。多年的经验证明，铝合金毛坯是适合在带强制循环空气和自动调节温度的电阻炉内加热。

装炉前，毛坯要除去油垢及其他污物，以免在炉内产生硫、氢等有害气体。为了避免加热不均匀，毛坯在炉内的放置应距炉门 250 ~

300mm；为了避免短路和碰坏电阻丝，毛坯应距电阻丝50～100mm。铝合金的热导率高，可以直接在高温炉中装料加热。

D 模具加热

为了保证在规定的锻造温度范围内变形，改善变形的均匀性，增加金属的流动性，以利于充满型槽，锻造铝合金用的模具都要预热。预热温度为300～420℃，预热规范列于表5-1。

表5-1 锻模预热规范

模块厚度/mm	加热时间/h	炉子温度/℃	模具预热温度/℃
小于300	大于8	450～500	300～420
小于400	大于12	450～500	300～420
小于500	大于16	450～500	300～420
小于600	大于24	450～500	300～420

E 模锻

铝合金最适合在液压机上模锻，因为液压机的变形速度小，金属流动均匀，模锻件表面缺陷少。

模锻有两种情况：一种情况是用其他设备预先制造出异型坯料，然后将坯料放在模具上模锻；另一种情况是，将切割好的毛坯，直接放在锻模上模锻。铝合金在液压机上模锻，一般都采用两个工步，即预锻和终锻。

形状复杂的模锻件，往往要进行多次模锻。多次模锻可能用一副终锻模来实现，也可以用使毛坯形状逐渐过渡到锻件形状的几次锻模，这样，每次模锻的变形量不会太大。因为，当一次模压的变形量超过40%，大量金属挤入毛边，型槽不能完全充满。多次模压，逐步成型，金属流动平缓，变形均匀，纤维连续，表面缺陷少，内部组织也比较均匀。

在模锻过程中，还必须十分注意放料和润滑。

模锻薄的大型锻件，特别是长度较大的锻件时，锻模及液压机横梁的弹性变形以及偏心加载所造成的错移，是影响锻件尺寸精度的重要因素。通常的现象是，长形锻件发生弯曲，盘形件中心鼓起，有时尺寸偏差达到5mm以上。如果是由于锻模弹性变形引起的，可以在设计型槽时预先对型槽形状和尺寸加以修正，如果是锻模塑性变形引起的，则应从改进锻模结构及其热处理规范等方面寻找原因。

F 润滑

模锻铝合金时，型槽必须润滑。因为在高温和外力作用下，铝合金对钢模具具有明显的黏附倾向。常用的润滑剂有人造蜡、动物脂、含石墨的油等。目前使用最广泛的是下列三种石墨与锭子油或汽缸油混合的润滑油：

80% ~90%锭子油+20% ~10%石墨；

70% ~80%汽缸油+30% ~20%石墨；

70% ~85%锭子油+20% ~10%汽缸油+10% ~5%石墨。

必须指出，含有石墨的润滑油，用于铝合金模锻有严重缺点，其残留物不易去除，嵌在锻件表面上的石墨粒子可能产生污点、麻坑和腐蚀，因此，锻后必须清理表面。

在型槽中，特别是在又深又窄的型槽中，过多的润滑剂堆积可能造成锻件充不满，所以，润滑剂的涂敷必须均匀。

G 切边

除超硬铝以外，铝合金锻件都是在冷态下切边的。对于大型模锻件，通常是用带锯切割毛边，连皮可以冲掉或用机械加工切除。数量多、尺寸小的模锻件，采用切边模切边较为适宜。切边模的冲头和凹模可用模具钢制造，热处理后硬度为444 ~477HB，模具钢无需采用新的，可用报废的模块。

对于合金化程度高的铝合金，锻后长时间不切去毛边是不适合的，因为可能会引起时效强化，在切边时于剪切处出现撕裂。

锻后的铝合金锻件，一般在空气中冷却，但为了及时切除毛边，可在水中冷却。

H 表面清理

在模锻工序之间、终锻以后以及在需要检验之前，铝合金模锻件都要进行清理。常用的表面清理方法是先蚀洗后修伤。

蚀洗是最为广泛的一种清理方法，用以清除残余的润滑剂、氧化薄膜和暴露在表面上的缺陷。铝合金锻件的蚀洗规范如表5-2所列。

表 5-2 铝合金锻件蚀洗规范

蚀洗程序	设备名称	槽液成分	工作制度	用途
1	碱槽	10%～20% NaOH	50～70℃，5～20min	脱脂
2	水槽	冷水	室温	冲洗残液
3	酸槽	10%～30% HNO_3	室温，5～10min	中和，光洁
4	水槽	冷水	室温	冲洗残液
5	水槽	热水	60～80℃	彻底冲洗，便于吹干

蚀洗时锻件在料筐中的放置，应使槽液能顺利流出，不积存在制件内，以免蚀洗不净或残留槽液腐蚀锻件。

模锻件蚀洗后随即进行修伤，修伤常用的工具有：风动砂轮机、电动软轴砂轮机、风铲、扁铲等。修伤处要圆滑过渡，其宽度应为其深度的5～10倍，不允许留下棱角。在中间工序，锻件表面上的所有缺陷都一定要清除干净。

I 矫直

由于模锻时变形不均，起模时锻件局部受力，冷却时收缩不一致等原因，常常使锻件形状发生畸变，尺寸不符。热处理可强化的铝合金锻件，在淬火时也会引起翘曲。所有这些畸变、翘曲都必须在淬火后时效前矫直。对于自然时效的2A11、2A12硬铝和2A14锻铝锻件，淬火后矫直的最大时间间隔不得超过24h，否则需重新淬火，其他合金的矫直时间间隔无限制。

5.1.2.2 自由锻工艺及主要工序

自由锻造的基本工序是：镦粗、拔长、冲孔、扩孔、弯曲和切断。

自由锻工艺过程的制订主要包括以下内容：

（1）确定原始毛坯质量和尺寸；

（2）确定锻造方案，画出锻造工步简图；

（3）选择锻压设备和加热设备；

（4）确定火次、锻造温度范围及加热规范；

（5）确定锻件的检验要求和检验方法；

（6）编写工艺规程卡。

5.2　铝及铝合金常用的锻压设备

铝材锻压设备可分为两大基本类型：主要锻压设备和辅助设备。在主要锻压设备上，直接完成锻造和模锻工序；在辅助设备上，完成锻压生产工艺过程的辅助工序。

生产铝合金的主要锻压设备有：空气锤、蒸气－空气锤、无砧座锤、摩擦压力机、热模锻曲柄压力机、平锻机、液压机和其他专用锻压机。但由于铝合金对变形速度比较敏感，所以不适合在锤上锻造，最好在速度较慢的压力机上锻造和模锻。因此，下面主要讨论铝合金用液压锻压的设备。

在锻压生产设备方面，我国已具有系列的锻压装备，基本上能满足各个工业部门的需要，如已有125MN的自由锻水压机、300MN的模锻液压机、160kN的模锻锤、16000kN的摩擦压力机、80000kN的热模锻压力机，一些液压机还装有侧缸，能完成多向模锻工序，便于制造像阀体、起落架之类的空心件。我国最大的多向模锻水压机压力为100MN。

5.2.1　锻压设备的分类

按照工作部分的运动方式不同，锻压设备可分为直线往复运动和相对旋转运动两大类。

5.2.1.1　直线往复运动的锻压设备

机器运转时，滑块作直线往复运动。模具分别安装在滑块和工作台上。滑块的运动在行程范围内，改变模具、模膛两部分之间的相对距离，使放在模膛内的金属坯料在外力作用下压缩而发生塑性变形。根据外作用力方式不同，可分为四类：

（1）动载撞击：空气锤、蒸汽锤、模锻锤、无砧锤、夹板锤、弹簧锤、摩擦压力机、螺旋压力机。

（2）静载加压：热模锻压力机、平锻机、液压机、精密锻轴机、旋转锻机、剪床。

（3）动静联合：气动液压锤。

（4）高能率冲击：高速锤、爆炸成型装置、电磁成型装置。

5.2.1.2 相对旋转运动的锻压设备

模具分别安装在两个以上作相对旋转运动的轧辊上。由摩擦力或专门的送料装置将坯料送入轧辊之间的空隙内，在轧辊压力和表面摩擦力的联合作用下，使坯料高度缩小而产生塑性变形，轧锻出各种锻压件，变形是连续进行的。按照坯料送进方向和轧辊轴向之间的关系不同，轧锻分纵轧和横轧两类。纵轧时，坯料的送进方向和轧辊轴线相垂直，如辊锻机、轧齿机、花键冷打机、轧环机、旋压机、摆动碾压机等。横轧时，坯料的送进方向和轧辊轴线平行或呈一斜角，如楔横轧机、斜轧机、三辊轧机等。

5.2.2 主要锻压设备的特性

5.2.2.1 锻锤

用蒸汽、压缩空气或压力液体作动力，推动汽缸内活塞上下活动，带动锤头作直线往复运动。用锤头、锤杆和活塞组成落下部分，在很高的速度下打击放置和锤砧上的坯料，落下部分释放出来的动能转变成很大的压力，使坯料发生塑性变形。

优点：通用性好，能适应镦粗、拔长、弯曲等多种工步，可锻造各种锻件，结构简单。

缺点：锤头运动由气体带动时，行程控制困难，不易实现机械化操作；没有顶料装置，出料不便，锻件尺寸精度不高；震动和噪声大，劳动条件差；锤砧和地基大，厂房要求高。

5.2.2.2 热模锻压力机

由电动机带动曲柄连杆机构使滑块做上下往复运动。安装在滑块上的上模，在滑块推动下，用静载压力压缩放在下模内的坯料。下模安装在工作台上。上模的巨大压力使坯料发生塑性变形。压力吨位为10～120MN，滑块行程次数为30～80次/min。

优点：上、下滑块可以安装顶料机构，容易实现机械化和自动化生产；滑块的导向机构较好，锻件尺寸精度高。

缺点：结构复杂，造价高昂；不便进行拔长和滚压等工步；一般要有辊锻机、楔横轧机等配套设备。

5.2.2.3 螺旋压力机

用电动或液压作动力，推动螺杆转动，使滑块做上下运动。螺杆上安装飞轮，飞轮积蓄的动能在滑块和上模撞击坯料时释放出来，产生很大压力，使坯料发生塑性变形。吨位为630kN ~ 125MN，滑块撞击时速度为0.5 ~2.5m/min。

优点：利用飞轮能量提高打击力；与吨位相同的热模锻压力机比较，结构简单，成本较低；滑块导向结构好，锻件精度高；可装顶料装置，能够实现机械化生产。

缺点：生产率较热模锻压力机略低。

5.2.2.4 平锻机

由电动机和曲柄连杆机构分别带动两个滑块做往复运动。一个滑块安装冲头作锻压用，另一滑块安装凹模作夹紧棒料用。适用于长棒料镦头或局部镦粗，如汽车的半轴。吨位为2.5 ~31.5MN。

优点：能锻造形状复杂的锻件，如汽车的倒车齿轮。水平分模平锻机容易实现机械化生产。

缺点：通用性差，不宜于拔长等工步。

5.2.2.5 液压机

由泵供应高压液体进入液压缸，推动活塞和上横梁做上下往复运动。活塞端面的巨大压力传到上模，压缩坯料发生塑性变形。自由锻用液压机吨位为5 ~180MN，模锻用液压机吨位为30 ~800MN。小型液压机多用油作介质，大型液压机则多用水作介质。液压机基本结构见图5-6。

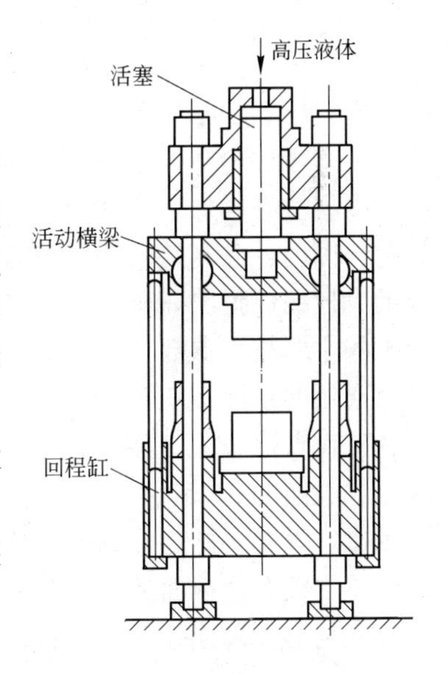

图5-6 液压锻压机结构示意图

优点：通用性好，可制造巨大压力的压机。

缺点：水泵站和油泵等动力装置结构复杂，成本较高。

A 自由锻造液压机

铝合金自由锻造液压机的吨位一

般为3~180MN,常用的为15~100MN。最常见的自由锻造液压机本体结构如图5-7所示,国内外典型的自由锻造液压机的技术参数见表5-3。

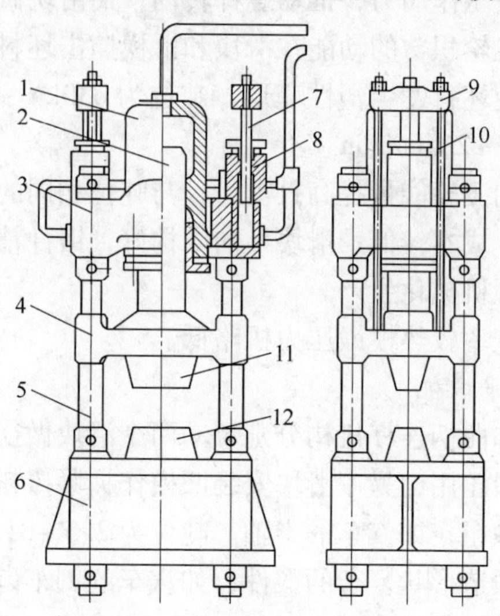

图5-7　自由锻造液压机结构示意图

1—工作缸；2—工作柱塞；3—上横梁；4—活动横梁；5—立柱；6—下横梁；7—回程缸；8—回程柱塞；9—小横梁；10—拉杆；11—上砧；12—下砧

B　模锻液压机

随着零件轮廓尺寸的扩大和复杂程度的增加，模锻坯料尺寸和复杂程度也势必增加，这就促使模锻液压机不断改进，功率不断增大。目前，国内外已制造并投产使用的模锻液压机有30~750MN，可生产最大模锻件投影面积4.5m^2。表5-4~表5-6列出了国内外模锻液压机的主要技术参数。

通用的模锻液压机的结构特点是压力大，因此往往做成多缸结构，工作台比较大，刚度好，具有自动平衡偏心载荷的同步平衡系统，如美国的31.5MN、450MN模锻液压机，前苏联的300MN模锻液压机，以及我国建造的300MN模锻液压机（图5-8）均为8缸8柱结构。立柱有圆截面的，也有用锻制钢板组合而成的矩形截面的，两端呈双钩形，以连接上、下梁。美国另有一种450MN模锻液压机是采用6柱9缸下传动结构。

表 5-3 国内外典型的自由锻造液压机技术参数

公称压力/MN		10	12.5	16	25	30	31.5	40	60	84	120	120	125
工作液体压力/MPa		20	32	32	32	32	32	41.5	32	32	35	35	35
各级压力/MN	第一级	10	0.6	8	8	15	15	13	20	28	40	40	48
	第二级		1.25	16	16	30	31.5	27	40	56	80	80	83.6
	第三级				25			40	60	84	120	120	125
行程次数/次·min^{-1}	正常		16	16	8~10		8~10		5~7	8	5~6	5	
	快锻		60	60	35~45		35~45					20	
活动横梁移动速度/mm·s^{-1}	空程			300	300	300	300		300	300	250	250	
	工作		100	150	150	150	150		100	100	100	100	
活动横梁最大行程/mm		2200	1250	1400	1800	2000	2000	2400	2600	2500	3000	3000	3000
行程次数/mm	正常				200								
	快锻				50								
立柱中心距（净距）/mm×mm			2400×1200	2400×1200	3400×1600	3500×2000	2000×3500	4570×2130、3750×1200	4000×2600	2600×5200	6300×3200	6000×2850	3450×6300
工作台面尺寸/mm×mm		1250×2500	1500×3000	1500×4000	5000×2100	6050×2100	6000×2100		7000×2800		4000×12000	10000×4000	

续表 5-3

工作台最大行程/mm		2000	1500	4000	4500	4500		3000	6000	4000	7000	7000
上砧与台面净空高/mm	1100	1250	2800	3500	3800	3800	4200	4500	6000	6500	6500	
顶出器有效顶出力/kN		600	650	1600				2000		3000		3500
顶出器伸出台面高度/mm		300	300	1000				830		750		
提出缸数量/个		2	2	2	2	2	2	2	2	4	2	2
提出力/kN		1250	1300	2400	2400	2400	2800	4000		8600	9000	
锻造时允许最大偏心距/mm			120	200	150			200	200	250	250	250
设备本体质量/t	115	138		385	468			136				
设备总质量/t		196	220	534	643	595			2096		3000	
外形尺寸（长×宽）/mm×mm	8010×8060	17800×10600		26760×13760	29870×13770		23200×9650	31600×2050	53230×19590			
地上高度/mm	7700	10270	8374	9810	9600		12000	14557	16312	16760	18460	18310
地下深度/mm				5500	6200			7800			7000	6000

表 5-4 国内外通用模锻液压机主要技术参数

公称压力/MN		30	50	10	300	300	300	300	315	315	450	450	700
结构形式		4柱3缸上传动	4柱3缸上传动	4柱3缸上传动	8柱8缸上传动	8柱8缸上传动	8柱8缸上传动	单缸框架上传动	4柱6缸下传动	8柱8缸上传动	6柱9缸下传动	8柱8缸上传动	8柱12缸上传动
工作液体压力/MPa		32	32	32	32/45	21/31.5/47.3	32/45		47.2	31.5	47.5	31.5	20/32
各级压力/MN	第一级	15	20	35	100	100	220	300		78.75			100
	第二级	30	30	70	210	200	300			157.5			570
	第三级		50	100	300	300				236.25			700
	第四级									315			
活动横梁移动速度/mm·s^{-1}	空程			150	150								150
	工作			40	30								0~60
活动横梁最大行程/mm		1000	1250	1500	1800	1830	1800	1220	1830	1830	2000	1830	2000
闭合高度/mm		1850	2050	3500	3900	2750	3000		3580	4575	4575	4572	4500
工作台面尺寸/mm×mm		2200×1600	2300×2000	5000×1900	10000×3300	10000×3350	10000×3300	2000×5000	9300×3660	7320×3660	7900×3660	7900×3660	16000×3500
地上高度/mm		7675	8260	10600	16100	16420	13000	16000	14000	15850	15000	15500	21900
地下深度/mm		4095	4205	8000	10400	81800	8500		20000	10360	20000	11000	12800
压机总质量/t		376	587	1090	8067	5200	7850	1500	7180	5850	10606	7164	26000

表 5-5 国内外多向模锻液压机主要参数

公称压力/MN			8	20	36	45	72	100	100	180	300
工作液体压力/MPa			32	31.5	31.5			32	38.5 ~ 56.0		42.2
各缸的公称压力/MN	垂直缸	一级	2.7								
		二级	5.4								
		三级	8								
	水平缸		2×5		2×18	2×18	2×9	2×35.5/50	2×55	2×45/68	2×60
	穿孔缸							2.4	27	38	60
最大行程/mm	垂直缸		800	1500	1140			1600		2380	3048
	水平缸		500	850	610			900	610		1067
	穿孔缸							210	610		1067
顶出器压力/kN			500	750			4500	5000	5800	5900	12000
顶出器行程/mm			200					500			2133
闭合高度/mm	垂直			2100	2300				3660	4580	
	水平								4730		
工作台面尺寸/mm×mm			1000×1300	1500×1500	2300×1800		2430×1830	3000×3500	3050×3050	3660×3360	
地上高度/mm			6760	10925	11700			12800	总高 18600	总高 15200	总高 14600

这些通用模锻液压机有一个在垂直面内运动的活动横梁，压力通过横梁作用到位于水平分模面模具的变形坯料上。这种模锻液压机，不能生产带侧孔的模锻件。

表 5-6 国外专用模锻液压机主要技术参数

公称压力/MN	20 模锻（法国）	20 精压（法国）	300（前苏联）	300（前苏联）	150（前苏联）	150（前苏联）	160（前苏联）
结构形式	8 柱 8 缸 缸柱同轴线	8 柱 8 缸 缸柱同轴线	4 柱 4 缸 缸柱同轴线	单缸、预应力组合框架	单缸筒式 超高压	单缸筒式 超高压	预应力钢带框架
工作液体压力/MPa	40	20/50	32	32/64/100	63		
工作行程速度/mm · s^{-1}	50	周期 15s	1 ~ 50		周期 30s		
活动横梁行程/mm	600	400	800	350	350		
闭合高度/mm	2300	1500	3900	1550			
工作台面尺寸/m × m			2. 5 × 1. 5	3 × 1. 8	2. 5 × 1. 5		
地上高度/m			7. 3	5. 0	总高 9. 5		
地下深度/m			6. 0				
压机质量/t	500	500	1500	1368	410	346	
制造厂	法 SOMUA	法 SOMUA	苏 H3TCГ	苏 HKM3		苏 HKM3	
使用厂	法 PAMLERS 厂	法 PAMLERSJ 厂					
投产年份	1953	1953	1962	1961	1959	1960	1971

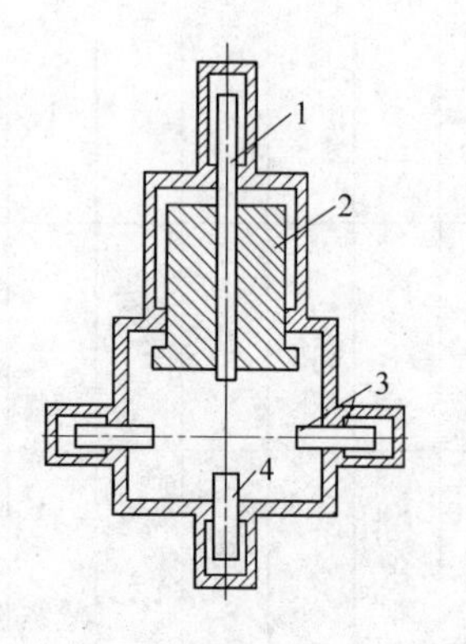

图5-8 多向模锻液压机示意图
1—垂直冲孔柱塞；2—主压下横梁；3—水平柱塞；4—顶出器或下部冲孔柱塞

在空心零件生产中，发动机桨毂、起落架零件：阀体以及其他带侧孔和侧部突缘的零件占很大数量。为了获得侧孔和侧部突缘，最大限度接近成品零件的形状和尺寸的复杂外形的模锻件，近年来采用带侧向水平柱塞和垂直冲孔系统的模锻液压机，此种模锻液压机又称为多向模锻液压机。用有水平分模面的锻模工作时，如在普通液压机上一样，下半模固定在压力机的工作平台上，上半模固定在活动横梁上。在侧柱塞和垂直冲孔柱塞上，按一定形状和尺寸安有冲头。坯料（必要时经先预变形）装入模具后，压下横梁下降，上、下半模闭合，此时坯料还可能发生变形。随后根据零件形状的要求，侧向和垂直冲头同时或先后、或单独地进入相应的楔孔中，进行坯料冲孔，被压缩金属则充满模膛。

有垂直分模面的模具，其两半模块固定在水平柱塞上，并由柱塞带动随工作台移动。当坯料置于模具中时，模具处于夹紧状态。用上横梁镦粗或冲孔时对模具的楔开力由侧柱塞的压力来使模具夹紧。模锻终了后，模具分开，把成品从中取出。

冲头冲入金属时，将使变形不充分的坯料内部发生变形，从而大大提高了坯料的力学性能并改善了组织均匀性。

近年来，多向模锻液压机有了迅速的发展。美国建造有300MN和315MN的多向模锻液压机（图5-9）。苏联为法国设计制造并于1977年投产使用的65MN多向模锻液压机，以及我国第二重型机器厂设计制造的100MN多向模锻液压机（图5-10）等。多向模锻液压机为了进行模锻，除装有水平机架和水平工作缸外，还装设有中间穿孔缸，可进行穿孔工序。

5.2.2.6 辊锻机

由马达和齿轮带动一对轧辊作相对的旋转。轧辊上安装扇形模。

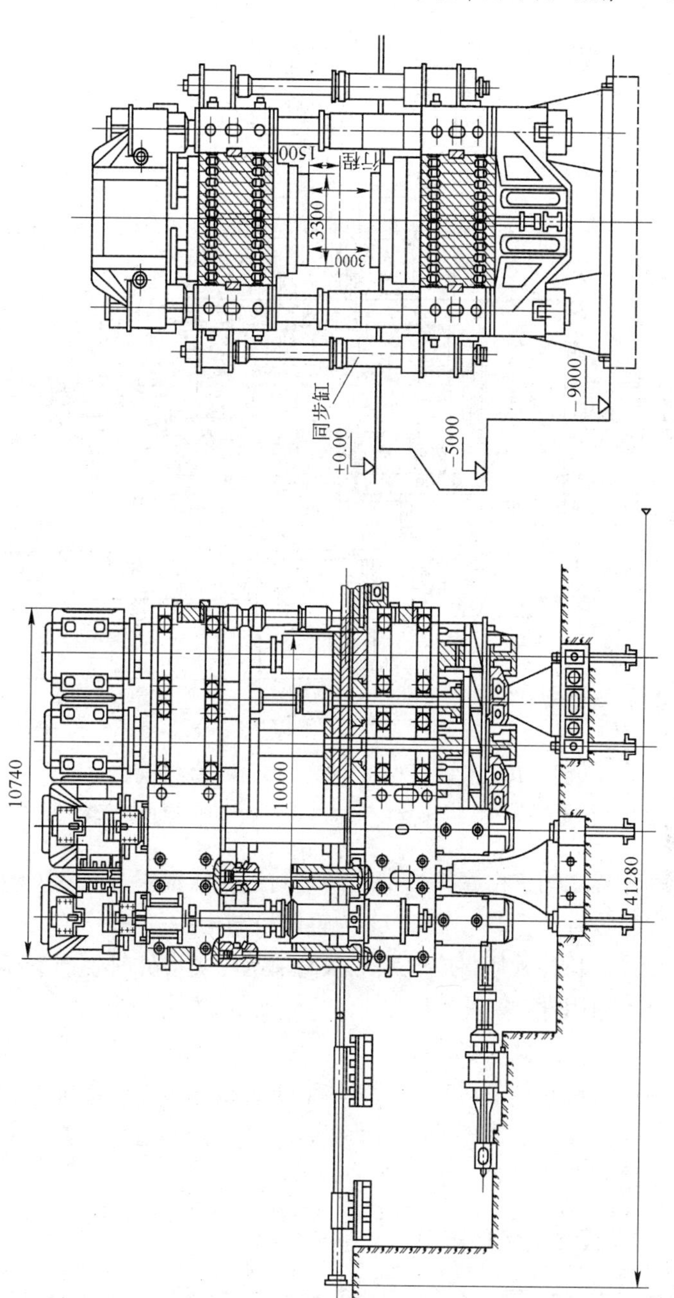

图 5-9 300MN 模锻液压机

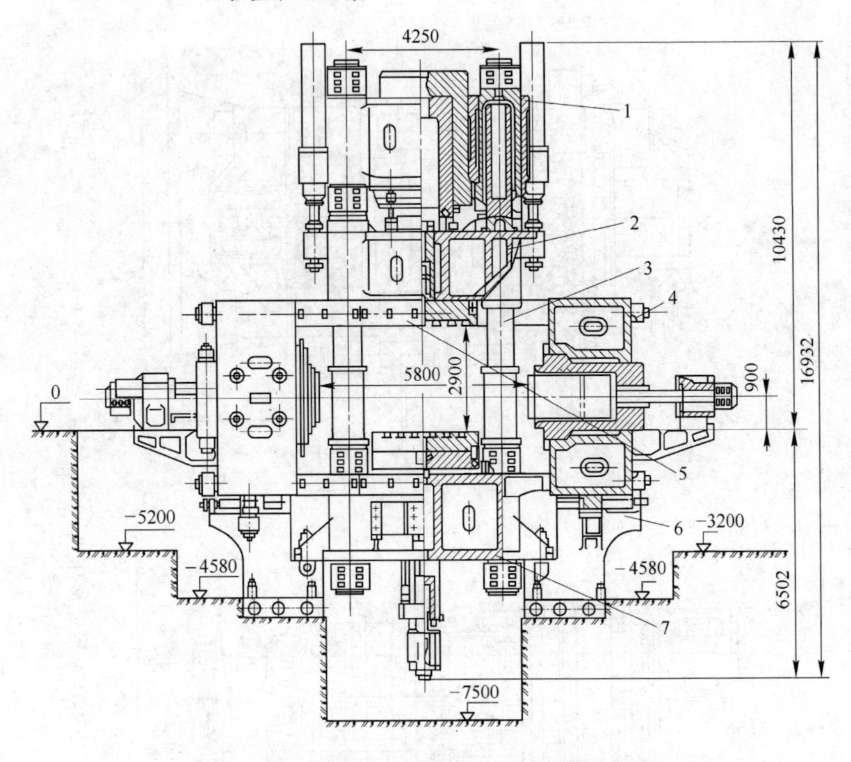

图 5-10 我国制造的 100MN 多向模锻液压机

1—上横梁；2—活动横梁；3—立柱；4—水平梁；5—水平柱；6—支撑；7—底座

坯料放入轧辊之间，由摩擦力带入模具间，在轧辊压力下发生塑性变形。压力吨位可达 1MN。图 5-11 为辊锻机结构示意图。

优点：拔长各种坯料或轧锻形状简单的杆类锻件时生产率高。

缺点：通用性差。

5.2.2.7 其他锻压机

其他锻压机有精密锻轴机、旋转锻机、横轧机、轧环机等，它们是适用于某一类形状锻件的专用锻机，生产率高，通用性差，在大批量生产中采用。

5.2.3 锻压设备的发展概况

锻压设备向大型化、精密化、机械化和自动化方向发展。目

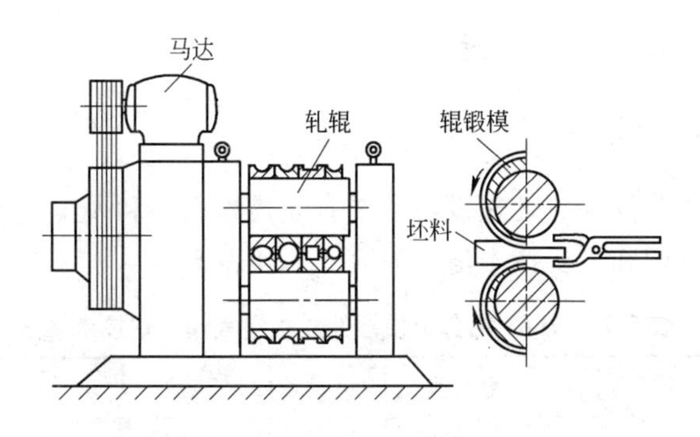

图 5-11 辊锻机结构示意图

前世界上已装备各种锻压设备数万台，其中100MN以上的液压锻压机30余台，如美国的100、180、315、360、450MN立式水压机等；法国的150、650MN水压机等；德国的150、300MN水压机等；俄罗斯的100、300MN立式模锻机及世界上最大的750MN立式锻压水压机等。这些设备在结构设计、选材、机械、液压、电气控制系统等方面都达到了相当高的水平，可生产如下范围的铝、镁合金模锻件：

最大投影面积：2.5 ~ 5m^2；

最大长度：8 ~ 12m；

最大宽度：2 ~ 3.5m；

腹板最小厚度：2.5 ~ 10mm；

质量范围：0.5 ~ 4000kg。

我国目前有数千台不同型号、不同规格的锻压设备，如250kN模锻锤、1000kN无砧座锤、2MN平锻锤、16MN水平模平锻锤、80MN机械压力机、20MN高能高速锤、63MN螺旋压力机、180MN多向模锻机和300MN立式模锻液压机、ϕ6000mm轧环机以及正在设计制造的450MN和800MN立式模锻液压机、ϕ6000mm轧环机等，基本上能满足我国各工业部门的需要。但是，在整体上与世界先进国家相比仍有很大差距，需要加大发展步伐，迎头赶上。

5.3　热处理和精整设备

5.3.1　热处理设备

铝合金锻件的热处理设备主要有立式淬火炉和人工时效炉。立式淬火炉的炉型和主要技术参数见表5-7和表5-8。

表5-7　HL88铝合金模锻件立式空气淬火炉技术参数

<table>
<tr><th colspan="2">参　数</th><th>数　值</th><th colspan="2">参　数</th><th>数　值</th></tr>
<tr><td colspan="2">炉子形式</td><td>立式炉</td><td colspan="2">工作最大温差/℃</td><td>±3</td></tr>
<tr><td rowspan="3">功率/kW</td><td>电热元件功率</td><td>540</td><td colspan="2">最大装炉量/t</td><td>1.5～2.0</td></tr>
<tr><td>附属装置功率</td><td>304.9</td><td rowspan="3">炉子外形尺寸/mm</td><td>长</td><td>24360</td></tr>
<tr><td>总功率</td><td>844.9</td><td>宽</td><td>13200</td></tr>
<tr><td colspan="2">工作温度/℃</td><td>495～530</td><td>高</td><td>2400</td></tr>
<tr><td rowspan="2">工作室尺寸/mm</td><td>直径</td><td>ϕ1250</td><td colspan="2">电炉总质量/t</td><td>100</td></tr>
<tr><td>长度</td><td>13830</td><td colspan="2">淬火水槽尺寸/mm×mm</td><td>ϕ4.0×17.0</td></tr>
<tr><td rowspan="2">电源</td><td>电压/V</td><td>380</td><td rowspan="2">卷扬机</td><td>卷筒直径/mm</td><td>ϕ500</td></tr>
<tr><td>相数</td><td>3</td><td>上升速度/$m \cdot s^{-1}$</td><td>0.6</td></tr>
</table>

表5-8　HL13铝合金模锻件立式空气淬火炉技术参数

<table>
<tr><th colspan="2">参　数</th><th>数　值</th><th colspan="2">参　数</th><th>数　值</th></tr>
<tr><td colspan="2">炉子形式</td><td>卧式(箱式)电阻炉</td><td rowspan="3">炉膛尺寸/mm</td><td>长</td><td>8390</td></tr>
<tr><td rowspan="2">功率/kW</td><td>加热器功率</td><td>300</td><td>宽</td><td>2110</td></tr>
<tr><td>总功率</td><td>393.1</td><td>高</td><td>1400</td></tr>
<tr><td rowspan="3">电源</td><td>电压/V</td><td>380</td><td rowspan="3">炉子外形尺寸/mm</td><td>长</td><td>14700</td></tr>
<tr><td>接线方式</td><td>△/Y</td><td>宽</td><td>7000</td></tr>
<tr><td>频率/Hz</td><td>50</td><td>高</td><td>3470</td></tr>
<tr><td colspan="2">工作温度/℃</td><td>138～185</td><td colspan="2">最大装炉量/t</td><td>85</td></tr>
<tr><td colspan="2">加热区数</td><td>4</td><td colspan="2">生产效率/$kg \cdot h^{-1}$</td><td>600</td></tr>
<tr><td colspan="2">炉子总重/t</td><td>40</td><td colspan="2"></td><td></td></tr>
</table>

5.3.2 精整矫直设备

铝合金锻件生产的主要精整矫直设备由压力矫直机、切边机、蚀洗槽和喷风装置等组成。表5-9为3MN压力矫直机技术参数。

表5-9 3MN压力矫直机技术参数

参数	形式	公称压力/MN	最大行程/mm	液体压力/MPa	主柱塞直径/mm
数值	立式油压	3	650	20	ϕ450
参数	回程柱塞直径/mm	工作台面(长×高)/mm×mm	制品最大规格	外形尺寸/mm×mm	设备质量/kg
数值	ϕ140	3500×900	ϕ600mm,高600mm,长8m,重20kg	3500 ×2800	115396

5.4 主要辅助设备

铝合金的锻造加热炉,主要采用电阻炉。我国生产的电阻炉已经标准化了,其系列产品种类较多,表5-10中列出了锻压车间常用的电阻炉的主要技术参数。如果现有系列产品不能满足要求,可委托电炉厂设计或自行设计制造。表5-11列出了液压机车间铝合金加热专用的带强制空气循环的电阻炉的主要技术参数,表5-12列出了液压机车间锻造和模锻铝、镁合金用的模具加热电阻炉的主要技术参数。

表5-10 锻压车间常用电阻炉的主要技术参数

电阻炉名称	型号	主要技术参数						炉重/kg
		额定功率/kW	电源电压/V	相数	最高工作温度/℃	最大生产率/kg·h^{-1}	炉膛尺寸(长×宽×高)/mm×mm×mm	
高温箱式电阻炉	RJX-30-13	30	380	3	1300	50 100	40×300×250	2600
	RJX-50-13	50	380	3	1300		700×450×350	3000
	RJX-14-13	14	380	3	1350		520×220×220	700
	RJX-25-13	25	380	3	1350		600×280×300	1500
	RIX-37-13	37	380	3	1350		810×550×375	3000

续表 5-10

电阻炉名称	型号	主要技术参数						炉重/kg
		额定功率/kW	电源电压/V	相数	最高工作温度/℃	最大生产率/kg·h⁻¹	炉膛尺寸（长×宽×高）/mm×mm×mm	
中温箱式电阻炉	RJX-15-9	15	380/220	1/3	950	50	50×200×250	1050
	RJX-30-9	30	380	3	950	125	50×450×450	2200
	RJX-45-9	45	280	3	950	200	1200×600×500	3200
	RJX-60-9	60	380	3	950	275	1500×750×550	4100
	RJX-75-9	75	380	3	950	350	1800×900×600	6000
滚球炉底式中温箱式炉	RJX-100-8	100	380		860		1825×910×500	

表 5-11 液压机车间铝合金加热专用的带强制空气循环电阻炉的主要技术参数

电阻炉名称	主要技术参数							
	额定功率/kW	电源电压/V	相数	工作温度/℃	最大生产率/kg·h⁻¹	炉膛尺寸（长×宽×高）/mm×mm×mm	通风机能力/m³·h⁻¹	加热到480℃±10℃所需要的时间/h
带强制空气循环的推料机式的箱式电阻炉	240	380/220	3	500	410～170	7600×1200×550	10000	1.2
	700	380	3	500	2500	10800×2198×750		1.5
	940	380	3	500	2500	12000×3000×1000	40000	
	120	380	3	500	2300	13608×3200×700	36000	

表 5-12 液压机车间锻造和模锻铝、镁合金用的模具加热电阻炉主要技术参数

电阻炉名称	主要技术参数					
	额定功率/kW	电源电压/V	相数	工作温度/℃	最大载重/t	炉膛有效尺寸(长×宽×高)/mm×mm×mm
活底箱式电阻炉	240	380	3	500	10	3600×1100×1000
	250	380	3	500	20	3450×1700×1335
	300	380	3	500	20	3600×1100×900
	400	380	3	500	40	6000×1800×1150
	500	380	3	500	58	8200×2130×1335
	600	380	3	500	120	8200×2700×1100

6 铝加工材料主要生产设备的使用与维护技术

6.1 概述

设备是产品加工的基础，特别是在现代化大规模高水平的铝及铝合金加工材料生产中，现代化的高水平设备生产线是铝加工生产技术的一个重要组成部分，对铝加工材料的高产、优质、低成本、高效益具有举足轻重的作用。铝加工设备（工艺装备）从选型、设计、制造、安装、调试、试生产、批量生产（使用）、维护保养、检修、改造，是一个漫长的复杂的过程。如果其中某一环节考虑不周或处理不当，都会对生产造成严重的后果，不是影响生产效率，拖延生产周期，就是影响产品质量，降低成品率，增高生产成本，降低经济效益，因此，必须环环紧扣，万无一失。“精心设计”、“精心制造”、“精心维护”，就是确保设备正常运转的关键。

铝加工生产设备（生产线）的设计、制造和安装、调试主要是由设备制造厂家负责，生产企业当然要积极配合，保证生产线顺利运转。而设备的正确使用及精心维护和检修或改造则是铝加工生产企业的重要工作，只有保证设备的正常运转，才能保证铝加工生产的正常、高效、优质地进行。

设备的设计、制造、安装、调试一定要遵循国际的、国内的企业的有关标准和规程执行与验收。设备的使用、维护、检修和改造也应严格按工厂的规程和标准执行和检验。铝加工企业都应遵守工厂的《工艺规程》、《设备操作与使用维护规程》、《设备安全规程》。每种产品、每台设备、每个工序都应制订出详细可行的规范，并在生产中严格执行。正确使用、维护、改造铝加工设备不仅是一门技术，更重要的是一种科学管理。

据不完全统计，目前铝加工产品的品种、规格不少于数十万种，各自的生产方法、质量要求和用途也不尽相同。所使用的加工设备的品种、型号、规格也不少于数千种（台、套），每种设备的组成、结构、规格、型号和用途不同，其使用方法、操作工艺、维护保养措施以及改造的内容，也相差悬殊。因此，本章仅介绍最重要的、最常见的、最典型的铝及铝合金的轧机和挤压机的使用和维护技术与管理。

6.2 铝及铝合金轧机的正确使用、调整与维护

轧机是板、带、箔材车间的主要设备。轧机的工作情况如何，直接影响车间的生产效率和产品质量，最终影响车间的经济效益，因此，轧机的正确使用和合理保养是生产中一个很关键的问题。

6.2.1 轧机启动前的检查

轧制工作之前，应按操作规程要求进行检查，检查项目如下：

（1）检查生产工具和量具是否好用，特别是量具。若量具失灵，容易造成因高压引起的设备事故。

（2）检查油、水、乳液、风、电等供应情况是否正常。

（3）检查设备各运转部分是否正常，并注意轧机前后辊道上是否有其他物件，如果有应立即除去。

（4）检查轧辊表面是否有压坑、折印、粘辊等现象，并清刷轧辊及辊道。

（5）检查辊间开度指示器数据是否与辊间实际辊缝相一致。

（6）检查轧机各部件螺丝紧固情况，特别是受冲击负荷零件的螺栓紧固情况。如果有松动要进行紧固。

（7）对于液体摩擦轴承要检查进口油压是否达到规定的压力，进口油温是否达到规定的温度。

（8）轧机换辊之后还需要对辊缝进行检查，检查分两个方面：一方面检查辊缝是否倾斜，另一方面还要检查辊缝是否在轧制线的水平面上。

6.2.2 老式板材轧机的调整

对轧机进行了认真的检查之后，才可以启动，先空转数分钟，并

按工艺规程要求，调整轧辊、导尺和立辊的位置。

轧辊位置的调整主要包括轧辊轴线在垂直面内的调整和水平面内的调整。

（1）轧辊的轴线在垂直面内的调整。为保证在轧制中各轧辊轴线的水平度，首先必须保证下轧辊位置。在开轧之前，要进行轧辊水平调整。此时可压下上辊使之与下辊接触，用肉眼观察并进行调整，然用软金属丝（直径3～5mm）在距辊身一定距离处压下，并测当两端金属丝被压后的厚度。当其厚度相等时，基本调整就绪。

但是轧辊只靠轧前的冷调整还不能保证轧辊在轧制时的真正平行，特别是在换辊和安装新轴承零件之后。轧机开始工作时，在巨大的轧制压力下这些零件就会紧密压合，而轧机的两边压合值（即在无负荷情况下轧机零件之间的空隙值）通常并不相同，这自然也多少会破坏轧辊的平行。由于这个原因，必须先轧制数张较软金属的板材，然后测量这些板材在同一横断面上两边厚度之差，再根据此差值来校正轧辊位置。若厚度差在许可范围内，则轧辊两轴线平行度符合要求，若厚度差超过许可范围，则可用下列公式来确定轧辊一端需要升降的调整值Δh（mm）。

$$\Delta h = (H_x - H_y)\ a/b \tag{6-1}$$

式中 H_x，H_y——板材左右两边测出的厚度值；

a——压下螺丝中心距；

b——轧件宽度。

当轧辊调整不当产生倾斜时（即轧辊轴线不水平时），则使轧件厚度不均，形成镰刀形弯曲，并引起轧件向辊缝大的一端窜动，甚至引起“刮框”事故。除此之外，还会引起轧辊的轴向窜动及牌坊的晃动。

（2）轧辊轴线在水平面内调整。板材轧机除了要求各轧辊轴线严格水平外，还必须保证在水平面的投影水平。安装时，原则上力求各轧辊轴线在同一垂直平面内。但轧机工作时，由于要使轴承座在牌坊滑板之间能自由上升或下降，所以轴承座与牌坊滑板之间有一定间隙，因此轧辊轴线实际不可能绝对保持在同一垂直平面内。在实际操作中只要各轧辊轴线水平投影互相平行，不仅可以允许，而且有时在技术要求上允许轧辊轴线有稍许错前或错后，借以增大轧辊的稳定，并减小轧件对轧辊的冲击。但板材轧机各轧辊轴线的水平投影是不允许相交的。通常各轧辊轴线水平投影产生相交现象的主要原因是：

1）各侧瓦磨损不均；

2）安装间隙不相等；

3）轴承座滑板垫片松脱以及牌坊内侧滑板磨损等。

当轧辊轴线水平投影出现相交现象时，会引起轧辊的轴向窜动，板材碰撞牌坊，牌坊晃动，被轧制的板材两边厚度不相等。

实际上轧辊轴线很难保证绝对平行，只要其轴线水平投影倾斜值在5mm以下时，对板材的厚度差影响不大。但是，这也将使轧件在轧辊上的稳定性变坏。

（3）零位调整。轧辊经平行度检查调整之后，必须进行轧机的零位调整。零位调整的目的是考虑到轧机的弹跳值的影响；使轧出来的成品实际厚度更接近压下指针盘或压下计数器的指示数。

在单机座轧机上的零位调整，是将上辊抬起30～40mm，然后用内卡钳卡轧辊中央处，测辊缝大小；将指针盘的指针拨至所测定的辊缝值加上该轧机的最大弹性变形值。

连轧机零位调整的方法是在轧辊的平行度检查完毕后，在轧辊转动的情况下，将两个工作辊压至互相接触，然后继续压紧。这时压力逐渐增大，压下电动机的电流也逐步上升，直到压下电动机电流或压力达到预定值后（如果有测压仪的话）为止，然后将压下示数器的指示器拨至零位，这便是零位调整。

由于轧辊的预压值很难正好等于轧机的弹性变形，故轧件的厚度和示数器示数总有一定偏差，实际上压下示数器的示数可用下式表示：

$$M = h + \varepsilon - \Delta f \tag{6-2}$$

式中　M——某机架压下指示器的示数；

h——轧件的厚度；

ε——零位调整时轧辊的预压变形值；

Δf——该机架在压下重下的弹性变形（即弹跳）。

轧机经过上述检查、调整后，先空运转数分钟，确定各运动部件没问题，方可进行轧制生产。

6.2.3 现代化热粗、精轧机组设备使用与维护

（1）开车前的检查内容、操作程序和注意事项：

各岗位操作人员应持有操作证（牌）。

设备停产达一星期以上者，必须进行试运转。

检查与调整各制动器、离合器，动作应灵敏可靠，制动轮表面无油脂。

检查各连接部位的连接螺丝紧固情况。

检查各开关和行程控制器是否灵敏可靠。

检查压缩空气压力，应保持在0.4~0.6MPa（4~6kg/cm^2）。

检查气动系统的三大件，调节油雾器的油量，放掉油水分离器中的积水。

由生产操作人员提前10min通知润滑钳工送润滑油、液压油、乳液。检查各部位油标、油量是否正常。管路应畅通，无泄漏。

各手动干油点定时加干油润滑，油量适中。检查灌注式油箱液位是否正常，定时按规定加油。检查轧机换辊侧支撑辊及工作辊轴承箱挡板位置是否到位。

认真检查辊道、导尺、轧辊的工作表面情况。

重新更换的工作辊或轧机停机时间较长时，在轧制前须通蒸汽至轧辊中心孔预热16h以上，待辊身整体温度达到50~60℃后才能投入轧制。停机不超过一昼夜时，在重新轧制前需用乳液或蒸汽预热辊身30min以上。

更换轧辊后，必须进行轧辊间隙和水平调整。

开车前15min润滑工供给润滑油、脂，并检查各润滑管路的畅通情况与有无渗漏现象。

各手动干油点应加注适量的干油。

通知润滑工送液压油，检查液压系统有无异常泄漏现象。

（2）工作中的检查内容、操作程序和注意事项：

各岗位操作人员，必须熟悉本岗位的设备、技术规范及使用维护规程。严禁不熟悉操作的人员单独进行操作。设备运转时，严禁操作

人员离开工作岗位。

每班必须按设备润滑制度规定，定时定量向润滑点供给润滑油(脂)，油温不得超过40℃。

铝锭加热温度必须符合工艺要求，否则不得进行轧制。

各种合金热轧制率和每道次最大压下量应严格按工艺规程执行。

铸锭或板材在轧辊间进行轧制或辊边时，不得开动压下电动机。

开动压下电动机时，严禁两个工作辊相碰，严防“压靠”事故发生。

每次换辊时，应根据新辊的外径，调整零辊缝。

压下螺丝、螺母以及球面蜗轮机构的润滑油充足，啮合、声音、轴承温度均正常。每班必须检查蜗轮、蜗杆的啮合、磨损情况，发现问题立即报告上级主管部门，及时处理。

用于冷却轧辊和控制辊型的乳化液，必须经过过滤以及化检合格后方能使用。

人字齿轮、万向接轴支承（托瓦）的滑动轴承温度不得超过60℃，轧辊、压下机构中的滚动轴承温度不得超过70℃，清刷辊传动装置减速机及轴承温度应低于50℃。

经常检查人字齿轮机座、压下机构的供油情况，且油温不得超过50℃。

发生“压靠”时，应先利用松压电动机与外侧压下电动机单独抬外侧压下，抬起后，再将压下离合器结合，利用里侧和外侧压下电动机共同抬起里、外侧压下。

利用清刷辊清除轧辊粘铝时，必须在轧辊转动情况下，才能旋转清刷辊。清刷辊压紧油缸的油压应低于8MPa。

观察清刷辊的使用情况，因疲劳造成大量断丝时，应及时更换。

6.2.4 现代化冷轧机组（ϕ440/1250mm × 1850mmCVC 四辊轧机）设备使用与维护

6.2.4.1 轧辊

四辊铝冷轧机的轧辊分为工作辊与支撑辊，工作辊是用来直接完成轧制过程的，其直径较小；大直径的为支撑辊，其作用是改善工作辊的强度及刚度条件。每个轧辊都由辊身、辊颈及轧辊轴头三部分组成。一般来说，减小工作辊径，可以降低轧制压力和轧制力矩、增大道次压下量。一般二辊轧机小工作辊径不易控制板形，故通常工作辊径为辊宽的35% ~50%。但是具有优良的板形控制能力和良好的板形稳定性的冷轧机，其工作辊径可为辊宽的20% ~25%，这样的轧机可增大压下量和减少轧制道次。

6.2.4.2 轴承及轴承座

由于轧机轧辊轴承具有重载、高温的特点，所以要求采用的轴承能够承载很大的负荷，有良好的润滑和冷却作用，摩擦系数小，刚性好，因此常用滚动轴承形式。目前四辊轧机上普遍采用的是四列圆锥滚柱轴承及球面圆锥滚柱轴承，因为这类轴承不仅能承受很大的径向载荷，同时可承受一定的轴向载荷。支撑辊都采用四列圆柱滚子轴承和角接触球轴承。轴承座材料的选择，工作辊轴承座为ZG45，支撑辊轴承座为ZG35。上、下支撑辊轴承座都应有自动调位的性能，以免轴承倾斜地工作。上支撑辊轴承座，通过压下螺丝的球面垫保证其自动调位，下支撑辊轴承座为了自动调位应该支撑在修圆了的或较短的支座上。

轴承的润滑：轧辊轴承润滑采用油气润滑和稀油润滑，是通过轴承座上的钻孔和油气分配器进行的。为了防止轴颈部位与轴承箱密封件的摩擦，损坏密封，对辊颈密封部位也进行油气润滑。

为保证轧辊轴承的安全、高效、稳定运行，随时处于良好的运行状态，应定期对轴承箱及轴承进行以下维护保养：

（1）定期清洗轴承箱润滑油孔和油气润滑油气分配器，确保润滑油路的畅通。

（2）定期清洗轴承箱，更换轴承箱密封，保证润滑油无泄漏。

（3）定期对轴承进行清洗，检查轴承滚动体磨损情况，调整轴承间隙和轴承箱间隙。

6.2.4.3 压下装置与上轧辊平衡装置

A 压下装置

压下装置的结构与轧辊的移动距离、压下速度和动作频率等有密切关系。一般铝板带轧机压下装置分液压压下和液压推上两大类。

轧机的压下装置，也称为上辊调整装置。它的作用是调整上轧辊的位置，保证给定每道次的压下量。而推上装置与压下刚好相反，它的作用是调整下轧辊的位置，保证给定每道次的压下量。同时板带轧机压下装置也是厚度控制系统最重要的执行机构，通常采用液压伺服系统控制。

B 上轧辊平衡装置

铝轧机的平衡装置通常分为重锤平衡、弹簧平衡和液压平衡。在四辊板带轧机上，主要采用液压平衡，仅在小型四辊轧机上采用弹簧平衡。

平衡装置的作用是：当轧辊间没有轧件时，由于上轧辊及其轴承座的重力作用，在轴承座与压下油缸之间会产生间隙。这样，当轧件咬入轧辊时，会产生冲击。为防止出现这种情况，在轧机上设置上轧辊平衡装置，目前，大多数板带轧机采用液压平衡方式，包括支撑辊平衡和工作辊平衡。大多数轧机的工作辊平衡装置还兼有弯辊的作用。

6.2.4.4 机架

轧机机架是工作机座的重要部件，轧辊轴承座及轧辊调整装置等重要部件都安装在机架上，见图6-1。机架要承受轧制力，必须有足够的强度和刚度。机架的主要形式有开口式和闭口式两种。闭口式机架为左右立柱、上下横梁的一整体铸件，其优点是具有较好的强度和

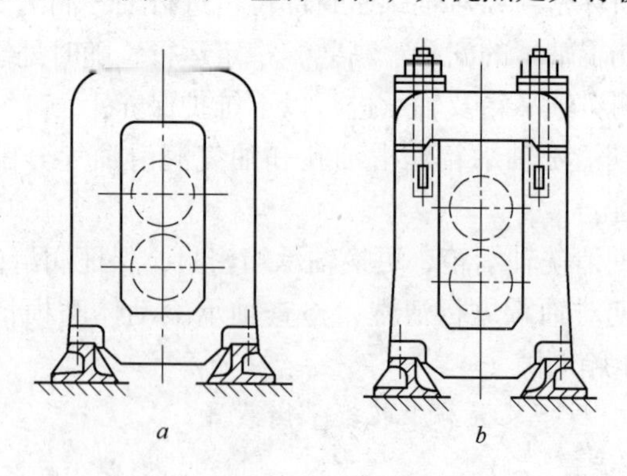

图6-1 轧机机架

a—闭口式机架；*b*—开口式机架

刚度，常用于轧制力较大或对轧制带材尺寸有较高精度的轧机。这种类型的机架，轧辊是沿其轴向方向从机架窗口中抽出或装入，一般都配置有专用的换辊装置，以方便快速完成换辊。开口机架由机架底座和可拆装的上横梁组成，与闭口式机架相比，其刚度和强度相对要差些，但换辊较方便，打开上横梁，即可用起重机将轧辊吊走，一般用于换辊频次较高的横列式钢轧机上，在铝板带轧机上几乎不采用此方式。

机架材料通常采用 ZG35，浇铸后必须进行时效处理，消除铸造应力，同时还必须进行探伤，不允许有缩孔、裂纹等铸造缺陷后，方能进行后续加工。

为防止机架立柱内表面在使用过程中产生磨损，一般都在上面镶衬耐磨衬板。

6.2.4.5 开卷机

铝板带轧机开卷机一般都采用悬臂胀缩轴方式，其主要功能是当卷材运输小车运送来的待轧坯料到达位置后，迅速胀大卷轴，固定待轧卷材，进行开卷，并在轧制过程中建立一定的开卷张力，因此为改变开卷机卷轴的受力状态，卷轴悬臂端一般都设置有活动支承。开卷机的工作原理见图 6-2。

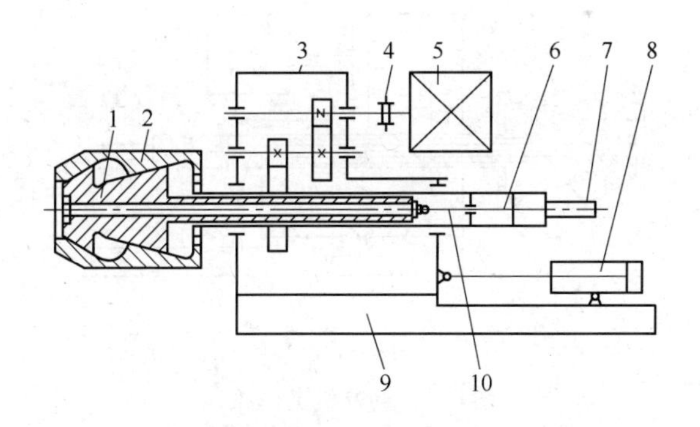

图 6-2 开卷机工作原理

1—卷轴主轴；2—卷筒；3—开卷传动减速箱；4—联轴器；5—开卷电动机；6—胀缩油缸；7—旋转供油接头；8—开卷对中油缸；9—开卷对中滑道；10—胀缩拉杆

开卷机由卷轴旋转的主传动装置、卷轴胀缩装置、开卷纠偏对中装置、卷材压辊装置等部分组成。

在日常的使用和维护中，应注意以下几点：

（1）主传动装置联轴器的定期润滑维护保养；开卷减速箱齿轮润滑和轴承润滑，定期检查润滑油压力、流量是否满足需要；定期检测润滑油品质是否发生变化，电动机轴承润滑是否达到要求。

（2）定期对卷轴进行润滑维护保养，防止卷轴内楔形块因缺油而发生磨损；检查胀缩油缸、旋转供油接头密封是否漏油；检查胀缩油缸供油压力，防止因油压过大而导致卷轴胀缩拉杆断裂。

（3）定期对开卷对中滑道进行润滑维护保养，防止滑道磨损；定期检查调整滑道间隙，保证开卷机的稳定运行。

6.2.4.6 卷取机及皮带助卷器

铝板带冷轧机卷取机通常也采用卷筒式卷取机，其配置比较简单，主要由卷筒及其传动系统、压辊、活动支承、皮带助卷器组成，其中卷筒及其传动和皮带助卷器为重要部分。卷筒为悬臂胀缩轴方式，但是与开卷机不一样，为了保证卷轴在胀大状态下形成真圆而且各扇形块间间隙最小，确保薄料的卷取质量，一般都采用四棱锥加镶条的结构，即八棱锥结构。其工作原理见图6-3。

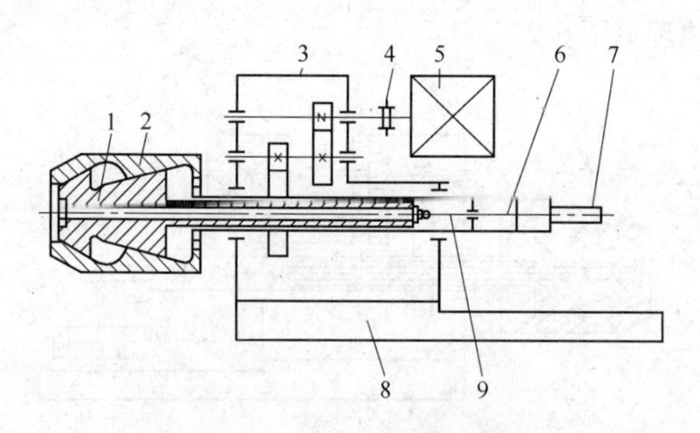

图6-3 卷取机工作原理

1—卷轴主轴；2—卷筒；3—开卷传动减速箱；4—联轴器；5—开卷电动机；6—胀缩油缸；7—旋转供油接头；8—底座；9—胀缩拉杆

在日常的使用和维护中，应注意以下几点：

（1）卷筒是卷取机的核心部件之一，它要在张力下高速卷取

100℃以上的带材，要在较大的带材压力作用下缩径、卸卷，必须具有较高的强度和刚度，同时还需保持良好的润滑条件，因此定期对卷轴进行润滑维护保养，防止卷轴内楔形块因缺油而发生磨损。

（2）检查胀缩油缸、旋转供油接头密封是否漏油；检查胀缩油缸供油压力，防止因油压过大而导致卷轴胀缩拉杆断裂。

（3）传动装置联轴器的定期润滑维护保养；卷取减速箱齿轮润滑和轴承润滑，定期检查润滑油压力、流量是否满足需要；定期检测润滑油品质是否发生变化，电动机轴承润滑是否达到要求。

（4）定期对皮带助卷器进行检查，调整皮带张紧力。

6.2.4.7 卷材运输系统

在日常的使用和维护中，应注意以下几点：

（1）开动升降缸使受料台上、下运动，不得有爬行或卡阻现象，行程控制动作应灵、准确。

（2）卸卷时推板与卸卷小车的移出速度应同步。

（3）卸卷时，卷材的带端应压在受料台上，保证不松卷。

（4）检查小车的上升和横移是否平稳。

（5）受料时不得将卷装偏，以免卷材翻倒。

（6）检查各连接件或紧固件是否有松脱现象。

（7）检查滚轮的运转是否灵活。

（8）检查油缸的行程是否能达到要求值。

6.2.4.8 液压系统

在使用维护时，首先要了解液压系统的技术规范和各换向阀的控制对象，并熟悉各液压环节及液压件的工作原理，其具体维护内容如下：

（1）操作人员应熟悉各液压系统及液压元件的工作原理和结构，并具有独立操作和排除故障的能力及业务知识。

（2）开车前应对高、低压系统的泵站、阀站、执行机构、中间管道及其接头、管夹等严格进行点检，发现问题应及时处理，否则不准开机，并认真作好点检记录。

（3）为确保系统工作正常，开车前在启动主油泵前应先启动循环过滤油泵。

（4）系统进行检修后，应从管道最高位置处的排气阀排出空气。

（5）系统各压力表应准确无误，每一年对压力表校验一次。

（6）应经常观察各压力表的压力显示值，查看有无变化，如有变化应及时调到设计的要求值；在阀站检修后，尤其要注意观察压力显示值。

（7）液压油中不得含有水分和其他杂质，往油箱加的油必须事先经过滤器过滤，加油要求达到油箱规定的油位。

（8）检验油的清洁度，低压系统油的清洁度应达到NAS6～7级，高压系统应达到NAS5～6级。油的污染会降低伺服阀的使用寿命。

（9）伺服阀不得随意拆装，拆装时应经主管技术人员同意，由专人负责拆装。

（10）定期检查系统中各过滤器，当其压力差达到最大允许值时，应及时更换滤芯。

（11）应定期检查各水冷却器，防止因冷却器损坏，出现水油混合。

（12）检修时，应用干净的塑料布包裹好拆下的管子的端头，以免杂质进入管内。

（13）检修液压系统，要在停车卸压状态下进行，严禁在管内还有高压油的情况下进行检修，检修时不能拆错管道，以确保设备和人身安全。

6.2.4.9 工艺润滑系统

工艺润滑系统即轧制油系统，它的主要功能是带材轧制过程中提供冷却润滑油。其主要包括供油系统和过滤系统两大部分，见图6-4、图6-5。

在日常使用和维护中，应注意以下几点：

（1）操作人员应熟悉轧辊冷却、润滑系统的工作原理，并具有排除故障和独立操作的能力。

（2）开车前应对系统中的所有部位进行检查，确认无问题后，才能启动泵。

（3）每周应定期检查轧制油喷嘴的喷射情况，查看喷射是否正常，如发现有喷嘴不喷射或关不严实的现象应及时处理，以免影响产

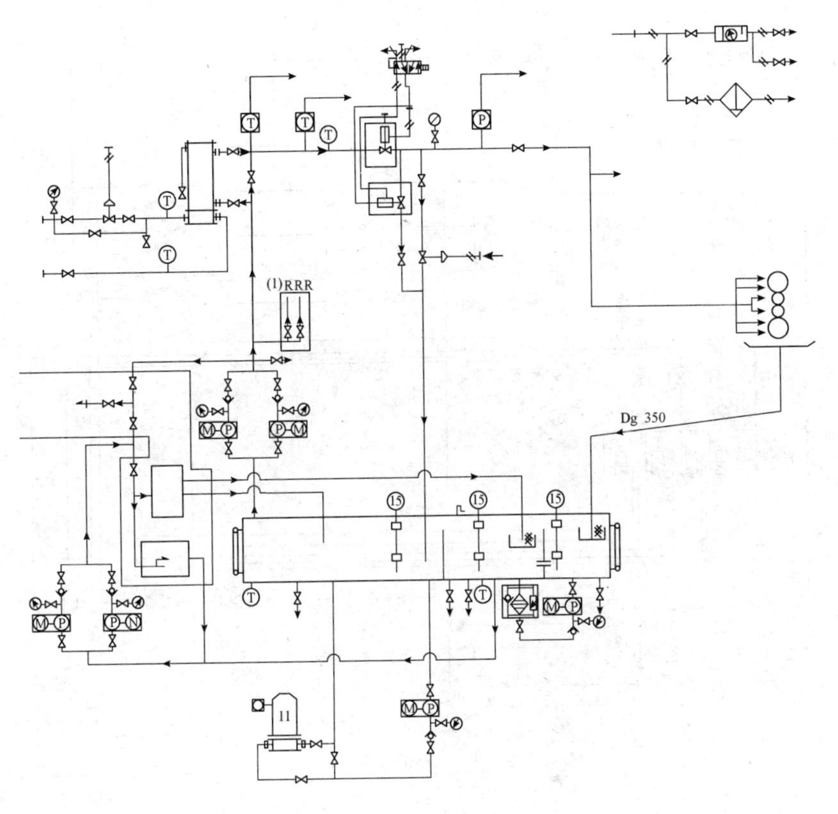

图 6-4 轧制油系统原理图

品质量。

(4) 每班每 2h，检查一次板式过滤器的工作情况，如有问题应及时处理，避免轧制油发黑。

(5) 各班都应经常检查开卷机和卷取机下面地沟的集油情况，发现有油应及时回收到主油箱。

(6) 各班都要经常检查过滤泵、主泵、循环泵、加热泵、加热器和轧制油溢流阀的工作情况，发现问题应及时排除。

(7) 油箱的油位应保证在油箱容积的 3/5 ~ 7/8 处，不宜过多，也不宜过少。

(8) 处理事故时，应先将信号装置断电，事故消除后，应将信

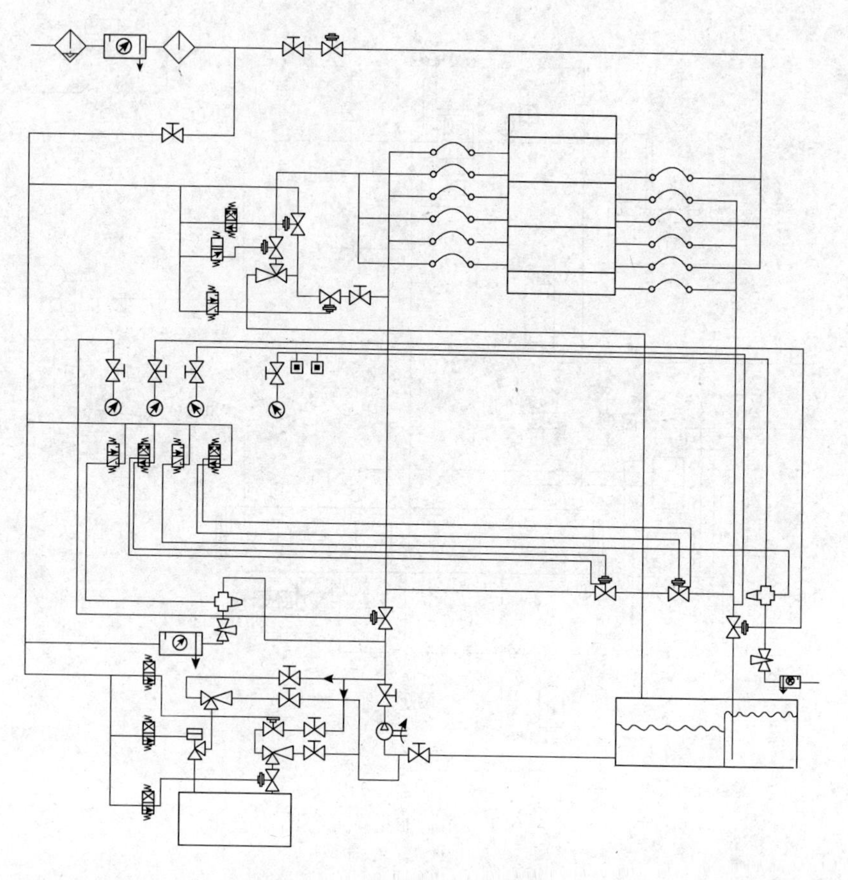

图6-5 板式过滤系统原理图

号装置恢复。

(9) 在板式过滤器的清洁循环过程中，要检查板与板之间是否干净和过滤纸是否铺好等，待确认没有问题后，方能进行正常过滤。

(10) 应经常检查排污泵的工作和污油箱的油位情况，要勤收集回油，以免污油溢出油箱。

(11) 应经常检查轧制油系统中各元件控制气源的压力是否正常，压力不正常将影响轧制油系统的正常工作。

(12) 应经常检查各喷嘴控制油路中的过滤器，脏了应及时更换和清洗滤芯。

6.2.4.10 稀油润滑系统

在日常使用和维护中，应注意以下几点：

（1）操作人员应熟悉齿轮润滑系统和润滑机构的工作原理，应具有排除故障，独立操作的能力。

（2）开车前应对系统的所有部位进行检查。

（3）启动时，先手动接通工作泵，当达到工作压力后，将操作手柄换到系统自动工作位置。

（4）在工作中，要对整个系统经常进行检查，发现问题和出现故障时，应及时排除。

（5）过滤器前后接有压差表，当压差超过 0.15MPa（1.5bar）时，应立即换向，切换到另一过滤筒，并清洗用过的过滤筒。

（6）润滑油工作温度在 38～46℃之间，应随时对各测温点的温度进行观察，若温度失控，则马上进行检查处理。

（7）系统换油时，油的注入量为油箱容积的7/8，不宜过多。

（8）处理事故时，应先将信号装置断电，事故消除后，应将信号装置恢复。

（9）设备检修时，拆下来的油管，其端头要用干净的塑料布或棉布包裹好，以防杂质进入。

6.2.4.11 自动(手动)CO_2 灭火系统和油雾排放(吸收)系统等组成

在日常使用和维护时，应注意以下几点：

（1）检查灭火系统备用电源是否正常，电解液是否充足。

（2）检查有无故障指示。

（3）检查灭火动作阀、方向阀及温度探测器是否完好。

（4）检查有无故障指示。

（5）如果主电源发生故障，“SV” 仍可借助于备用电池维持。

（6）火灾报警器不受监测，它连接到 220V 交流和 24V 直流的发光灯上。

（7）通过检测器的应答和按钮台的启动，根据火警报告的区域，启动相应的灭火装置。

（8）通过红色按钮“RESET ACUSTIC ALARM”可重新设定火警控制板里的报警蜂鸣器。

（9）通过两个辅助的玻璃式按钮，可自动或手动二次排放 CO_2。

（10）当轧机上的火由主钢瓶组扑灭时，钢瓶在没有重新注满 CO_2，或替换成灌满 CO_2 的新瓶之前，应通过控制盘将各备用钢瓶组转接到主钢瓶组工作位置。

（11）主钢瓶组在替换后，搬钮开关必须转接到原来的位置。

（12）如果用钢瓶组（30 个）没有完全扑灭 2 号、3 号区的大火时，通过换作前导钢瓶顶部的手动杆或将模块 KE－－136S 3 号位置“a”框的搬钮开关设置到垂直位置，释放备用钢瓶中的 CO_2。

（13）通过手动打开方向阀、主钢瓶组的前导钢瓶或用紧急手动杆打开备用钢瓶组的前导钢瓶，可对轧机或排烟系统紧急使用 2 号及 3 号区的 CO_2 钢瓶组。

（14）不允许通过地下灭火区域的手动释放按钮来启动手动排放 CO_2，因为这样会引起有关方向阀打开。

（15）在火灾发生，CO_2 释放前 30s 的预报警时间里，报警器发出声响，在场人员必须迅速离开地下室。

（16）如出现事故，SIG 模块上的黄色信号灯亮，同时电动蜂鸣器发出声响。

6.2.5 现代化铝箔轧机（ϕ260/850mm × 1800mm 四重不可逆箔轧机）使用与维护

（1）禁止在运行中检修和调整设备。

（2）定期检查各润滑点润滑情况。

（3）定期检查易损件的磨损情况及观察轴承工作情况。

（4）定期检查支撑辊、工作辊轴承。

（5）检查排烟风机风门的开启情况。

（6）定期检查液压、气动系统各密封处是否漏油。

（7）定期检查喷嘴阀的喷射情况，损坏的及时处理。

（8）定期更换各导辊的轴承，以免因润滑条件差造成轧机着火。

（9）定期检查防溅板的清辊间隙。

（10）经常检查压平辊的工作情况和断带时制动器的工作情况。压平辊表面应无划伤。

（11）定期检查所有的开关是否灵敏可靠。

（12）定期更换减速机、油泵润滑部位的润滑油。

（13）定期检查液压、气动系统各元件的工作情况、泄漏情况，工作压力是否在规定范围内。

（14）定期检测液压系统液压油、齿轮油系统齿轮油及油气润滑系统用油。

（15）定期清洗过滤器 f－1 和 f－2。

（16）定期检查一次板式过滤器与 I14 联锁。

6.3 铝及铝合金挤压机的合理使用与维护

挤压机在繁重的工作条件下，常常产生挤压机中心失调和液压失调的故障，直接影响挤压机正常运转。

6.3.1 中心失调产生的原因及调整方法

6.3.1.1 中心失调产生的原因

所谓中心失调就是挤压筒、穿孔针、模子及挤压轴不在同一轴心线上，使挤压出来的制品偏心。其产生原因如下：

（1）机体在强大张力作用下产生弹性变形。

（2）运动部件在巨大的自重作用下，由于频繁的往复运动，使接触面磨损。

（3）在挤压过程中，由于挤压筒与高温铸锭直接接触和挤压筒的加热装置将热传给挤压筒支架和机架等邻近部件，并引起它们的热变形。

（4）穿孔针的弯曲与拉细。

尽管在安装与检修时，总是将挤压筒、穿孔针、模子和挤压轴中心调整到同一曲线位置上，但在使用过程中，由于上述原因，正确位置发生变动，挤出的管材产生偏心。为了保证在使用情况下，仍能将上述各部分的中心调整在同一轴线上，挤压机上必须有调整装置和防止措施。

6.3.1.2 卧式挤压机的调整

防止卧式挤压机中心失调的方法必须从两方面着手：一是设计本体结构在各种因素影响下有自动调心的功能；二是人为地控制和调整。

(1) 防止弹性变形而产生失调的措施：安装挤压轴（及穿孔针）的活动横梁、挤压筒支架和前梁等零部件的底部不采用螺栓与地脚板联结，而是自由地放在地脚板上。当立柱变形伸长时，前梁可沿地脚板自由滑动，从而保证了挤压工具位于挤压中心线上。

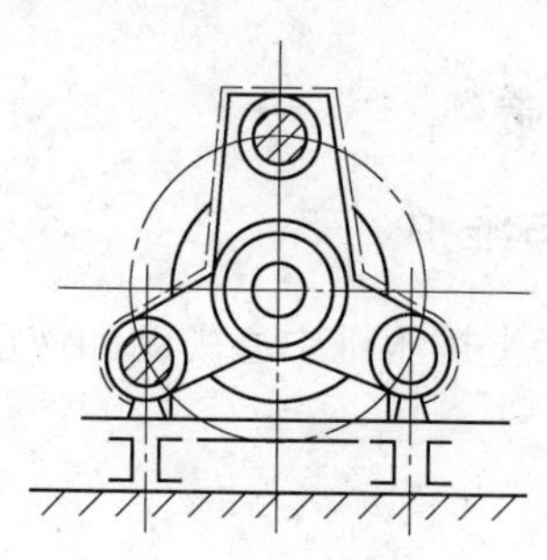

图6-6 前梁受热膨胀引起挤压筒位置移动

(2) 防止部件热变形而产生失调的措施：在挤压过程中，挤压筒和前梁随着温度升高，其轴心也将升高，这样将会使挤压轴，特别是穿孔针的轴线不同心（图6-6）。其办法是把前梁安放在带有斜面的地脚板上（或平支承面上），两个斜面与挤压中心相交，这样，前梁受热就以轴为中心向四面膨胀，而原中心保持不变（图6-7）。而挤压筒采用四边键块，与挤压筒支架构成滑块联结。当温度升高时，以挤压轴为中心向四周辐射膨胀，使其原轴心仍保持不变，保证了自动定心（图6-8）。

(3) 防止运动部件因磨损产生失调的措施：图6-9*a*为活动横梁和挤压筒支架，它们支承在棱柱形导轨上。在活动横梁和挤压筒支架的磨损面上安放有楔形的青铜滑块。通过拧动调节螺丝就可改变楔形件的位置，从而使这些部件在一定范围内实现上下（两边楔形件调量相同时）、左右（两边楔形件调量不同时）移动，可达到调整的目的，如图6-9*b*所示。

前梁除采用上述方法调节外，还可以用图6-10所示的办法来实现。

6.3.1.3 立式挤压机的调整

在立式挤压机上，挤压杆、穿孔针及挤压筒的调整情况如图6-11所示(无独立穿孔装置的)。在该挤压机主柱塞的下部固定着滑座，在

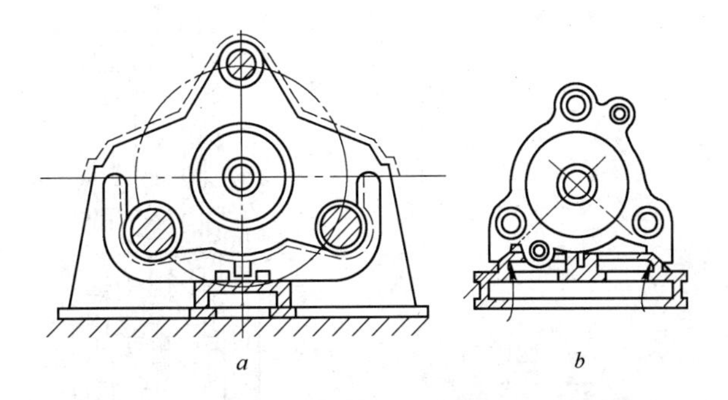

图 6-7 挤压筒自动定心结构

a—前梁安放在平面支架上；*b*—前梁安放在与挤压中心相交的斜面上

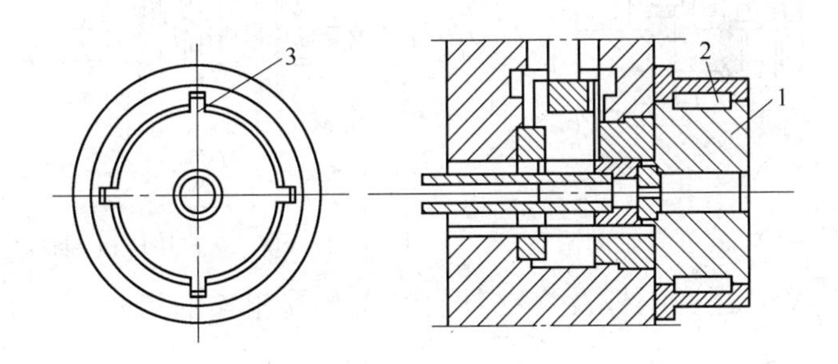

图 6-8 挤压筒支架沿径向膨胀装置

1—挤压筒；2—挤压筒支架；3—楔

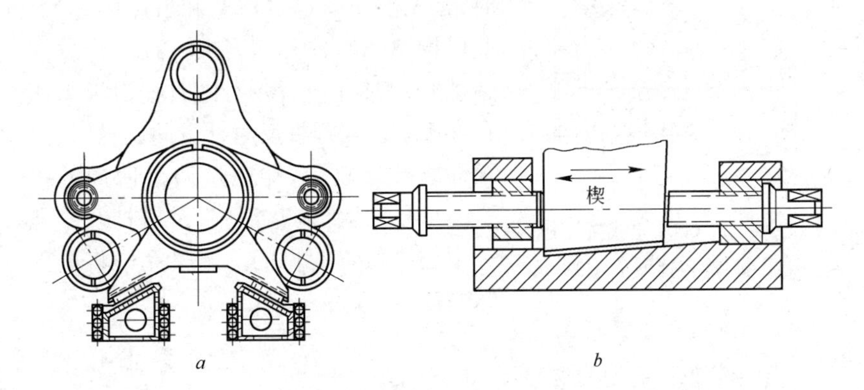

图 6-9 磨损失调的调整装置

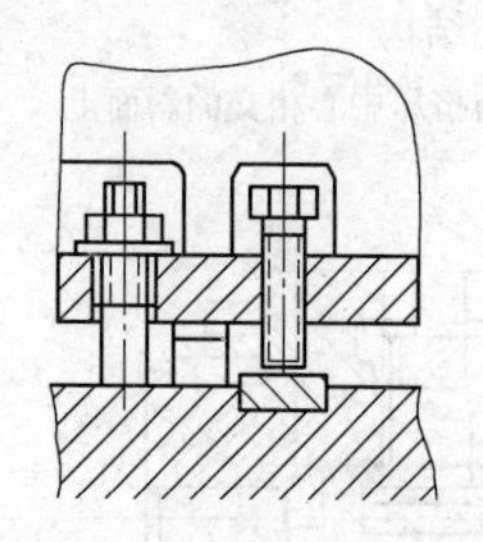

图 6-10　穿孔针轴向调整

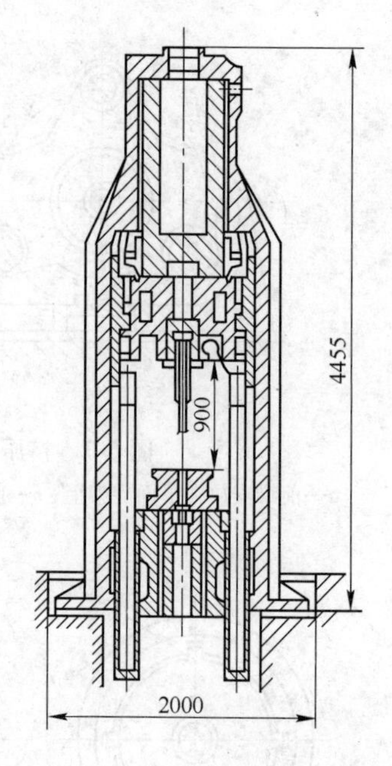

图 6-11　600t 立式挤压机调整装置

滑座上固定着挤压杆及穿孔针，滑座与其相连的滑板可沿张力柱滑动。

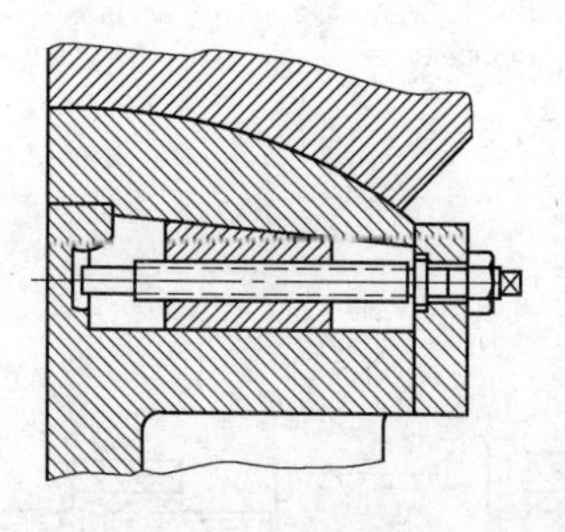

图 6-12　600t 立式挤压机调整装置截面图

调整装置就是装在滑座与滑板之间的楔铁上，图 6-12 是其横断面图。调整时，首先松开固定主柱塞和滑座的螺帽，此后再把螺帽拧开。当螺杆顺时针方向转动时，楔铁向左移动，同时把滑板紧压在导板上。当螺杆反时针方向旋转时，滑板即离开导轨，这样通过调节四周的楔铁，就可以达到调整滑座、挤压杆及穿孔针中心线位置的目的。调整完毕将全部螺帽拧紧。

6.3.1.4　穿孔针的调整

A　穿孔针的调程装置

调程装置位于固定梁后的挤压中心线上，其作用为：（1）作为穿孔针的限程装置；（2）用电动机调节行程，改变其与转针机构前端面之间的距离，即可能使穿孔针在挤压时固定或与挤压轴承运；或停止在某一个位置，适应不同的工艺需要；（3）在变换制品时作微量调整之用，使针头进入模子中有一定工作带。

图6-13是穿孔针轴向调整机构示意图，其调整方法是在青铜蜗轮上拧上螺母，蜗轮内孔是螺纹孔，其上拧上空心螺杆，螺杆的两端加工成球面，并与穿孔杆尾部上的球面支承垫接触，穿孔杆的前端套着带销键的青铜衬套。因此，穿孔杆可在挤压杆的槽中作轴向移动。在穿孔杆的尾端部拧着螺帽，用埋头螺钉将螺杆和穿孔杆的尾部连接。这样，当用手使蜗杆旋转时，就产生穿孔杆的轴向移动。因为穿孔杆的前端拧着带穿孔针的支承，因此在穿孔杆移动的同时就可以使穿孔针的模孔相对位置发生变化，保证一定的工作带。

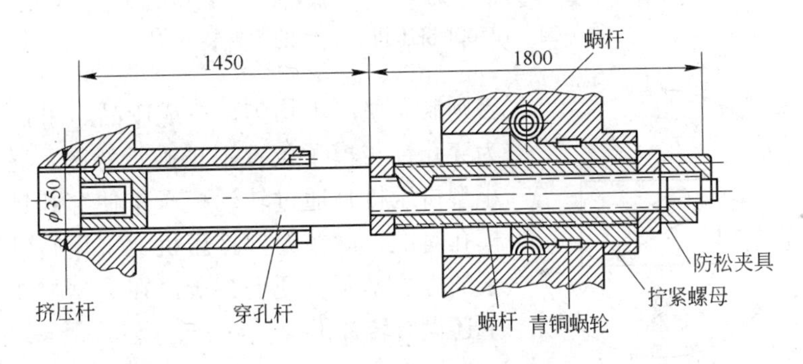

图6-13 穿孔针轴向调整装置

图6-14是12500t挤压机的调整装置。调整的方法是用电动机带动蜗轮体转动，使调整套在穿孔压杆上往复移动。当调整套在最前位置时，则穿孔针有4150mm的行程，挤压时穿孔针与挤压轴一起运动。当调整套在后位置时（即调整套向后移动1650mm），则穿孔针只有2500mm的行程，挤压时穿孔针只能在模口。当调整套只能在0~1650mm范围内任意位置移动时，穿孔针也能停放在模子内某一个位置。

B 穿孔针的转动机构

在挤压非圆形断面的异型型材时，要求穿孔针与模子位置对准，

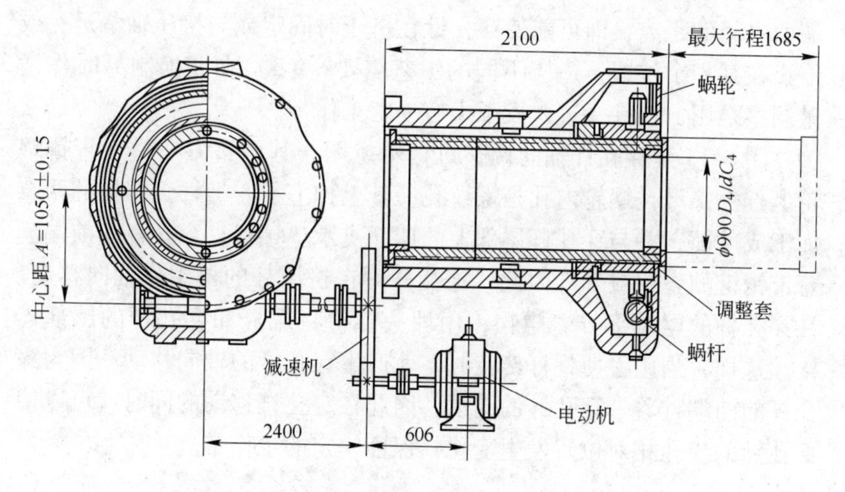

图 6-14　12500t 挤压机穿孔针的调整装置

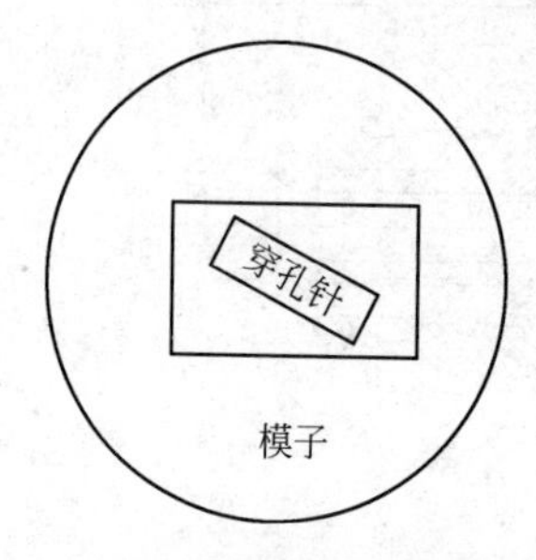

图 6-15　穿孔针与模子位置不正确示意图

否则制品壁厚不均匀，造成废品。图 6-15 为穿孔针与模子位置不正确示意图。通常小型挤压机是通过转动模子来使穿孔针与模孔对准，但在大型挤压机上采用转动模子的方法是不方便的，所以在大型挤压机上还设有转针机构。

图 6-16 是 12500t 挤压机布置在穿孔小动梁上的转针机构。当穿孔针拧入支承后，针在模子内位置不对，可以启动电动机，经减速机带动丝杆旋转，使摆杆摆动。摆杆与环、环与穿孔压杆均用键连接。这样摆杆作左右摆时，环与压杆就作顺时针或逆时针方向转动，使针正确对准模子。

摆杆最大摆角是 30°时，极限位置由限程开关控制。调整角度大于 30°，须将键取出，摆杆返回，再将键插入环的下一个键槽中，依次将键取出和插入是由人工操作的。

环的作用是通过键带动穿孔压杆旋转，同时前端面与调整装置的后端接触，用作穿孔针的限程。

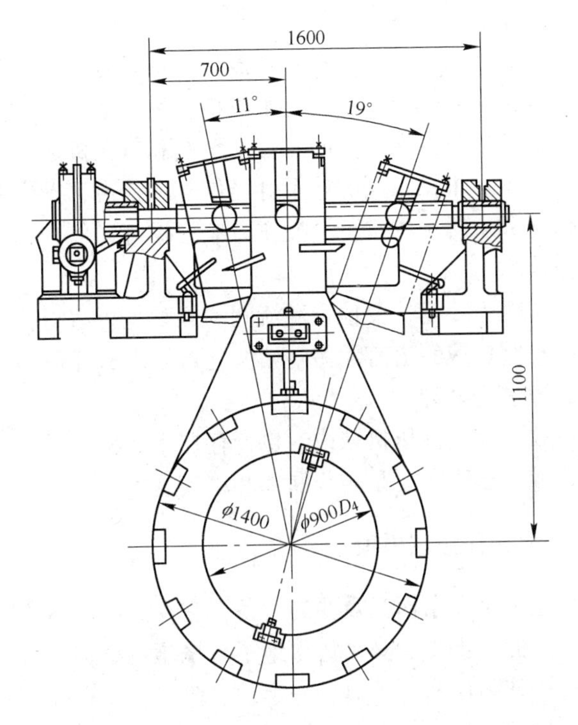

图 6-16 12500t 挤压机穿孔针的转针机构

挤压机中心失调的防止和调整，除采取上述措施外，在生产过程中还应注意：铸锭加热温度合理，避免过热及过冷，挤压工具应很好地预热；工作时应特别注意对挤压筒、挤压杆及穿孔针的润滑；在每次挤压完后，用环状喷水器套在穿孔针上由前向后进行喷水冷却。

6.3.2 液压系统失调与维修

挤压机液压系统失调，会引起噪声、振动、爬行和系统压力不足。产生失调的主要原因是管道中进入了空气。当挤压机工作时，高压水罐中的水位急剧降低而产生旋涡。空气顺旋涡的空穴进入管道而注入工作缸内。空气进入主缸和管道内，一般会引起噪声、振动和爬行等故障。严重时，空气进入主缸，主柱塞即以很大速度移动，这种速度不仅会导致主缸破坏，甚至会撞击前横梁造成破坏。消除这种危险就得立即停车，打开气阀放气。

防止空气进入管道，一般在蓄势器装置中设有自动停车装置。当高压水罐中水位降到最低液面时，水位指示发出信号，挤压机自动停车，这样可避免事故的发生。同时在水泵站和挤压机之间有灯光信号和铃响保持联系。根据不同的指示灯光信号和铃声，操作者可以判断水泵工作情况和水罐中的水位。操作者应根据灯光信号和压力表计数来进行挤压操作。

如果系统压力不足，要检查溢流阀的调整是否适当；管路有无泄漏；节流小孔阀口或管道有无污物堵塞。若发现有任何不正常的现象都应当对故障进行处理。

对于单独传动的油压机来说，也会存在水压机一样的问题，但总的来说，比较平稳，主要是防止漏油和堵模现象。

6.3.3　挤压机操作注意事项

挤压机是一个复杂而又重要的设备，它在高压液体、高气压的条件下工作，因此，操作者必须详尽地了解挤压机结构、所有设备的作用和性能。操作挤压机必须具备一定的经验，操作者须考核合格，才能操作和使用挤压机。

（1）挤压前的准备（以12500t卧式水压机为例）：

1）启动水泵站水力系统，使高压水罐中的水压达到额定的工作压力，以保证挤压工作时有足够的高压水。同时对充水罐进行充水充气，水位不低于指示器的一半，压力在0.8～1.2MPa范围内。

2）检查挤压机、加热炉及其他辅助设备是否完整、正常，消除一切非生产用品和妨碍生产的阻碍物。

3）检查各联结部位的螺丝是否松动。

4）检查各润滑点是否正常、油量是否充足，并按规定予以加油。

5）开车前要将各柱塞表面、立柱表面和导轨表面擦拭干净，并加油润滑。

6）开车前设备各部件应处在原始位置；检查水力操纵系统的分配器和阀的工作状况，安全阀是否可靠，检验各工具安装调整情况，挤压前工具必须预热等等。

7）开车前应拧开各放气阀，把管道和工作缸中空气放掉。

8）检查各水力管道、管接头和工作缸密封处是否有漏水、漏气和漏油现象，若发现有这些情况，必须妥善处理好后才能开车。

9）挤压工作时，应先用锭进行试挤压，操作者根据试挤压的情况用粉笔在刻度尺上标明锭坯镦粗压缩位置；穿孔和挤压时，挤压机所有行程的极限位置，并标出压余的厚度。

10）根据制品的合金牌号和规格尺寸，操作者用节流阀调整挤压速度。

（2）挤压时应该注意如下几点：

1）要注意经常冷却挤压工具，并检验挤压制品的尺寸，如发现制品超差或者有其他缺 陷，必须采取相应的措施予以纠正；

2）工作中发现有振动、不正常噪声和爬行等现象，应立即停车，打开各气阀放气；

3）操作时若发现高压水管漏水，严禁用手堵，以免发生危险。应立即停车处理；

4）随时注意各阀因振动而自动关闭，造成水力系统失调；

5）操作者应经常注意与泵站的联系信号，发现低水位时应停车。

挤压机工作结束后，首先关闭高压闸阀，切断高压水源，并通知泵房挤压机已停车；同时关闭低压闸阀并将充液罐中的气放掉，以免柱塞有可能继续向前滑动而冲击其他构件。

对于单独传动的油压机来说，情况要简单一些，只要按设备操作规程，及时排除各种异常现象，按以上方法进行维护和操作，就会保证设备的正常运转。

参考文献

[1] 刘静安，谢水生. 铝合金材料应用与开发 [M]. 北京：冶金工业出版社，2011.
[2] 刘静安. 轻合金挤压工模具手册 [M]. 北京：冶金工业出版社，2012.
[3] A. I. Ed Nussbaum. Worldwide Aluminum Extrusion Technology [J]. Light Metal Age，1996 (4)：10~60.
[4] A. I. Ed Nussbaum. 6500MT Short-stroke Extrusion Press Fills Tall Order [J]. Light Metal Age，1996 (4)：92~99.
[5] A. I. Ed Nussbaum. Giant 65/70 MN Extrusion Press for Hydro Raufoss Automative in Norway [J]. Light Metal Age，1998 (6)：82~86.
[6] 魏军. 有色金属挤压车间机械设备[M]. 1 版. 北京：冶金工业出版社，1998：155~177.
[7] 轻合金材料加工手册（下）[M]. 1 版. 北京：冶金工业出版社，1980：592~603.
[8] 何光鉴. 有色金属塑性加工设备 [M]. 1 版. 重庆：科学技术文献出版社重庆分社，1985：282~378.
[9] 娄燕雄，刘贵材. 有色金属线材生产 [M]. 1 版. 长沙：中南工业大学出版社，1999：68~90.
[10] 谢建新，刘静安. 金属挤压理论与技术 [M]. 北京：冶金工业出版社，2000.
[11] 刘静安，谢建新. 大型铝合金型材挤压生产技术及模具优化设计 [M]. 北京：冶金工业出版社，2000.
[12] 刘静安，阎维刚，谢水生. 铝合金型材生产技术 [M]. 北京：冶金工业出版社，2011.
[13] 刘静安，黄凯. 轻合金挤压工模具技术 [M]. 北京：冶金工业出版社，2009.
[14] 魏军. 金属挤压机 [M]. 北京：化学工业出版社，2004.
[15] 肖亚庆，谢水生，刘静安. 铝加工技术实用手册 [M]. 北京：冶金工业出版社，2005.
[16] 钟利，马英义，谢延翠. 铝合金中厚板生产技术 [M]. 北京：冶金工业出版社，2009.
[17] 赵世庆，王华春，郭金龙，潘祯. 铝合金热轧及热连轧技术 [M]. 北京：冶金工业出版社，2010.
[18] 侯波，李永春，李建荣，谢水生. 铝合金连续铸轧和连铸连轧技术 [M]. 北京：冶金工业出版社，2010.
[19] 尹晓辉，李响，刘静安，蒋程非. 铝合金冷轧及薄板生产技术 [M]. 北京：冶金工业出版社，2010.
[20] 唐剑，王德满，刘静安，苏堪祥. 铝合金熔炼与铸造技术 [M]. 北京：冶金工业出版社，2009.
[21] 王祝堂，田荣璋. 铝合金及其加工手册 [M]. 长沙：中南大学出版社，1989.